U0457361

# 新时代浙江乡村电气化

# 田野调查

## 助力"千万工程"服务乡村振兴

主　编　孔繁钢

副主编　胡若云　冯志宏　何英静　王　坤

参编人员　朱　超　黄　翔　吴侃侃　马　明

　　　　　冯　昊　徐勇明　钟群超　胡　舟

　　　　　戴　攀　袁　力　俞　梅

组　编　浙江省电力学会农村电气化专委会

中国电力出版社

CHINA ELECTRIC POWER PRESS

## 内容提要

　　本书立足于浙江"千万工程"建设和乡村振兴推进，系统性梳理了国网浙江省电力公司在小城镇和美丽乡村供电、农村分布式光伏发展和并网消纳、农村生物质发电、大湾区和沿海岛屿供电、乡村民宿冬季供暖、农村电力数智化和数字乡村建设、新型数智化县域电网等领域的问题剖析、经验借鉴和发展展望。主要内容包括乡村新能源、乡村电气化、乡村新型电网、乡村新型供电服务等篇章。

　　本书记录着浙江新时代农村电气化建设的足迹，见证着每个阶段的历程和经验，可供乡村振兴和农村电气化相关的从业人员、专家学者和高校师生参考借鉴。

**图书在版编目（CIP）数据**

　　新时代浙江乡村电气化田野调查 ：助力"千万工程"，
服务乡村振兴 / 孔繁钢主编 . -- 北京：中国电力出版社，
2025．2．-- ISBN 978-7-5198-9493-1

　　Ⅰ．TM727.1

　　中国国家版本馆 CIP 数据核字第 2025R4J980 号

---

出版发行：中国电力出版社
地　　址：北京市东城区北京站西街 19 号（邮政编码 100005）
网　　址：http://www.cepp.sgcc.com.cn
责任编辑：孙　芳（010-63412381）
责任校对：黄　蓓　张晨荻
装帧设计：王英磊
责任印制：吴　迪

---

印　　刷：三河市万龙印装有限公司
版　　次：2025 年 2 月第一版
印　　次：2025 年 2 月北京第一次印刷
开　　本：787 毫米×1092 毫米　16 开本
印　　张：19.5
字　　数：358 千字
印　　数：0001—1000 册
定　　价：160.00 元

---

# 前 言

　　"千万工程"，是习近平总书记在浙江工作时亲自谋划、亲自部署、亲自推动的一项重大决策。浙江历届省委省政府按照总书记的战略擘画和重要指示要求，二十年持之以恒，造就了浙江万千美丽乡村，发展壮大了乡村产业，造福了万千农民群众。"千万工程"是万千农民携手共建美丽家园的生态变革，也为"绿水青山就是金山银山"理念的形成提供了生动实践基础。

　　2003 年启动实施以来，浙江省始终将"千万工程"作为最大的民生工程，从"千村示范、万村整治"到"千村精品、万村美丽"，再到"千村未来，万村共富"，绘就了一幅现代版"富春山居图"。

　　电力是"千万工程"最重要的保障之一，国网浙江省电力公司在国家电网有限公司的坚强领导下，牢记"电等发展"殷切嘱托，践行"人民电业为人民"企业宗旨，在服务"千万工程"上始终走在前，做表率。2003 年6 月5 日，浙江省启动"千村示范、万村整治"工程，揭开了美丽乡村建设的宏伟篇章。这一年，除舟山外，全省各县实现城乡各类用电同价，每年减轻农民电费负担 15 亿元以上；建立农村电力县、乡一体化管理模式，成立农村供电所。2006 年 11 月 2 日，随着温州洞头大瞿岛村大南岙台区合闸送电，浙江全省实现"户户通电"。同年，浙江电力会同省经信委、省农办联合行文，启动浙江省新农村电气化建设。2008 年 12 月，嘉兴桐乡建成全国首个"村村电气化"县；2009 年 12 月，嘉兴建成全国首个新农村电气化市；2011 年 3 月，宁波建成全国首个副省级新农村电气化市；至 2014 年，全省28050 个行政村全部建成新农村电气化村，浙江成为国家电网公司经营区首个实现"村村电气化"的省份。

2016 年，浙江结合浙江美丽乡村建设、小城镇环境综合整治等工作，启动新一轮农村电网改造升级工程。"十三五"期间，累计投资 398.9 亿元，完成 3014 个中心村电网改造、1191 个小城镇电力线路升级、52 万余户"低电压"治理，促成全省 71 个市县出台农村户保更换和补装工作政策文件，进一步保障农村用电安全，获时任浙江省省长李强批示肯定。连续三年被浙江省委省政府评为社会主义新农村建设优秀单位。2021 年，国网浙江省电力公司全面启动新时代乡村电气化建设三年行动。2023 年，浙江农村供电可靠率达 99.9851%，远超全国农村电网平均水平，可与全国主要城市电网媲美。

浙江电力学会农电专委会在中国电机工程学会农电专委会和国网浙江省电力公司的关心和支持下，紧紧围绕"千万工程"建设，在 2012 年到 2023 年之间，开展了小城镇和美丽乡村供电、农村分布式光伏发展和并网消纳、农村生物质发电、大湾区和沿海岛屿供电、乡村民宿冬季供暖、农村电力数智化和数字乡村建设、新型数智化县域电网等课题调查研究，撰写了调查报告。这些报告，分送省政府相关部门和省电力公司等机构单位，获得好评。有许多建议内容还分别被省发改委等部门采用，在浙江新农村电气化建设中发挥了积极作用。

浙江省农村电气化建设紧紧围绕"千万工程"作为主线，践行了"绿水千山就是金山银山"的理念，努力做好党和政府开展乡村振兴、农民致富的"先行官"，浙江农村电气化建设同样已经成为全国的样板和示范。这些田野调查报告，记录着浙江新时代农村电气化建设的足迹，见证着每个阶段的历程和经验，对有志于从事乡村振兴和农村电气化事业的各级干部、专家学者和高校师生具有很好的参考借鉴。

2023 年，是"千万工程"启动二十周年，2024 年，是中华人民共和国成立七十五周年。出版此书，以致纪念。

孔繁钢
2024.5

# 目　录

# 第一篇

# 乡村新能源

# 第一章
# 分布式光伏发电并网情况调查

## （2017 年 7 月）

国家和地方政策支持下，浙江省分布式光伏发展迅速，并继续保持强劲增长势头。大量分布式光伏电站并入电网后，对电网的规划建设、电网安全可靠运行以及电网服务带来新的机遇和挑战。

### 一、分布式光伏发电扶持政策

2014 年浙江省物价局、经信委、能源局出台《关于转发国家发展改革委发挥价格杠杆作用促进光伏产业健康发展的通知》（浙价资〔2014〕26 号）和《关于进一步明确光伏发电价格政策等事项的通知》（浙价资〔2014〕179 号），提出对光伏项目发电量，在国家补贴基础上每度电省里再补贴 0.1 元；居民光伏项目享受的国家补贴 0.42 元/kWh 由电网公司直接垫付。

为积极创建清洁能源示范省，2016 年浙江省政府办公厅进一步出台了《关于推进浙江省百万家庭屋顶光伏工程建设的实施意见》（浙政办发〔2016〕109 号），"十三五"期间全省计划建成家庭屋顶光伏装置 100 万户以上，总装机规模 300 万 kW 以上。其中，结合美丽乡村建设，在全省乡村既有独立住宅、新农村集中连片住房等建设 40 万户以上；在全省城乡新建住房等建成 20 万户以上；在各市县主城区既有房屋建成 20 万户以上；结合浙江省"光伏小康工程"，在 26 个加快发展县和黄岩、婺城、兰溪三县的原"4600 元"以下低收入农户和省级结对帮扶扶贫重点村（约 2100 个）建成 20 万户以上（测算总规模 120 万 kW）。同年浙江省发展改革委也出台了《关于印发浙江省太阳能发展"十三五"规划的通知》（浙发改规划〔2016〕633 号），到 2020 年，全省光伏发电总装机规模将达到 800 万 kW 以上，其中屋顶分布式光伏电站 360 万 kW 以上，地面集中式光伏电站 440 万 kW 以上；同时，部署开展清洁能源示范县、新能源示范镇建设，对有关地区光伏项目建设投资给予补助。在省政府政策引导下，浙江省各地也纷纷出台了各自的补贴支持政策，例如，湖州、金华市政府提出对居民光伏项目每度电再补贴分别为 0.18 元和 0.20 元，嘉兴地区 0.1～0.25 元。各种产业支持政策，推动了我省分布式光伏发电的进一步加速发展。

## 二、分布式光伏发电增长态势

截至 2017 年 6 月底，浙江全省累计已受理分布式光伏发电项目 82466 个，受理容量 4207.86MW，其中家庭屋顶光伏项目 55545 个，容量 337.69MW；累计已并网运行分布式光伏发电项目 74476 个，并网容量 3342.66MW，其中家庭屋顶光伏项目 50069 个，容量 297.27MW。浙江分布式光伏发电项目并网个数和并网容量均居国网和南网系统首位。2017 年浙江全省分布式光伏发电新受理项目数量同比增长 517.77%，容量同比增长 196.32%，其中家庭屋顶光伏项目同比增长 447.52%，容量同比增长 642.15%；分布式光伏发电新并网项目数量同比增长 601.23%，容量同比增长 196.32%，其中家庭屋顶光伏项目同比增长 516.51%，容量同比增长 722.6%。在省内"百万家庭屋顶光伏工程"等政策支持下，浙江分布式光伏发展进一步提速，预期未来一段时间还将保持快速增长；同时，随着优质、大型屋顶资源逐渐稀缺，小型、家庭屋顶光伏项目的发展将进一步凸显，自然人光伏项目数量将激增，而且均并入当地低压电网。仅以嘉兴市为例，目前该市自然人光伏项目已达到 10124 个，2017 年 1 到 4 月份，自然人光伏项目新增并网 4044 个。省政府去年开始推进百万家庭光伏工程，大力推进家庭光伏发展。

## 三、分布式光伏发电并网服务

国网浙江省电力公司（以下简称"国网浙江电力"）认真贯彻政府对光伏发电发展予以积极支持和优良服务的相关要求，在规划设计、并网服务、送出工程建设、运行管理、电费与补贴结算、信息报送等方面高效服务、规范管理，实现光伏发电并网管理业务流程优化、审批手续简化，服务质量与服务效率进一步提升，有效促进浙江分布式光伏发电的快速发展。

### （一）积极促进光伏发电快速并网

一是围绕省政府清洁能源示范省创建目标，开展适应清洁能源示范省的电网发展及建设规范研究，制定加强分布式光伏（电站）并网管理工作的实施意见。二是构建便捷服务机制。针对不同对象细化服务措施，为用户定制并网服务程序，简化服务手续，提高服务效率。三是强化政策执行。加强政策和技术宣贯，全面规范分布式电源并网服务，使一线专业人员掌握相关政策和技术标准，规范执行。

### （二）积极参与并推动光伏发电发展规划编制

一是参与编制浙江省太阳能发展"十三五"规划。分析浙江光伏发电发展趋势和光伏接入对电网影响，研究适应光伏发电接入的电网技术原则和建设思路，编制完成浙江省太阳能发展"十三五"规划配套电网规划建设方案。二是推动各地市开展光伏发电布局规划编制工作。地市供电公司参与编制的《衢州地区光伏电站布点框架规划》和《嘉兴市太阳能发展"十三五"规划》已分别由衢州、嘉兴市发改委发布，《湖州市"十三五"太阳能、风能（发电）利用总体规划》已通过湖州市发改委审查。

### 1. 加快分布式光伏发电配套电网建设

一是结合新增城镇和农网升级改造工程的实施，全面加大并保障资金投入，优先保障光伏发电接入工程和配套电网工程建设。对相关配套工程，开辟建设绿色通道，加快接网工程建设，确保电源电网同步投运。二是强化对接，服务清洁能源示范省建设。积极与 10 个国家分布式光伏发电应用示范区对接，全程跟踪示范区光伏发电项目进展，切实做好示范区分布式光伏发电项目的接入保障工作。

### 2. 全额保障性收购分布式光伏可再生能源

积极贯彻落实国家相关政策规定，严格执行可再生能源电价附加征收使用和补助资金管理办法，按照省物价主管部门确定的上网电价全额收购可再生能源发电项目的上网电量，按期结算电费，及时拨付可再生能源电价附加补助资金，确保可再生能源补助资金的落实。根据 2014 年 9 月 2 日发布的《国家能源局关于进一步落实分布式光伏发电有关政策的通知》，做好分布式光伏的受理工作，分布式光伏发电项目可选择"自发自用、余电上网""全额上网"以及"自发自用"中的一种模式，已按"自发自用、余电上网"模式执行的项目，在用电负荷显著减少或供用电关系无法履行的情况下，允许变更为"全额上网"。

### 3. 持续开展分布式光伏技术研究

一是建成全国首个自主研发的分布式电源与微网技术重点实验室。积极研究并发展应用融合先进储能技术、信息技术的微电网和智能电网技术，提高电网接纳光伏发电的能力。二是研究制定《居民光伏接入系统标准化设计技术规定》，实现居民光伏接入并网"标准化、简单化、快捷化"，提升并网服务工作效率。三是试点研发应用集数据采集、远程监控、电力生产应用、信息发布及检索服务、经济调度与协调控制的分布式电源运营管理系统。嘉兴首先完成建设全国首个区域分布式电源调控及运营系统，但其在建设定位、系统功能、网络安全等方面还不能满足调控管理要求，且不具备推广条件。

### 4. 积极做好分布式光伏电站并网服务

从这次调研的嘉兴、湖州和衢州的基层县公司和供电所的情况看，各单位普遍做到主动对接，建立了政府、电网企业、光伏建设企业的"三方联动"外部协同机制，认真执行国家电网公司关于光伏并网服务的文件要求，按照国家电网有限公司（以下简称国网公司）"四个统一""便捷高效"和"一口对外"的基本原则，确立了"用心服务、各司其职、高效协同、流程顺畅、环环紧扣"服务理念；加强与政府沟通，及时反馈工程建设进展情况，强化内部部门间的协调，优化工作流程，快速推进项目实施。受到当地党委政府和光伏发电企业客户的好评。

### 四、分布式光伏发电存在问题

#### （一）分布式光伏发电快速发展，并网电站质量难以保证

目前光伏市场准入门槛较低，大量小散企业涌入。特别是家庭光伏市场较混乱，个别企业存在产品以次充好、缺少发票、随意夸大发电量许诺等消费误导、售后服务延误的情况，部分企业甚至无固定经营场所，安装后运维管理缺失，后续运行中缺陷和故障不能得到及时处理，有待政府相关部门加强监管。各地的家庭光伏市场管理力度不一，部分县（市）市场较混乱。家庭屋顶光伏电站缺乏简便实用的工程质量监管办法，缺少对电站的设计布局、安装工艺、技术能力和竣工验收等实质性监管，政府相关部门目前只关注于企业资质的准入，对于经营管理不到位的单位无处罚机制。分布式光伏电站对住宅消防的影响还有待政府消防机关进一步研究论证。

#### （二）部分地区分布式光伏的高渗透率对电网可靠性和供电质量带来不利影响

可能会出现的局部电网消纳问题。如分布式光伏发展较快的嘉兴地区，分布式渗透率最大值达到39%。春节期间光伏渗透率最高，平均渗透率达到35.9%。根据国际上光伏运行和管理经验，当光伏渗透率达到30%以上时，需要采取措施加强对电网的调度和管控。目前嘉兴地区平时的渗透率低于30%，但节假日期间，如春节，渗透率已达到39%，其他地区分布式光伏发电发展将会后来居上，高渗透性问题可能会逐渐在全省蔓延，需要引起电网规划、调度、运检和科研机构的重视，加强分布式光伏的有序消纳和就地消纳能力，制定合理的运行方式和应急管理预案，保障电网的安全、稳定、经济运行。

分布式光伏的高渗透率给配网供电可靠性带来诸多影响，涉及重合策略、备自投策略、联切策略等。同时，高渗透率对电能质量将产生不利影响，分布式光伏通过电力电子器件并网，易产生谐波、三相电压/电流不平衡。此外，输出功率随机性易造成电网电压波动、闪变。因此分布式光伏在用户侧接入电网，可能直接影响用户的电器设备安全。由于光伏发电的三个特性（间歇性、波动性和周期性），会使配电网的电压常发生瞬时性和周期性的波动。

#### （三）电网缺乏分布式光伏发电电源系统调控手段

从调研的几个地区看，只有嘉兴市分布式电源智能调控系统作为浙江省政府"智

慧城市—智能电网"试点建设中的一个重要内容,由政府出资,委托电力公司运维,于 2014 年 4 月 24 日签订合同正式启动,于当年 7 月 1 日上线运行(按照分布式电源智能调控系统信息接入要求,1130 个企业投资的分布式光伏项目信息均应接入调控系统,目前已接入 1064 个,接入占比 94.16%),但是还有许多问题以及功能有待进一步完善。我省其他地区的分布式光伏发电电网目前均没有调控手段。随着我省分布式光伏发电的快速增长,今后将会有几百万千瓦负荷的分布式光伏发电装置处于电网失控状态,对电网的安全运行和调度将会产生深远影响,必须引起高度重视和关注。

### (四)出现了要求开展分布式光伏发电市场交易的诉求

在分布式光伏发电比较集中的嘉兴秀洲区要求开展试点分布式光伏电力交易。国家能源局已确定在嘉兴秀洲区试点分布式光伏电力交易。据了解,省能源局多次召开了相关工作会议,并启动了试点方案编制工作。2017 年 4 月底,由华东电力设计院牵头完成了嘉兴市秀洲区分布式光伏电力交易试点方案初稿的编写,嘉兴电力公司在省公司指导下,根据国网公司对此问题的意见,提出了意见和建议。目前,省能源局尚未组织过方案初稿的讨论,但如果试点模式按照这个方案(初稿)在嘉兴全市推广,每年将对电网公司的经营造成较大影响。交易试点带来的示范效应还将严重干扰我省深化电力体制改革的进程,影响我省电力交易市场的建立,削弱分布式光伏发电与用电负荷的空间匹配度,加重集中式地面电站无序投资和无序布局,恶化源网矛盾,给电网规划建设和运行控制带来严重影响,必须引起高度重视。

### (五)分布式光伏并网服务存在技术盲点

一是目前很多企业房顶较大,出现光伏装机容量远大于用电变压器容量的情况,而用户选择自发自用余电上网方式,原用户计量 TA 容量出现瓶颈。光伏建设单位要求增大 TA 变比。但目前电网公司为实现用户售电量正确计量,TA 变比按照用电变压器额定电流配置,如配置人为增大,会导致售电量计量精度不够。为此供电部门不同意,要求用户选择全部上网方式,故很多光伏建设企业意见很大。目前全省存在部分单位同意调换 TA,部分单位不同意调换 TA 的问题。建议电网公司予以关注,纳入技术标准全省统一。现有载波采集设备采集成功率低,无法采集负荷数据。随着农村地区分布式光伏大量安装,需要将大量载波采集器更换为无线采集器。改造工程量大且带来通讯费支出大大增加,经济性差。

二是国网 1781 号文件中光伏容量和电压等级的选取规定为单点并网容量,目前存在光伏安装单位为不增加高压设备而减少投资,人为在一条低压母线上拆分多个 400kW 以下并网点,要求采用用户侧低压并网。该方式用户侧存在多个电源点安全风险，且内部保护配置也存在困难。建议电网公司纳入技术标准全省统一。明确一个用户不能超过几个并网点（一般可以考虑单个用户在一个配变下只能有一个并网点）。

### （六）基层供电所面临新的压力和挑战

随着分布式光伏的快速增长，嘉兴、湖州等光伏接入较为集中的单位已经感受到了较大的压力。目前全省家庭屋顶光伏项目已有 5 万个，今年省里下达各地政府的目标是 20 万个，整个"十三五"是 100 万个。这样成倍、几十倍的增长，对基层业务承载力提出了考验，对供电所一线员工素质提出了更高要求。分布式光伏发电目前对基层供电所员工而言还是一个相对较新的业务，基层一线员工的技术水平、业务技能熟悉程度还远远不能满足分布式光伏业务量快速增长的实际需要。相关分布式光伏发电技术培训、技术规程、工作标准、实训项目缺乏，覆盖面还不够广。这些不足必然会影响服务质量和服务水平，必须引起电网公司上下的高度重视和关注。

### （七）对电网供用电安全将产生新的影响

传统的电网现场作业，在电网断开电源后，通过采取相对简单的安全措施（如两端挂接地线）就可以安全开展工作。分布式电源接入后，使得电网中出现了多个可能的电源点，大大增加了现场安全措施的复杂性和作业难度；由于光伏企业良莠不齐，设备规格、安装建设缺乏统一完备的标准，施工人员的业务素质也是参差不齐，容易给安装了光伏的居民住宅、企业厂房、商业大楼、学校市政建筑等埋下安全隐患。同时，由于其可能存在的孤岛效应，在发生火灾、现场拆违等特殊情况下，也容易造成抢险、拆违人员的触电事故。必须引起我们高度重视，进一步修改和完善现有的安全规章制度。

低压配变台区的孤岛效应存在安全风险。在光伏发电容量超过配变台区 25% 的情况下，电网停电后，如果台区内用电负荷和光伏发电出力在平衡状态下，光伏逆变器相互检测电压后，逆变器保护不会动作跳闸，所以按照国网技术规定配电台区配置反孤岛保护装置显得非常必要。同时，由于资金和安装位置的问题，全省大部分台区都未安装该保护装置。

## 五、提升措施

### （一）努力降低光伏高渗透率对电网运行的影响

#### 1. 做好分布式光伏接入配电网的规划

随着大量分布式光伏接入到配电网络中，传统电源所占比例将有所下降，配电网的结构和控制方式将会发生很大的改变。在可预见的将来，大量电力电量将来自于低压配电网，配电网中的电流会普遍出现逆向和正向流动现象，用户侧可以主动参与能量管理和运营，这些将使配电网在保证供电质量和可靠性上面临越来越大的压力。

为此，要加强分布式光伏接入配电网的规划设计，核算分布式光伏接入位置和容量限制，确保接入后的供电可靠性和电能质量。建议政府有关部门完善分布式光伏并网运行相关管理和技术规定规范，在强调优先调度和保障性全额消纳的同时，从规划、运行和技术标准等方面强化对分布式光伏建设和并网的要求，确保调度机构具备分布式光伏发电的调控管理依据。

### 2. 加强科技创新，建全分布式光伏技术支撑系统

开展含大量分布式电源的电网电压控制系统研究。重视建立含高密度分布式光伏并网供区典型案例，在技术系统上予以建立，同时实现 400V 以下接入分布式光伏电力电量等运行信息通过营销部门用电采集系统采集并与调控部门调度自动化系统互联和数据交互，为分布式光伏调度运行管理提供支持。建议在分布式光伏并网较为集中的地区开展主动配电网项目的研究和项目示范，促进分布式电源的并网发展，降低电网的建设投资，实现良好的经济效益。

建设分布式多渠道光伏信息采集平台，借助技术措施开展安全接入区建设和完善工作，实现信息采集平台与现有电力相关数据采集系统数据交互，丰富数据获取渠道及数据类型；实现信息采集中断告警功能，便于及时发现分布式光伏信息通讯中断；实现局部分布式光伏项目协调控制与群控、数据挖掘等高级应用功能，提高监控系统应用水平。

### （二）规范居民光伏并网，提升并网服务水平

（1）主动向政府反映居民光伏建设市场存在的实际问题，促进和配合地方政府大力开展市场整治，明确居民光伏政府和与供电企业工作职责和工作界面，把好市场准入、对失信企业和个人建立"黑名单"制度、推进政府开展、综合验收等工作关口。

（2）目前，光伏并网接入装置缺少有效的标准，建议电网公司相关部门抓紧会同政府主管部门出台统一的技术标准，规范装置和施工工艺、产品质量和投产后运行维护要求。

（3）全省家庭光伏的用户数量将迅速激增已是不可避免的情况，在这种情况下，一方面需要我们提前考虑营业厅业务受理、供电所现场踏勘、装接和并网验收等环节的承受能力，在流程处理、作业力量配备等方面进一步优化；另一方面也希望电网公司能保证光伏计量用表和采集终端的及时供应，尽早推出线上受理、线上查询结算数据等功能。此外，对于越来越大的家庭光伏用户代开发票业务量，建议一方

面通过线上渠道为用户提供给查询入口，另一方面以结算清单的形式向财务部门提供结算依据，逐步取消代开发票工作。

（4）重视员工的技能培训和提升。家庭光伏的特点是数量大，终端用户掌握的光伏发电知识较少，需要电网公司对基层供电所员工及时开展相关技能培训，掌握光伏发电的基本原理，了解家庭光伏发电系统各个设备的工作原理、操作方法，了解和掌握并网接入装置的技术要求，掌握配电网安全作业的要求，要熟练操作家庭光伏的停、复电，能判断一般故障；尤其要了解掌握相关消防安全知识，努力提高对光伏发电客户的服务能力。加快建设全能型供电所，推进农网营配业务和新业务末端融合，适应"互联网+"、营配调贯通、移动作业终端和分布式光伏发电以及电动汽车充换电发展等新业务，提升基层供电所和班组的业务承载力。

**（三）提升分布式电源智能调控系统技术支持水平**

建议公司相关部门尽快研究并明确分布式电源管控模式，明确数据采集覆盖范围（光伏电站、企业屋顶分布式光伏、家庭光伏），明确数据采集装置建设和运维的投入来源，明确系统建设技术路线和信息安全要求。全力争取纳入电网公司有效出资，掌控分布式光伏发电的数据源，为电网提升分布式发电调度能力服务。

**（四）正确引导有关分布式光伏直接交易试点和微电网问题**

针对本次嘉兴秀洲区分布式发电市场化交易试点诉求，应依据国家电网公司针对分布式发电市场化交易试点的意见精神，与《中共中央国务院关于进一步深化电力体制改革的若干意见》（中发〔2015〕9号）及其有关文件精神保持一致，与输配电价改革政策保持一致。今后分布式电源完成市场主体注册后即可登录通过现有交易平台参与交易，不需要另行建立分布式电力交易平台。今后待相关政策明确后，电网公司各单位要发挥自身技术和资源优势，在计量、结算等服务环节，做好电力交易的关键服务。

（1）在公共电网存在空白的新建工业园区、围垦区，电网公司各单位要加快公共电网的布局建设，防止以微电网建设之名形成"自供区"。

（2）加强与地方政府的沟通，引导地方政府科学编制太阳能发展规划，加强规划的科学引领作用，严格规划的具体落实，引导光伏电源的科学发展。

（3）建议开展分布式光伏接入的可开放容量定期发布的研究，研究明确线路的光伏可接入容量，并向社会公布，防止光伏能源在某些局部的高渗透性接入对电网的负面影响，引导投资商在合适的区域开发光伏项目。

（4）微电网作为分布式能源发展的新业态，其在技术、管理、政策、商业模式等方面还存在继续探索完善的空间，项目的经济性、可靠性还有待验证。建议电力科学院、经研院现阶段应组织力量，积极开展微电网相关研究和示范应用，特别是有关新能源消纳、电动汽车、储能系统、智能能量管理系统、节能技术、分布式发电交易等方面的应用研究，抓紧完善相关运行管理和技术标准，并积极开展相关商业模式的探索，适时主动参与微电网建设，主导行业发展方向。要高度重视国家能源局确定的嘉兴（海宁）城市能源互联网综合示范项目，确保该项目的示范作用。

# 第二章
# 分布式光伏发电接网问题调查
## （2022 年 7 月）

在国家"双碳目标"的指引下，我国乡村分布式光伏发电将会逐年大幅度增长。国家能源局下发了《关于报送整县（市、区）屋顶分布式光伏开发试点方案的通知》的文件，标志着国家已经在着手推进乡村大规模发展分布式光伏发电工作。乡村大量新能源接入乡村电网，必将对传统的农村电网带来挑战和深远的影响，进而重构乡村电网发展模式。

## 一、浙江分布式光伏发展概要

### （一）发展现状

浙江属于光伏三类资源区，光伏资源相对匮乏，但浙江党委政府积极践行"绿水青山就是金山银山"的发展理念，超前支持光伏全产业链的发展，尤其是分布式光伏发展迅速，分布式光伏装机数量和装机容量长期位列全国各省首位。截至 2021 年 6 月，全省光伏发电装机总规模达到 1621.6 万 kW，相比 2015 年底增长 884%，装机规模已超过水电，是省内仅次于火电的第二大电源。其中分布式光伏发电项目装机容量为 1137.4 万 kW，并网项目数达到 24.2 万个。

从用户类型上看，居民屋顶光伏数量较多，厂房屋顶项目数量少，全省居民光伏项目共有 22.3 万个，项目数占比达到 92.1%，而且主要是建在乡村民宅；从投资主体来看，规模较大的分布式光伏项目多由第三方投资，以合同能源管理方式建设。全省采用该投资方式的项目共 1.57 万个，装机容量为 607.5 万 kW，项目数量较少但装机占比达到 53.4%。从消纳方式来看，分布式发电主要采用"自发自用、余电上网"方式，提升光伏发电效益。全省采用该模式的项目共 15.2 万个，总容量 868.1 万 kW，占总容量的 76.3%。自用比例较高，2020 年全省分布式光伏发电量为 87.4 亿 kWh，上网电量为 40.8 亿 kWh，自发自用电量比例 53.3%。

### （二）发展规划

今年 5 月，浙江省发布《可再生能源发展"十四五"规划》，大力发展风电、光伏，实施"风光倍增计划"；到"十四五"末，力争全省光伏装机容量达到 2750 万 kW 以上，新增光伏装机容量 1200 万 kW 以上，其中分布式光伏装机容量超过 500 万 kW。6 月，发布《浙江省整县（市、区）推进分布式光伏规模化开发试点工作方案》，要求全省山区 26 县全部参与试点并鼓励积极性高、日间负荷大的区县参与试点，同时进一步将全省"十四五"分布式光伏新增装机容量规模提高至 600 万 kW。总体上，"十四五"期间浙江省规划新增光伏装机容量 1300 万 kW，其中分布式光伏装机容量达到 600 万 kW。

## 二、积极应对的主要做法

### （一）提升农村电网光伏承载力

#### 1. 统筹规划满足光伏接网需求

国网浙江电力统筹配网规划，全力支持分布式光伏接入，满足分布式光伏电量消纳。一是统筹推进乡村配网建设。结合地方政府光伏发展政策导向，充分排摸乡村屋顶、荒地、水域等资源，评估光伏发展潜力，结合政府"一村一品""一镇一品"规划，超前统筹布局乡村配网再提升建设，充分满足光伏接网消纳需求。二是推动配置适量储能装置。强化以电为中心，以能源互联网、综合能源技术为基础，以台区、行政村为基本单元，综合评估光伏发电的消纳能力。积极向地方政府建议，在保证安全的前提下，在推进分布式光伏规模化开发的同时，要求配置一定比例的储能装置，提高电力系统安全稳定及光伏电量消纳水平，支持乡村光伏资源的充分利用。三是优化配套工程计划管理。主动对接政府部门和项目业主，提前安排配套电网建设改造项目纳入年度计划，保障配套项目与光伏项目同步投运。优化管理建立绿色通道，光伏配套工程优先纳入年度综合计划和预算安排，对新增的光伏发电配套工程，按照随到随批的原则，提升电网配套工程建设效率。

#### 2. 推动乡村电气化提升就地消纳水平

国网浙江电力着力推动农业生产生活电气化，提升农村地区分布式光伏就地消纳能力。一是提高乡村电气化水平。全面拓展农业领域电气化市场，推动农业生产技术升级，实现"田间作业电气化、农副加工全电化"。借助农网升级改造，大力推广电排灌、电动农机具、农业养殖温控、电动喷淋、电孵化等电气化示范项目。二是大力推广高能效设备。紧抓"新时代美丽乡村建设""绿色校园创建""大湾区、大花园建设"等政策契机，推广校园电气化项目，乡村旅游电气化，试点在农村地区推广"电土灶"、电炊具、电采暖等高能效电器设备应用，实现分布式光伏发电就地消纳。三是试点典型乡村建设模式。试点优化农村能源供给消费结构，建设以村、镇为单位的乡村综合能源示范区。研究"近零能耗"住宅建设，为乡村能源绿色转型提供借鉴和示范。

### 3. 数智化运营提升基层服务能力

开展数智化供电所建设，推动供电所管理和服务能力双提升，服务分布式光伏发展。一是制定《数智化供电所建设三年行动计划》。全面提升供电所管理、运营和服务能力，构建基于业务工单的供电所精益积分体系，实现供电所业务管理向"业务工单化、工单数字化、数字绩效化"转变，将个人工作数量和质量落实到绩效分配，真正体现多劳多得，充分激发员工工作动力。二是建设数智供电所管理平台。打造全业务指标数据集中展示、全景监控的供电所"智慧中枢"，并推广应用营配融合型移动作业终端，实现"一平台、一终端"，为基层减负的同时提升作业效率。三是推广供电所"互联网+"及电子渠道。结合"互联网+"充分发挥供电所线上渠道和线下资源属地优势，引导光伏业务从线下向线上转化，为分布式光伏并网提供更加便捷化、精准化的服务。

### （二）打造分布式电源友好接入示范

一是建设区域级分布式电源智能调控系统。在嘉兴地区率先建设了覆盖全域的"分布式电源智能调控系统"，实现了区域内所有中低压并网的分布式电源信息全接入；在宁波杭州湾新区建设了全国首个分布式电源集群调控技术试点工程，实现了区域367个分布式光伏发电单元的实时优化控制。二是建设源网荷储协调控制工程。嘉兴海宁尖山地区建设涵盖储能站、交直流混合微电网、电能质量监测与治理、协调控制系统的源网荷储协调运行示范工程，解决区域光伏发电、电动汽车和直流负荷密度较高的问题，为可再生能源高密度接入和高效利用探索一种适合推广的模式。三是分布式光伏"插座式"接入。杭州建德供电公司在电网规划阶段提前做好分布式光伏规模预测，制定"新能源插座"布局原则，合理布局新能源插座，提升了分布式光伏接入和管理效率的同时，保障了电网供电的安全性和灵活性。

### （三）完善分布式光伏管理制度

一是推动出台了浙江省地方标准《家庭屋顶光伏电源接入电网技术规范》，在国内率先规范统一了家庭屋顶光伏的发电设备、并网方案、电能质量等方面的具体技术要求，积极服务浙江省分布式光伏发展建设，有效保障广大人民的生命财产安全和电网的安全稳定运行。二是滚动修编《浙江电力分布式光伏发电项目并网服务管理实施细则》。及时梳理政府层面新出台政策、分布式光伏市场和技术进步情况以及并网接入管理业务需求，定期对《细则》原有条款、典型接入方案、业务办理告知书、收资表单、购售电合同等内容进行修改完善。三是编制培训教材及作业指导书。

面向业务管理人员，编制包括光伏技术、管理、服务内容的《分布式光伏并网服务培训教材》；面向现场一线员工，编制《电网企业一线员工作业一本通—分布式光伏并网营销服务》，提升员工对现场实际业务的操作水平。

### （四）创新分布式光伏服务模式

一是面向分布式光伏客户提供"一网通办"服务。依托国网总部统一部署的"光伏云网"，为客户提供前期政策查询、建站咨询、效益测算、方案推荐，建设期的设备采购、线上办电、进度查询，投运后的电量电费查询、电费补贴线上支付、发电效能在线评估等光伏"一站式"服务，切实提升分布式光伏并网效率和服务水平。

二是创新推出分布式光伏云结算服务。打通业务和数据壁垒，实现电力营销系统、信息采集系统、财务管控系统贯通。供电公司按月向客户主动推送电费结算单，双方通过电子签章确认，客户根据结算单电费金额开具发票后通过 App 上传自动发起报账流程，用户可随时查询电费结算进度及到账情况，实现电费结算业务实时化、无纸化、电子化运转，向客户提供结算"一次都不跑"的结算体验。

三是探索分布式光伏批量新装服务。随着整县（市、区）屋顶分布式光伏开发工作的推进，为满足大规模分布式光伏批量办理需求，国网浙江电力为项目业主提供了集团户服务功能，通过建立集团户的方式，对结算、开票等业务提供批量合并服务，并深入探索批量并网服务等，进一步提升业务办理效率和服务体验。

四是推动光伏项目备案信息互通。与省发改委积极沟通，推动发改投资项目在线审批平台与电力营销系统备案信息互通，将并网服务关口前移，以便提前积极应对光伏接入需求，安排配套电网工程与服务资源调配，避免了因项目备案事宜造成客户往返、重复收资。

五是依托"网上国网"App 研发上线"绿电碳效码"应用。利用区域分布式光伏项目发电大数据，通过区域平均发电小时数对比分析，对分布式光伏项目发电水平分级评价，根据不同区间水平生成绿、蓝、黄、橙、红色码五色码，及时提醒客户开展光伏运维工作。同时，推动建设统一的光伏运维服务平台，为光伏项目业主和光伏运维企业搭建沟通桥梁，提供专业咨询、交易撮合等服务。

由于浙江在发展清洁能源先行先试，电网企业与各级政府思想认识统一，沟通顺畅，措施有力，保证了各类新能源发电顺利接入电网，没有出现弃风、弃光现象。从浙江省"十四五"电力规划情况来看，2025 年光伏发电装机容量约占全省总装机容量的 20%，但考虑到光伏发电小时数较低，按出力率 30% 考虑，光伏平均发电能力仅占全省供电能力的约 6.3%。目前浙江光伏发展对电网运行的不利影响总体上仍在可控范围。

### 三、对传统农村电网的影响

#### （一）对电网调度运行管理的影响

一是县级电网调峰难度加大。随着能源结构转型优化，风电、光伏等非调峰电源不断接入县级电网，电网可调度的调峰资源突显不足。分布式光伏发电大部分都是接入农村电网，而农村电网灵活调节资源匮乏，由于分布式光伏大规模开发，导致局部地区白天负荷低谷时段调峰难度加大，节假日期间尤为突出。

二是农村电网消纳能力不足。浙江电网负荷基数较大，新能源在浙江电网的整体消纳情况较好，至今未出现弃风、弃光现象。然而，在局部以农村电网为主的地区，由于区域负荷特性与光伏、风电等电源出力特性不匹配，导致消纳存在困难，需要进行改造提升或新增变电容量。以浙江衢州为例，当前全社会最高负荷为 342万 kW，光伏装机容量 165 万 kW，按计划所辖四县两区 2021—2022 年要新增分布式光伏装机容量 60 万 kW、集中式光伏装机容量 50 万 kW，不但存在白天局部区域光伏发电倒送电网，而且存在部分时段整个市域光伏发电难以消纳的现象。

三是影响配网自动化和继电保护动作。传统农村配电网一般不考虑双侧或多侧电源情况，保护配置 3 段电流保护，且大部分为无方向过流保护。大量分布式光伏接入后，系统故障时系统及光伏均向故障点提供短路电流，改变了流经保护的电流，可能导致继电保护装置误动、拒动等行为，同时，存在备自投、重合闸等保护不正确动作风险，将进一步扩大电网事故范围。

四是影响电网电能质量。随着接入容量的增加，电压偏差呈现先减小后增大的"U 型"变化，极端情况下甚至会超过电压要求上限。以嘉兴海宁某台区为例，午间光伏出力向上级电网倒送，用户午间电压最高达 256V。同时，光伏并网逆变器不断增多，在光照强度急剧变化、输出功率过低等情况下，产生大量谐波。浙江嘉兴某变电站共接入 73 个分布式光伏发电项目，经现场监测，分布式光伏出力在 30% 时，电流总谐波畸变率高达 14%，超过标准 5% 的限值规定。

#### （二）对电网公司经营效益的影响

一是农网配套投资增加。按照国家最新文件要求，光伏发电配套送出工程优先考虑由电网企业出资建设，对电网企业建设有困难或规划建设时序不匹配的新能源配套送出工程，允许发电企业自主建设，电网企业适时回购。据测算，浙江省"十四五"期间光伏并网配套工程投资约 16 亿元，年均 3.2 亿元，占国网浙江电力年均投资规模的 0.8% 左右（未考虑配网侧储能和乡村电网智能化改造费用）。

二是县公司售电收益减少。从 2021 年开始，中央财政将不再对新备案的集中式光伏电站和工商业分布式光伏进行补贴。分布式光伏已基本实现平价上网，其对电网公司的经营影响主要来自售电份额的减少。"十四五"末期，预计浙江分布式光伏年新增自发自用 28 亿 kWh，若按 2020 年大工业平均销售电价 0.523 元/kWh 和平均购电价 0.381 元/kWh，并考虑线损测算，县公司年均减少售电收益约 1.8 亿元；若按 2020 年一般工商业平均销售电价 0.542 元/kWh 测算，年均减少售电收益约 2.1 亿元。

#### （三）对乡村供电所管理的影响

一是光伏业务激增。原有的光伏业务管理链条长、流程繁琐，不能满足光伏快速发展的节奏，对优化并网管理、保障分布式光伏快速安全并网提出更高要求。

二是安全风险突增。大规模分布式光伏并网后，电网停电检修时若个别光伏系统处于异常发电状态，出现孤岛运行、向电网倒送电的情况，将给电网侧检修人员带来一定的安全威胁。

三是运维保障不足。分布式光伏业主众多，运维力量不足、管理经验缺乏，特别是户用光伏业主，往往缺乏有效监控手段，无法实时掌握分布式电源运行状态，对故障异常处理也不够及时，导致分布式光伏安全运行水平不足。

四是对乡村供电所人员服务能力提出新的要求。国内光伏企业众多，质量良莠不齐，由于光伏组件焊点接触不良、绝缘线缆破损、组件接头松脱等施工问题极易引起直流拉弧引发火灾，直接影响业主财产及人身安全。目前，乡村供电所人员对各类新能源缺乏技术和业务知识及服务技能，对乡村供电所人员的服务能力和水平提出了新的要求，带来了新的挑战。

### 四、主要建议

#### （一）电网企业要全力支持大规模分布式光伏发展

一是做好前期屋顶潜力排查工作。积极配合地方政府开展县域分布式光伏屋顶资源可开发潜力排查工作，研究资源可开发潜力、技术可开发潜力、经济可开发潜力等潜力测算类型的调研测算方法，通过大数据技术手段，提高测算结果的科学性和准确性，指导各单位协助政府开展屋顶资源排查。

二是做好光伏接入引导工作。全面梳理总结分布式项目市场开发、建设、运营体系及业务流程，编制光伏典型方案，推动政府出台开发规模、建设方案、建设标准、投资界面等指导意见，规范分布式光伏项目的实施。发挥电网公司技术、人才、管理优势，组织各单位开展光伏业务交流会，针对分布式光伏业务开展的关键点、难点、风险点做好识别及防控。

三是积极做好光伏并网服务工作。做好光伏并网配套工程建设，加强对乡村配电网的升级改造，确保大量分布式光伏并网后的安全、稳定运行。依托"新能源云"

等平台，构建分布式光伏规模化开发全流程、全环节、全周期的服务体系，制定完善分布式光伏开发服务细则，实现分布式光伏并网"一条龙"服务。加强数智化供电所建设，推动供电所管理和服务能力双提升，服务分布式光伏发展。

四是做好光伏市场机制建设。推动政府合理制定系统备用容量费、市场交易等方面支持政策。完善以市场为导向的绿色低碳技术创新体系。推动新能源参与大用户直购电交易，统一纳入省级交易平台。健全绿电交易市场体系，研究扩大交易规模，通过竞价发现绿电市场价格，激发市场活力。

### （二）努力降低大规模光伏接入对乡村电网的风险和影响

一是提升农村电网消纳、调控能力。推广建设区域分布式光伏监控调度系统，统一接入县局电网调度控制平台，满足分布式光伏实时运行信息采集、监视、控制要求，实现分布式光伏群调群控。挖掘源网荷各侧弹性资源潜力，完善需求侧响应机制，以需求侧的柔性适应供应侧的不确定性，提升可再生能源的消纳能力、缓解配电网调峰压力。

二是提高乡村电网的智能化水平。适应分布式发电的大量接入是农村智能电网的发展目标，要重视研究乡村电网的数字化转型，将传统乡村电网改造成数字化乡村电网，重视研发需求数量巨大、价格低廉、维护简便的乡村电网各类数据采集终端和装置，对接入电网的分布式新能源的数据实现自动采集、边缘处理。

针对大规模分布式光伏接入后对农村配电网继电保护装置的影响，要研究制定乡村电网新的继电保护标准。例如，①保护系统：为防止保护误动，考虑在系统侧站内断路器加装功率方向保护，为防止保护拒动，必要时需在光伏系统下游加装断路器，并装设纵联保护；②自动安全装置：为减弱对重合闸的影响，系统侧应增设检无压重合，光伏系统侧需装设检同期设备，并装设防孤岛装置及装设低周、低压解列装置；③配电自动化系统：电流集中型配电自动化系统的智能开关需加装电流方向元件，配电自动化系统主站需变更故障区间判断逻辑等。

要研究高密度分布式光伏接入后乡村电网的谐波检测和治理问题。按照原来规定的谐波"谁产生、谁治理"的原则，大量分布式发电接入乡村配电网后，注入电网谐波的溯源问题更为复杂，很难找到具体的谐波注入用户。因此，今后要考虑在大量分布式光伏并网的乡村电网，配置谐波检测装置和谐波治理设备，以保证电网的安全运行和供电质量。国网浙江电力在海宁尖山供电所做了些试点，接下来要在各地总结经验，并提出更加可行的方案。

三是推进"集中式+分布式"的储能布局。电网企业要主动开展县域光伏发展适应性研究，在整县光伏建设区域，探索集中式和分布式相结合的储能配套方案，充分发挥储能对电网的多时空尺度支撑能力，有效解决山区县源荷发展不均衡、不对称的问题。积极参与微电网建设，充分发挥微电网在分布式新能源就近并网和消纳的作用。同时，推动出台"配额制"储能建设模式，解决储能"发电企业不愿投、电网公司不能投、社会资本不想投"困局。浙江目前各个县大都推出了光伏发电配置 10%～20%的配备储能要求（据统计，除杭州、宁波、温州、嘉兴、绍兴 5 家市级政策未出台外，其他 82 个市、县出台"新能源+储能"政策，覆盖率 94%），但是目前业主意愿不强烈。要修改完善乡村电网的设计和建设标准，今后乡村电网的建设要考虑在需要消纳大量分布式光伏（包括其他新能源）的农网建设和改造中，将配备一定数量的储能装置作为乡村电网不可分割的组成部分。

四是努力减少分布式光伏对电网公司运营的影响，争取"双赢"。加强备用费和容量费收取等关键问题研究，加强农村电网侧储能装置列入农村电网投资范围研究，争取合理的过网费核价参数，合理反应电网的投资、运维成本和资产回报。规范分布式光伏市场化交易，积极参与政府对于分布式发电市场化交易费的制定，充分考量交易双方所占用的电网资产、电压等级、电气距离、交叉补贴和政府性基金及附加等因素，确保科学合理分摊过网费。

五是尽快提高乡村供电所的服务能力建设。中国乡村将是分布式光伏发电以及各类非碳新能源未来发展的主要战场。目前有许多新能源企业将未来的市场和服务落脚在乡村。电网企业的供电所如果不实现服务和职能转型，将逐渐面临服务市场的"边缘化"；许多新能源企业将逐渐占领乡村能源服务市场。未来的乡村电网将向能源互联网——新型乡村电力系统转变，乡村供电所要努力提高服务能力和服务水平，扩大服务范围，提高员工素质和技能，实现综合能源服务型角色转变。

# 第三章
# 生物质发电产业发展情况调查
## （2019 年 11 月）

　　生物质发电是推进农村能源革命、促进绿色低碳发展、落实乡村振兴战略的重要手段，在大气污染治理、城镇化建设、精准扶贫、"三农"问题、节能减排、绿色能源推广等方面发挥着重要的社会效益和环境效益。我省是习近平同志"绿水青山就是金山银山"重要思想的发源地，近些年致力于建设"两美"浙江，在国家一系列利好政策推动下，生物质发电产业将呈现蓬勃发展之势。本文通过网络调研、表格调研和实地走访等方式，广泛深入调查了浙江生物质发电的政策、建设、运营情况，为政府相关部门、电网公司未来适应生物质发电产业发展提供参考，主要内容如下：

　　政策调研：分析了浙江省生物质资源分布情况，解读了国家和浙江省政府近期针对生物质利用出台的相关文件，探讨了生物质发电产业的发展趋势以及在浙江地区的应用前景。

　　现状调研：通过对全省各类生物质发电的调研，明确了浙江省垃圾焚烧发电、农林生物质发电、沼气发电的地域分布、装机容量等基本情况。

　　经营分析：全面解读了国家针对各类生物质发电在电价补贴、税收优惠等方面予以的鼓励性政策，从成本、收益两方面深入分析了各类生物质发电项目的经营状况，并选取了 3 个典型案例进行实证研究。

　　发展研判：对未来各类生物质发电规模饱和规模进行了测算，明确了生物质发电产业的发展前景，并指出了未来在浙江地区的主要发展方向。

## 一、浙江生物质资源及发展情况

### （一）资源分布

　　浙江省位于中国东部沿海地区，具有典型亚热带地区特征，气候温和湿润，江河众多，竹木林密布，农业生产、农民生活水平均较发达，各类生物质资源含量较为丰富。浙江省生物质能资源以有机废弃物为主，包括生活垃圾、农林废弃物、畜禽粪便、生活污水和工业有机废水等。此外，我省沿海地区大型海藻和微藻等海洋生物质能资源的开发前景良好。

据测算，浙江省年产农作物秸秆约 1200 万 t、畜禽粪便约 3000 万 t、生活垃圾约 2320 万 t、林业废弃物约 900 万 t、工业固废 4800 万 t、工业废水约 45 亿 t。全省生物质能蕴藏量约 1360 万 t 标煤，理论可能源化开发利用量为 550 万 t 标煤左右（相当于 447 亿 kWh 电量），其中农作物秸秆为 267 万 t 标煤，接近全省农村每年居民生活用电量总和（2016 年为 239 亿 kWh，折合 294 万 t 标煤）。

### （二）相关政策

可持续发展是我国长期坚持的国家基本战略，近些年国务院连续提出了"打好污染防治攻坚战"、"打赢蓝天保卫战"，并提出了乡村振兴战略，浙江省也因地制宜颁布了一系列政策法规，切实推动生物质资源化产业的快速发展。

#### 1. 乡村振兴战略要求

2018 年 09 月，中共中央、国务院印发了《乡村振兴战略规划（2018—2022 年）》，规划对农村农业生产、农民生活等各环节生物质循环利用提出了新要求。

（1）推进农业清洁生产。加快推进种养循环一体化，建立农村有机废弃物收集、转化、利用网络体系，推进农林产品加工剩余物资源化利用，深入实施秸秆禁烧制度和综合利用，开展整县推进畜禽粪污资源化利用试点。

（2）持续改善农村人居环境。推进农村生活垃圾治理，建立健全符合农村实际、方式多样的生活垃圾收运处置体系，有条件的地区推行垃圾就地分类和资源化利用。开展非正规垃圾堆放点排查整治。实施"厕所革命"，结合各地实际普及不同类型的卫生厕所，推进厕所粪污无害化处理和资源化利用。

（3）构建农村现代能源体系。加快推进生物质热电联产、生物质供热、规模化生物质天然气和规模化大型沼气等燃料清洁化工程。大力发展"互联网＋"智慧能源，探索建设农村能源革命示范区。

#### 2. 循环经济发展要求

2016 年 6 月，省发展改革委发布了《浙江省循环经济发展"十三五"规划》，要求建立较为完善的、覆盖全社会的资源循环利用体系，产业废弃物和城市典型废弃物资源化利用水平不断提高。规划提出到 2020 年，全省主要再生资源回收利用率达到 75%，工业固体废弃物综合利用率达到 95%，农作物秸秆综合利用率达到 95%，规模畜禽养殖场整治达标率达 100%。

（1）优化现代生态循环农业结构。优化生态农业布局，科学布局种养产业、畜禽粪便和农作物秸秆收集处理、沼气工程、沼液配送利用、有机肥加工等配套服务设施。完善农业循环经济产业链，重点推广农林牧渔复合型模式，培育构建"种植业-秸秆-畜禽养殖-粪便-沼肥还田、养殖业-畜禽粪便-沼渣/沼液-种植业"等循环利用模式。

（2）促进资源回收与综合利用。促进城乡典型废弃物资源化利用。加快建立生活垃圾分类处置回收体系，推动实施餐厨垃圾处理设施建设、收运体系建设、产品应用管理、示范试点推进、产业培育发展，逐步将厨余垃圾纳入处置范围。截至 2020 年年底，全省餐厨垃圾收运体系进一步完善，餐厨垃圾资源化综合利用能力基本实现全覆盖，餐厨垃圾资源化综合利用规模居全国前列。

### 3. 餐厨垃圾资源化

2015 年 9 月，省发改委发布了《浙江省餐厨垃圾资源化综合利用行动计划》，截至 2017 年年底，全省 11 个设区市本级和省级餐厨垃圾资源化综合利用试点县（市）项目加快建设，收运体系基本建立。计划到 2020 年年底，全省餐厨垃圾收运体系进一步完善，餐厨垃圾资源化综合利用能力基本实现全覆盖，餐厨垃圾资源化综合利用环保产业规模居全国前列。

### 4. 畜禽养殖废弃物资源化

2017 年 5 月，国务院办公厅发布了《关于加快推进畜禽养殖废弃物资源化利用的意见》，要求以沼气和生物天然气为主要处理方向，以农用有机肥和农村能源为主要利用方向，全面推进畜禽养殖废弃物资源化利用，加快构建种养结合、农牧循环的可持续发展新格局。到 2020 年，全国畜禽粪污综合利用率达到 75% 以上，规模养殖场粪污处理设施装备配套率达到 95% 以上，大型规模养殖场粪污处理设施装备配套率提前一年达到 100%。

同时，浙江省环保厅发布了《浙江省畜禽养殖污染防治规划（2016—2020 年）》，明确到 2020 年浙江省规模畜禽养殖场（小区）配套建设废弃物处理设施比例达到80% 以上，废弃物综合利用及处置比例达到 95%。实现农牧融合发展、畜禽排泄物资源化利用，创建美丽生态牧场 1000 个，畜牧业绿色发展示范县 20 个。

### （三）生物质能源化发展

生物质能源化利用是推进农村能源革命、农业循环经济、绿色低碳发展、实现美丽中国的重要手段，在大气污染治理、城镇化建设、精准扶贫、"三农"问题、节能减排、绿色能源推广等方面发挥着重要的社会效益和环境效益。在现有农林废弃物和城镇生活垃圾处置方式中，生物质发电是解决治理农村和城市生物质废弃物污染的最为直接有效的环保处理方式，同时实现了可再生能源清洁利用，为缓解城镇和乡村发展压力提供了重要保障支撑。

浙江经济条件优越，致力于打造清洁能源示范省，对清洁能源需求旺盛，生物质能源化发展具有得天独厚的优势。截至"十二五"末期，浙江生物质能发电装机容量 103 万 kW，年产沼气 2.0 亿 m³，建设各类沼气工程近万处，总池容约 110 万 m³。农林废弃物的碳化和固化利用发展迅速，全省生物质固化成型企业 30 多家，年固化生物质燃料约 75 万 t，碳化企业 10 多家，年碳化燃料约 3 万 t。

根据《浙江省可再生能源"十三五"规划》，按照"统筹规划、因地制宜、多元发展、综合利用"的原则，合理开发利用生物质能，提高生物质能利用效率。①合理布局城市生活垃圾焚烧发电和垃圾填埋气发电项目，适度建设农林生物质直燃项目，积极推进沼气发电项目。规划至 2020 年生物质发电达到 140 万 kW，年发电量达到 77 亿 kWh。②结合燃煤小锅炉清洁替代工作，积极推广应用符合环保要求的生物质成型燃料锅炉，至 2020 年，生物质成型燃料利用量达 110 万 t。③结合全省新农村和特色小镇建设，在畜禽养殖集中区域，因地制宜，建设集中式或分散式沼气利用工程，持续推广农村户用沼气利用。至 2020 年，全省沼气利用量 2 亿 m³。

### （四）生物质发电技术应用

国家政策的推进、浙江的资源禀赋和新技术的成熟应用等多种因素，推动了生物质发电产业在浙江的快速发展。

#### 1. 垃圾分类处理

浙江省垃圾发电项目装机容量较大，但是在未有效分类的情况下，粗犷的垃圾焚烧造成环境污染严重、经济性差等问题。在国家垃圾分类的大环境下，通过干、湿垃圾的分类处理，将餐厨垃圾发酵后发电，可有效地提升环境效益的同时，发电上网和剩余产物生物质油给垃圾处理厂家带来巨大的经济效益。

#### 2. 畜禽养殖规模效应

在国务院畜禽养殖废弃物资源化利用的要求下，为有效避免畜禽废弃物对环境污染，浙江现已建立起多个畜禽养殖禁养区、限养区，畜禽养殖呈现规模化发展趋势，畜禽废弃物处理的便利程度和规模效益彰显。同时，浙江现已有多个畜禽废弃物资源化试点项目，相关技术、商业模式均已成熟。

#### 3. 农林生物质禁烧

乡村振兴战略明确提出推进农林产品加工剩余物资源化利用，深入实施秸秆禁烧制度和综合利用。浙江省农林生物质资源占生物质资源总量的 50% 左右，开发潜力极大。通过沼气发电、生物质气化发电等方式，对农林生物质进行分类处理，是构建现代农村能源体系、全面实施乡村振兴战略的必由之路。

## 二、生物质发电技术发展现状

生物质发电是解决治理农村和城市生物质废弃物污染的最为直接有效的环保处

理方式，同时实现了可再生能源清洁利用。国家政策的推进、新技术的成熟等多种因素，推动着生物质发电技术的广泛应用。目前，国内主流的生物质发电方式主要包括直燃发电、混燃发电、沼气发电和生物质气化发电，也存在生物质固化成型燃料发电、干馏燃气发电等其他发电方式，但由于技术成熟度、经济性原因，尚未得到广泛推广。

### （一）直燃发电

直接燃烧发电（直燃发电）是将燃料投入锅炉，直接燃烧产生蒸汽驱动汽轮机，进而产生电能和热能的过程。其原料主要包括秸秆、木块、薪柴等。生物质直接燃烧发电主要生产系统包括生物质预处理系统、锅炉燃烧系统、汽水系统和电气系统。生产系统除燃料和燃烧系统与一般火力发电厂略有不同外，其余汽水系统及电气系统均与一般火力发电厂相同。

### （二）混燃发电

混合燃烧发电（混燃发电）是以生物质燃料和煤的混合物为基础的燃烧发电，有两种典型的方式：一种是生物质燃料直接与煤混合，投入锅炉燃烧；另一种是气化后的生物质燃料与煤一起燃烧发电。前者对燃料以及发电设备要求很高，一般燃煤发电厂不能采用；后者主要采用蒸汽轮机发电机组进行发电，适用性比前者要好。

### （三）沼气发电

有机物在厌氧条件下经细菌发酵产生沼气，其组成为 50%～70%甲烷和 30%～40%二氧化碳，以及 5%的二氧化硫、氮气等杂质气体，热值约 20908kJ/m³。沼气发酵时，混合原料碳氮比在 20%～30%为最适宜，锯末、碎木屑等硬质林木剩物碳氮比极高，很难发酵分解，一般不用于沼气生产。沼气发电的基本原理是利用沼气驱动发电机发电、供热。常用的沼气发电设备主要有内燃机和蒸汽轮机两种，内燃机多采用奥托循环发动机和柴油机，蒸汽轮机多采用燃气轮机和蒸汽机。国内沼气发电机组的容量为 30～1000kW 不等。

### （四）生物质气化发电

生物质热解气化是以生物质原料为输入，在气化装置中通过高温气化剂（氧气、空气、氢气等）发生热化学反应，输出生物质燃气。生物质燃气的热值大概为沼气的 1/5～1/4，主要成分为 $N_2$、$H_2$、CO 和 $CH_4$ 等，杂质包括灰分、焦炭以及焦油等，进入燃气机中燃烧发电之前需进行燃气净化以保证发电设备正常运行。

生物质热解气化技术对原料的含水率和固型化程度有一定要求，含水率一般不高于 20%，易干且不易腐烂的原料适合用作热解气化，比如玉米芯、秸秆、稻壳以及木质林剩余物等。生物质热解气化技术还对原料的单位热值和燃料力度有严格要求，以市场中一种循环流化床气化机组为例，要求原料热值不低于 3200kcal/kg，燃料粒径不大于 30mm。目前市面上所售的生物质热解气化发电机组单机容量在 100～1200kW 不等，原料与产出比约为 1500kg/kWh，并有生物质炭、木焦油，以及木醋液等经济副产品产出。

主要生物质发电方式优缺点对比如表 3-1 所示。

表 3-1 主要生物质发电方式优缺点对比

| 类型 | 优点 | 缺点 |
| --- | --- | --- |
| 秸秆直燃 | $CO_2$ 零排放，有助于缓解温室效应；燃烧后的灰渣可加以综合利用；结构简单、易于大型化等 | 发热量低，燃料的预处理限制了电厂的容量；K、Na 等碱金属和氯元素会造成结焦腐蚀等问题 |
| 垃圾焚烧 | 可实现垃圾处理的无害化、减量化、资源化；工程占地面积小，运行可靠 | 可能有二次污染问题，如 HCI、硫氧化物、剧毒的二恶英类物质、颗粒物和重金属等 |
| 农林废弃物混燃 | 可利用现有设备，减少化石燃料消耗，降低 $SO_x$、$NO_x$ 等有害气体的排放混合燃烧是完成 $CO_2$ 减排任务最经济的技术选择 | 如何将现有的燃煤电厂改造适应生物质燃料，是发展生物质与煤混合燃烧技术的主要挑战；国内的生物质与煤混合燃烧技术处于起步阶段 |
| 沼气发电 | 建站简单，投资少，建设周期短；发电效率高，所需运行人员少，运行费用低，操作维护简单 | 沼气产量受季节影响较大，沼气中 $H_2S$ 对发电机有强烈的腐蚀作用。目前沼气发电机还不算成熟 |
| 生物质气化 | 污染排放较低、小规模效率高、规模灵活、投资较小 | 设备较复杂、大规模发电系统仍未成熟、设备运维成本较高 |

### （五）其他生物质发电方式

#### 1. 生物质固化成型燃料发电

生物质固化成型燃料发电是在一定的压力和温度条件下，以原料中的木质素为粘结剂，将农作物秸秆、林业废渣等生物质压缩成棒状、块状、颗粒状的型煤燃料，然后用于发电。固化工艺有模压成型、挤压成型和活塞成型三类，成型燃料堆积密度较原料未固化之前大大降低，热值一般在 16000～20000kJ/kg。

#### 2. 干馏燃气发电

生物质干馏热解气化包括脱水、热解和缩合炭化等复杂化学反应，气体主要成分为 $H_2$、$CH_4$、$CO$、$CmHn$，是一种热值较高的燃料，可用于发动机、锅炉等。国内生物质干馏热解技术工艺起步较国外发达国家晚，远未达到工业化的水平，技术相对不成熟，在提高生产效率、如何减轻能源浪费和环境污染等方面需要进一步发展。

### 三、浙江生物质发电发展现状

#### （一）浙江生物质发电总体情况

浙江生物质发电项目总体情况如表 3-2 所示。截至 2019 年 10 月底，浙江现有各类生物质发电装机项目共 81 个，装机总容量 163.4 万 kW，年发电量 95.8 亿 kWh，日处理生物质量 6.4 万 t，以垃圾焚烧发电项目为主。其中，垃圾焚烧发电项目 57 个，装机总容量 146.5 万 kW，年发电量 84.3 亿 kWh；农林生物质发电项目 6 个，装机总容量 1.24 万 kW，年发电量 8.89 亿 kWh；沼气发电项目 18 个，装机总容量 4.5 万 kW，年发电量 2.62 亿 kWh。

此外，据不完全统计，浙江省目前正在建设的生物质发电项目共 11 个，装机容量合计 39 万 kW，以垃圾焚烧发电项目为主。

表 3-2　　　　　　　　　　浙江省生物质发电项目总体情况

| 项目 | | 数量（个） | 设计装机容量（MW） | 日均处理生物质量（t） | 日均发电量（万 kWh） | 年发电量（万 kWh） | 年上网电量（万 kWh） |
|---|---|---|---|---|---|---|---|
| 垃圾焚烧发电 | | 57 | 1465 | 59303 | 2309.1 | 842816.6 | 671408 |
| 农林生物质发电 | | 6 | 124 | 2880 | 244 | 88885 | 80245 |
| 沼气发电 | 餐厨垃圾发电 | 3 | 3.2 | 690 | 4.9 | 1794.5 | 1133.87 |
| | 畜禽粪便沼气发电 | 6 | 4.755 | 848 | 2.98 | 1087 | 1087 |
| | 畜禽粪便沼气发电 | 9 | 37.1 | — | 63.9 | 23341.4 | 22263.6 |
| 在建生物质发电 | | 11 | 390 | 14880 | — | — | — |

## （二）垃圾焚烧发电情况

垃圾焚烧发电具有占地面积小、处理量大、无害化程度高特点，是我国目前大力推广的清洁能源产业。浙江省垃圾焚烧发电数量多、装机容量较大，目前全省共有垃圾焚烧发电项目 57 个，装机容量合计为 146.5 万 kW，年发电量约 84.3 亿 kWh，项目数量和装机规模均居全国首位。

浙江省垃圾焚烧发电项目日处理垃圾总量达到 4.32 万 t，原材料多为城乡生活垃圾，日处理生活垃圾总量约 4.26 万 t，约处理全省 73% 的城镇生活垃圾。以生活垃圾为主要燃料的项目共 49 家，占项目总数 86%；装机容量达到 113.1 万 kW，占装机总数 77%，其中生活垃圾占燃料比达到 90% 以上的项目共 41 个，部分项目为生活垃圾掺煤燃烧。其余项目原材料多为工业污泥（含造纸污泥、印染污泥等）、鞋革废料、建筑垃圾等，以工业污泥为主。

垃圾焚烧发电一般装机容量较大，主要以 110kV 和 35kV 电压等级接入电网。以 110kV 并网项目共 16 个，装机容量 69.6 万 kW；以 35kV 并网项目共 34 个，装机容量 66.9 万 kW；以 10kV 及以下电压等级并网项目共 7 个，装机容量 10.0 万 kW。

浙江省垃圾焚烧发电项目装机容量分布情况见图 3-1，浙江省垃圾焚烧发电项目情况见表 3-3。从空间分布来说，浙江垃圾焚烧发电项目在全省各个地市均有分布，数量和装机以温州、杭州居多，项目数量分别为 15 个、9 个，装机容量分别为 30.2 万 kW、27.7 万 kW；丽水、衢州、舟山地区分别仅有 1 个垃圾焚烧发电项目。

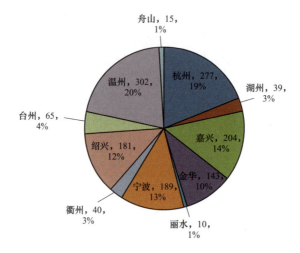

图 3-1 浙江省垃圾焚烧发电项目装机容量分布情况

表 3-3 浙江省垃圾焚烧发电项目情况

| 地市 | 数量（个） | 设计装机容量（MW） | 日均处理垃圾量（t） | 日均发电量（万 kWh） | 年发电量（万 kWh） | 年上网电量（万 kWh） |
|---|---|---|---|---|---|---|
| 杭州 | 9 | 277 | 10555 | 448.0 | 163513 | 127133 |
| 湖州 | 4 | 39 | 2168 | 66.0 | 24106 | 18904 |
| 嘉兴 | 7 | 204 | 8210 | 379.9 | 138645 | 116341 |
| 金华 | 6 | 143 | 5734 | 199.0 | 72625 | 53438 |
| 丽水 | 1 | 10 | 400 | 15.6 | 5694 | 4555 |
| 宁波 | 5 | 189 | 8868 | 293.8 | 107227 | 88143 |
| 衢州 | 1 | 40 | 987 | 49.9 | 18217 | 14391 |
| 绍兴 | 6 | 181 | 8180 | 274.0 | 100010 | 74051 |
| 台州 | 2 | 65 | 1572 | 76.0 | 27740 | 22250 |
| 温州 | 15 | 302 | 11629 | 481.6 | 175788 | 143875 |
| 舟山 | 1 | 15 | 1000 | 25.3 | 9251 | 8326 |
| 合计 | 57 | 1465 | 59303 | 2309.1 | 842817 | 671408 |

## （三）农林生物质发电情况

农林生物质发电是以农林废弃物为主要原料，包括玉米秸秆、稻秆、油料作物秸秆、棉花秸秆、稻谷壳、枝桠材等，同时可以掺烧桑条、果枝等生物质燃料。

浙江省农林生物质发电项目情况如表 3-4 所示。浙江省农林生物质发电数量少，装机规模大小不等，目前全省共有农林生物质发电项目 6 个，装机容量合计 12.4 万 kW，年发电量 8.89 亿 kWh。其中，以 110kV 并网项目共 3 个，装机容量 8.5 万 kW；以 35kV 并网项目共 2 个，装机容量 2.4 万 kW；以 10kV 并网项目共 1 个，装机容量 1.5 万 kW。

从空间分布来说，浙江农林生物质发电项目以丽水地区较多，共有 3 个项目，湖州、嘉兴、金华各 1 个项目。然而，就农林生物质分布而言，杭嘉湖平原地区资源较为丰富，具备大规模布局农林生物质发电的良好基础，发展潜力较大。

表 3-4　　　　　　　　　　浙江省农林生物质发电项目情况

| 地区 | 数量（个） | 设计装机容量（MW） | 日均处理生物质量（t） | 日均发电量（万 kWh） | 年发电量（万 kWh） | 年上网电量（万 kWh） |
|------|-----------|------------------|--------------------|-------------------|-----------------|------------------|
| 湖州 | 1 | 30 | 200 | 47 | 17155 | 16846 |
| 嘉兴 | 1 | 25 | 700 | 60 | 21900 | 19710 |
| 金华 | 1 | 15 | 310 | 15 | 5475 | 4785 |
| 丽水 | 3 | 54 | 1670 | 122 | 44355 | 38903 |
| 合计 | 6 | 124 | 2880 | 244 | 88885 | 80245 |

## （四）沼气发电情况

沼气发电是以餐厨垃圾、农林废弃物、垃圾填埋物为主要原料进行发酵产生沼气，并利用沼气进行发电。原料作物秸秆、杂草、人畜粪便、垃圾、污泥及城市生活污水和工业有机废水等，浙江地区沼气发电的主要原料包括餐余垃圾、畜禽粪便、垃圾填埋物等。

截至 2019 年 10 月，全省共有各类沼气发电项目 18 个，装机总容量 4.5 万 kW，年发电量 2.6 亿 kWh。其中，餐余垃圾发电项目 3 个，装机容量 0.32 万 kW，年发电量 1295 万 kWh；畜禽粪便沼气发电项目 5 个，装机容量 0.47 万 kW，年发电量 1087 万 kWh；垃圾填埋气发电项目 9 个，装机容量 3.7 万 kW，年发电量 23341 万 kWh。

### 1. 餐厨垃圾发电项目

浙江省目前餐厨垃圾发电项目属于新兴产业，多于 2017 年以后建设，项目总数较少，且部分餐厨垃圾处理项目尚未配置发电机组。而随着垃圾分类的持续推进，餐厨垃圾发电项目必然成为未来生物质发电的重要组成部分。

浙江省餐厨垃圾沼气发电项目情况如表 3-5 所示。目前全省餐厨垃圾发电项目共有 3 个，分别位于杭州、湖州、丽水地区，装机容量分别为 1.2、1MW 和 1MW，年发电量合计 1795 万 kWh。由于餐厨垃圾收集成本较高，当前可收集对象多以酒店为主，同时收运范围对项目经济性影响较大，因此项目规模普遍不大，日处理餐厨垃圾量多在 200～400t 之间，沼气产量相对较少，装机规模普遍不会太大。

表 3-5　　　　　　　　　　　浙江餐厨垃圾沼气发电项目情况

| 地区 | 数量（个） | 设计装机容量（MW） | 日均处理垃圾量（t） | 日均发电量（万 kWh） | 年发电量（万 kWh） | 年上网电量（万 kWh） |
|---|---|---|---|---|---|---|
| 杭州 | 1 | 1.2 | 200 | 2.5 | 913 | 456 |
| 湖州 | 1 | 1 | 400 | 1.2 | 438 | 434 |
| 丽水 | 1 | 1 | 90 | 1.2 | 444 | 244 |
| 合计 | 3 | 3.2 | 690 | 4.9 | 1794.5 | 1133.9 |

### 2. 畜禽粪便沼气发电项目

浙江省畜禽粪便沼气发电项目起步较早，然而整体规模不大。近些年，随着政府对畜禽散养的限制，畜禽养殖多以规模化发展模式开展，畜禽粪便沼气发电项目逐步发展起来。但是畜禽粪便沼气发电项目多依托于养殖场，其主要作用是处理场内畜禽粪便，原料来源单一，因此装机规模普遍较小。

浙江省畜禽粪便沼气发电项目情况如表 3-6 所示。目前，全省共有畜禽粪便沼气发电项目 6 个，均以 10kV 或 380/220V 电压等级并网，装机容量合计 4.755MW，日处理畜禽粪便 848t，年发电量约 1087 万 kWh。

从地域分布来看，衢州地区畜禽粪便沼气发电项目较多，项目数为 3 个，装机容量 2.2MW，年发电量 1074 万 kWh；台州地区有 2 个项目，装机较小，合计 0.055MW，年发电量 12 万 kWh。

表 3-6　　　　　　　　　　　浙江省畜禽粪便沼气发电项目情况

| 地区 | 数量（个） | 设计装机容量（MW） | 日均处理垃圾量（t） | 日均发电量（万 kWh） | 年发电量（万 kWh） | 年上网电量（万 kWh） |
|---|---|---|---|---|---|---|
| 丽水 | 1 | 2.5 | 300 | 0 | 0 | 0 |
| 衢州 | 3 | 2.2 | 505 | 2.94 | 1074 | 1074 |
| 台州 | 2 | 0.055 | 43 | 0.03 | 12 | 12 |
| 合计 | 6 | 4.755 | 848 | 2.98 | 1087 | 1087 |

### 3. 垃圾填埋气发电项目

垃圾填埋气发电项目是基于已有垃圾填埋场建立的，规模适中，投资成本和原材料成本相对较小。然而，随着垃圾焚烧发电的大规模推进和餐厨垃圾沼气发电项目的兴起，垃圾直接填埋的情况将得到逐步缓解，未来垃圾填埋气发电项目将不会有大规模发展。

浙江省垃圾填埋气发电项目情况如表 3-7 所示。目前，全省垃圾填埋气发电项目共有 9 个，装机容量合计 3.7 万 kW，年发电量 2.3 亿 kWh，均以 10kV 电压等级并网。金华地区项目较多，共有 3 个，装机容量 0.73 万 kW，年发电量 0.45 亿 kWh；杭州地区单体规模较大，仅 1 个项目，装机达到 1.64 万 kW，年发电量 1.28 亿 kWh。

表 3-7　　　　　　　　　　　浙江省垃圾填埋气发电项目情况

| 地区 | 数量（个） | 设计装机容量（MW） | 日均发电量（万 kWh） | 年发电量（万 kWh） | 年上网电量（万 kWh） |
|---|---|---|---|---|---|
| 杭州 | 1 | 16.4 | 35.0 | 12775.0 | 12136.3 |
| 宁波 | 1 | 3.0 | 5.7 | 2069.6 | 2007.5 |
| 衢州 | 1 | 1.0 | 1.8 | 657.0 | 657.0 |
| 绍兴 | 2 | 7.4 | 4.7 | 1715.5 | 1596.5 |
| 台州 | 1 | 2.1 | 4.4 | 1606.0 | 1532.9 |
| 金华 | 3 | 7.3 | 12.4 | 4518.4 | 4333.4 |
| 合计 | 9 | 37.1 | 63.9 | 23341.4 | 22263.6 |

## 四、生物质发电政策分析

2006 年起颁布实施的《中华人民共和国可再生能源法》（以下简称《可再生能源法》）确立了可再生能源在我国经济和社会可持续发展中的重要地位，规定了可再生能源资源勘查、发展规划、技术研发、产业发展、投资、价格和税收等方面的政策和要求，明确了政府、企业和用户在可再生能源开发利用中的责任和义务，提出了总量目标、强制上网、分类电价、费用分摊、专项资金等基本制度及信贷优惠和税收优惠等政策要求。

按照《可再生能源法》的要求，国家相关部门陆续出台了一系列配套政策和实施细则，如可再生能源发电管理规定、价格和费用分摊管理办法，产业发展指导目录、专项资金管理办法、相关应用技术规范，以及一系列税收优惠政策，并且颁布了涵盖生物质能的可再生能源发展中长期及"十一五""十二五""十三五"等规划，形成了较为完整的生物质能政策体系。

### （一）垃圾焚烧发电

#### 1. 电价补贴政策

垃圾焚烧发电的电价附加资金补助额不仅取决于电厂发电量，同时还与垃圾处理量有关。

从发电量角度来看，国家发改委《关于完善垃圾焚烧发电价格政策的通知》（发改价格〔2012〕801号）规定以生活垃圾为原料的垃圾焚烧发电项目，均先按其入厂垃圾处理量折算成上网电量进行结算。每吨生活垃圾折算上网电量暂定为280kWh，并执行全国统一垃圾焚烧发电标杆电价0.65元/kWh（含税）；其余上网电量执行当地同类燃煤发电机组上网电价。垃圾焚烧发电上网电价高出当地脱硫燃煤机组标杆上网电价的部分实行两级分摊。其中，当地省级电网负担0.1元/kWh，电网企业由此增加的购电成本通过销售电价予以疏导；其余部分纳入全国可再生能源发展基金解决。2006年1月1日后核准的垃圾焚烧发电项目均按上述规定执行。

从垃圾处理量角度来看，当以垃圾处理量折算的上网电量低于实际上网电量的50%时，视为常规发电项目，不享受垃圾焚烧发电价格补贴；当折算上网电量高于实际上网电量的50%且低于实际上网电量时，以折算的上网电量作为垃圾焚烧发电上网电量；当折算上网电量高于实际上网电量时，以实际上网电量作为垃圾焚烧发电上网电量。

### 2. 税收优惠政策

垃圾发电企业目前享受"增值税即征即退、所得税三免三减半"的税收优惠。《关于资源综合利用及其他产品增值税政策的通知》（财税〔2008〕156号）规定"对销售下列自产货物实行增值税即征即退的政策"，其中包括"以垃圾为燃料生产的电力或者热力"。其中垃圾用量占发电燃料的比重不低于80%，并且生产排放达到GB 13223—2003第1时段标准的有关规定。所称垃圾是指"城市生活垃圾、农作物秸秆、树皮废渣、污泥、医疗垃圾"。根据以上规定，垃圾焚烧发电项目享受所得税三免三减半（第一年至第三年免征企业所得税，第四年至第六年减半征收企业所得税）、发电和供热收入增值税即征即退的优惠政策。

### 3. 垃圾处理收费

垃圾处置费与垃圾电厂处理规模、投资规模、焚烧设备、运营边界（如是否包括飞灰、渗滤液处理等）、项目来源等因素关系较大。一般情况下，成本较高的炉排炉补贴相对较高，流化床补贴相对较低；处理规模较大、不包括飞灰、渗滤液处理的垃圾电厂补贴较低；规模较小、飞灰、渗滤液处理要求较高的垃圾电厂补贴较高；此外，通过招商引资或直接指定一般处置费用较高，通过竞争性招标一般处置费较低。浙江省政府单吨垃圾焚烧补贴费用波动空间极大，均价为93元，一般在50～150元之间，该区间项目数占比为93%。最高的长兴县生活垃圾焚烧热电工程单吨垃圾补贴达到240元，最低的浙江省绍兴市循环生态产业园（一期）垃圾焚烧项目单吨垃圾补贴仅为18元。

### 4. 财政资金支持

在财政金融政策方面，政府也给予了大力的支持，即项目可由银行优先安排基本建设贷款并给予2%财政贴息（计基础〔1999〕44号）；垃圾处理生产用电按优惠用电价格执行；对新建垃圾处理设施可采取行政划拨方式提供项目建设用地；政府安排一定比例资金，用于城市垃圾收运设施的建设，或用于垃圾处理收费不到位时的运营成本补偿。

## （二）农林生物质发电

### 1. 电价补贴政策

根据生物质发电行业现状，特别是利用秸秆等原料的农林生物质发电企业的实际情况，生物质发电的上网电价、电价补贴和税收优惠政策进行了多次调整，从最初的固定补贴政策，逐步过渡到目前的固定电价政策。

2006年，生物质发电上网补贴电价标准为0.25元/kWh。生物质能发电项目自投产之日起，15年内享受补贴电价；运行满15年后，取消补贴电价，该政策助推了农林生物质发电产业的启动发展。2008年，对纳入补贴范围内的秸秆直燃发电项目按上网电量给予临时电价补贴，补贴标准为0.1元/kWh，使生物质发电项目的度电补贴增至0.35元/kWh，产业规模年增长率近30%。

2010年7月8日，国家发展和改革委员会出台了《关于完善农林生物质发电价格政策的通知》（发改价格〔2010〕1579号），决定对农林生物质发电项目实行固定电价政策。对未采用招标确定投资人的新建农林生物质发电项目，统一执行标杆上网电价为0.75元/kWh（含税）。通过招标确定投资人的生物质发电项目，上网电价按中标确定的价格执行，但不得高于全国农林生物质发电标杆上网电价。已核准的农林生物质发电项目（招标项目除外），上网电价低于上述标准的，上调至0.75元/kWh；高于上述标准的国家核准的生物质发电项目仍执行原电价标准。

### 2. 税收优惠政策

税收优惠政策有效地带动了企业投资农林生物质发电项目的积极性，是推动农林生物质发电产业快速发展有效手段。

增值税方面。参考前文所述《关于资源综合利用及其他产品增值税政策的通知》（财税〔2008〕156号），农林剩余物生物质发电企业和垃圾发电企业一样，可以享受增值税即征即退、所得税三免三减半优惠政策。

所得税方面。根据《中华人民共和国企业所得税法实施条例》（国务院令第512号），自2008年1月1日起，企业以《资源综合利用企业所得税优惠目录》（财税〔2008〕117号）（简称《目录》）中所列资源为主要原材料，生产符合国家或行业相关标准的产品取得的销售收入，在计算应纳税所得额时，按90%计入当年收入总额。因此，生物质发电因资源综合利用可享受收入减计 10%的所得税优惠。

### （三）沼气发电

#### 1. 电价补贴政策

沼气发电电价补贴政策同农林生物质发电补贴机制，即对未采用招标确定投资人的新建农林生物质发电项目，统一执行标杆上网电价 0.75 元/kWh（含税）。通过招标确定投资人的生物质发电项目，上网电价按中标确定的价格执行，但不得高于全国农林生物质发电标杆上网电价。

#### 2. 税收优惠政策

沼气发电税收优惠政策同农林生物质发电机制，即增值税实行即征即退政策，并享受收入减计 10%的所得税优惠。

#### 3. 政策支持

2015 年，发改委、农业部联合制定《农村沼气工程转型升级工作方案》，对符合条件的规模化大型沼气工程、规模化生物天然气试点工程予以投资补助。规模化大型沼气工程，每立方米沼气生产能力安排中央投资补助 1500 元；规模化生物天然气工程试点项目，每立方米生物天然气生产能力安排中央投资补助 2500 元。其余资金由企业自筹解决，鼓励地方安排资金配套。中央对单个项目的补助额度上限为 5000 万元。

当地政府已出台沼气或生物天然气发展的支持政策、对中央补助投资项目给予地方资金配套、已按照或在申报时明确将按照试点内容开展相关工作的地区，中央将优先支持。

#### 4. 垃圾处理费用

餐厨垃圾发电项目还有垃圾处理费用补贴，且由于其包括垃圾收运和垃圾处理两方面费用，所以费用相对于普通垃圾发电较高。目前，餐厨垃圾处理补贴价格平均约为 110 元/t，收运补贴价格约为 100 元/t，收运处理一体的补贴价格约为 210 元/t。餐厨垃圾收运和处理补贴水平受城市经济社会发展水平影响较大，随着餐厨垃圾处理市场越来越成熟，其补贴价格的制定也将越来越合理。

### （四）其他政策

#### 1. 电量全额收购政策

2007 年，电监会颁布了《电网企业全额收购可再生能源电量监管办法》（国家电力监管委员会〔2007〕25 号），明确了电网企业需全额收购生物质发电企业的电量。

2016 年，国家发改委颁布《可再生能源发电全额保障性收购管理办法》的通知（发改能源〔2016〕625 号），明确可再生能源发电全额保障性收购是指电网企业（含电力调度机构）根据国家确定的上网标杆电价和保障性收购利用小时数，结合市场竞争机制，通过落实优先发电制度，在确保供电安全的前提下，全额收购规划范围内的可再生能源发电项目的上网电量。生物质能、地热能、海洋能发电以及分布式光伏发电项目暂时不参与市场竞争，上网电量由电网企业全额收购。

### 2. 电网建设补贴政策

2012 年，财政部、国家发展改革委、国家能源局共同制定《可再生能源电价附加补助资金管理暂行办法》（财建〔2012〕102 号），明确专为可再生能源发电项目接入电网系统而发生的工程投资和运行维护费用，按上网电量给予适当补助，补助标准为 50km 以内，1 分钱/kWh；50～100km，2 分钱/kWh；100km 及以上，3 分钱/kWh。

## 五、生物质发电效益分析

### （一）垃圾焚烧发电企业

#### 1. 收益部分

垃圾焚烧发电收益主要包含发电收益和垃圾处置费两部分。

（1）发电收益：当前我国垃圾焚烧发电上网执行国家生物质发电统一标杆电价 0.65 元/kWh。我国生活垃圾焚烧炉设计入炉垃圾热值一般为 1500～1800kcal/kg，锅炉热效率 60%，汽轮机效率 80%，厂用电率 20% 左右，全厂发电效率低于 25%，经计算单吨垃圾发电 350kWh。厂用电按照 20% 考虑，上网电量约 280kWh（与补贴上限一致），单吨垃圾发电电费收入约为 182 元。

（2）垃圾处置费：垃圾处置费用垃圾发电厂的重要经济来源。

此外，垃圾发电剩余物可以出售作为生产环保砖的原材料，价格相对较低，收益可不考虑。

#### 2. 成本部分

垃圾焚烧发电投资一般较大，装机 1000t/天处理规模的垃圾焚烧发电项目投资为 4～5 亿元。以日处理垃圾 1000t 垃圾焚烧厂进行计算，项目投资财务费用及折旧费约折合每吨垃圾 90 元，药剂、维护、人员、管理等费用折合 60 元/t，总计成本约 150 元/t。

### （二）农林生物质发电企业

农林生物质发电项目的建设规模一般为 25～30MW，其在运行状态较好时，全年可运行 7000～8000h。受多种因素影响，实际运行小时数差别较大，2017 年全国农林生物质平均利用小时数 5668h，范围为 1400h（宁夏）～7083h（新疆）。

#### 1. 收益部分

农林生物质发电项目的主要收入来自于上网电费收益。林业剩余物的平均热值为 4222kcal/kg，农业秸秆的平均热值为 4091kcal/kg，林业剩余物的热值略高于农业秸秆的热值，一般情况下，1t 生物质发电量为 650～750kWh。扣除厂用电约 12%，其上网电量为 570～660kWh。农林生物质发电电价为 0.75 元/kWh，因此处理 1t 农林生物质收益为 430～495 元。

### 2. 成本部分

农林生物质发电项目的成本包括固定资产投资、原料成本、人工成本和管理运维成本等。

（1）固定资产投资：农林生物质发电项目投资大，单位造价约为 9000 元/kW。

（2）原料成本：随着原料市场规范化发展和收集管理水平提高，生物质原料收集将逐步向自动机械化收集方向发展，生物质原料收集利用将呈现集约化规模化发展趋势，原料成本将在产业升级过程中有所增长。收储运经济成本包括原料购买、收集、装运和存储等费用，即 280～360 元/t。其中：收集成本是指企业从农民手中收购木质纤维素类原料，并进行简单的堆放或储存时产生的相关费用，一般为 110 元/t；运输成本是指收购后运输至企业过程中产生的费用，其与运费、运输量和转运点距离有关，平均 1 元/（t·km）；储存成本是指在储存期间，需要一定的维护、人工和其他费用，如消防、用电等消耗的费用。

（3）人工和运维成本：尽管自动化与系统集成度均有所提高，但农林生物质发电项目人工成本增加导致运维成本不断上升。一般情况下，人工、运维和折旧成本占运行成本的 35%～40%，折合约 150 元/t。

### （三）沼气发电企业

浙江省沼气发电原料以餐厨垃圾、畜禽粪便和垃圾填埋气为主。下面以当前发展前景的餐厨垃圾发电为例，介绍其经营状况。

### 1. 收益部分

餐厨垃圾发电收益主要包括垃圾处理费用、发电费用和油脂等剩余物费用。

（1）垃圾处理费用：餐厨垃圾补贴费用普遍较高。

（2）发电收益：沼气发电的发酵菌落受温度影响较大，温度过高会导致其活性降低，1t 餐厨垃圾冬天约产生 100m³、夏天 80m³ 沼气，1m³ 沼气可发电 1.5kWh，垃圾发电上网电价一般为 0.75 元/kWh，1t 餐厨垃圾发电收益 90～112.5 元。

（3）油脂等剩余物：以餐饮垃圾为主，厨余垃圾较少，因此出油率较高，一般可达到 3%～4%。油脂价格受市场影响较大，价格在 4000～5000 元/t。

畜禽粪便发电一般随规模化养殖场同步建设，其主要价值体现在生态循环上，解决其自身垃圾排放问题的同时，带来一定的经济效益。其收益包括发电收入和沼肥（包括沼液和沼渣）收入，以发电收入为主。

### 2. 成本部分

沼气发电成本包括初始投资和运行成本。其中，运行成本主要包括维修费用、人工费用、材料费、利息等。其受项目规模、原料类型影响较大。

#### （四）企业经营面临的问题

##### 1. 农林生物质发电经营困难

目前，垃圾发电企业和沼气发电企业经营效益均较好，而农林生物质发电企业整体经营情况较差。在农林生物质发电项目中，原料成本是决定该项目发电成本的重要因素，占运行成本的 60%～65%，原料成本的变化直接影响项目的经济效益。当前生物质发电项目的部分区域布局缺乏统筹规划，项目建设相对集中，同时还要面临饲料、造纸等行业的原料竞争，以及江西等地抢购生物质资源的情况，导致原料成本攀升，发电成本上涨。

##### 2. 激励政策落实难

电价补贴资金到位不及时，国家补贴周期长，企业融资困难，财务负担大。截至 2017 年，未列入可再生能源电价附加资金目录的补助资金和未发放补助资金共约 143.64 亿元。同时，2018 年发布的《关于公布可再生能源电价附加资金补助目录（第七批）的通知》中明确"已纳入和尚未纳入国家可再生能源电价附加资金补助目录的可再生能源接网工程项目，不再通过可再生能源电价附加补助资金给予补贴，相关补贴纳入所在省输配电价回收"，而电网输配电价回收周期过长，增加了企业资金负担。

##### 3. 城乡垃圾收运体系发展不平衡

随着我国城市化进程加速，大中城市垃圾收运体系逐渐完善，垃圾收运量与垃圾产生量基本实现匹配。但对于县级城市，收运体系尚不完善，乡镇居民生活环境恶化，市政生活垃圾无法实现规模能源化利用。在县一级城市建立"村收集—镇运输—县处理"收储运模式将对垃圾深度能源化利用具有重要意义。

### 六、生物质发电发展展望

#### （一）浙江生物质发电规模饱和分析

##### 1. 垃圾焚烧发电规模估算

根据 2017 年全国人均产生垃圾量，北京市为 1.1kg/（人·天），南京市为 1kg/（人·天），成都市为 1.04kg/（人·天）。2017 年省委省政府出台《浙江省城镇生活垃圾分类实施方案》，要求到 2020 年年底，全省城镇生活垃圾总量实现"零增长"。考虑近几年垃圾增长情况和经济社会发展水平，未来浙江人均年产生生活垃圾量可按照 400kg 考虑。

同时，2018 年《浙江蓝皮书》预测 2024 年起浙江人口总量将达到 5783～5822 万，并进入负增长，远景人口最大值按照 5800 万人考虑。预测未来浙江省生活垃圾量为 2320 万 t/年。其中，餐厨垃圾占比约 50%，未来垃圾分类完善后，可考虑采用沼气发电形式处理，现有的垃圾焚烧锅炉可掺烧工业固废等，则生活垃圾焚烧部分约 1160 万 t。按照每吨垃圾发电 350kWh 考虑，年生活垃圾发电量约 40.6 亿 kWh。借鉴欧洲垃圾发电利用小时数 7000h，全省生活垃圾焚烧发电装机容量约 58 万 kW。

根据《浙江统计年鉴》，浙江省近几年工业固体废物年产生量在 4400 万～4850 万 t 之间波动，综合利用率在 90% 左右。考虑未来综合利用部分 50% 用来焚烧发电（约 2070 万 t），结合温州大有热电实际运行情况（每吨发电 590kWh，利用小时数 7000h 左右），则全省年发电量约 122 亿 kWh，装机容量 174.5 万 kW。

### 2. 农林生物质发电规模估算

浙江省年产农作物秸秆约 1200 万 t、林业废弃物约 900 万 t。《浙江省循环经济发展"十三五"规划》要求 2020 年农作物秸秆综合利用率达到 95%，考虑 50% 用以生物质发电，其年资源总量约为 997.5 万 t。按照每吨垃圾发电量 700kWh 考虑，其年发电量约为 69.8 亿 kWh。根据目前机组设计情况来看，额定年利用小时数按 6000h 考虑，农林生物质发电装机容量约为 116 万 kW。

### 3. 沼气发电规模估算

浙江省沼气发电分为餐厨垃圾发电、畜禽废弃物发电和垃圾填埋气发电共三类项目。

浙江年产餐厨垃圾 1160 万 t，按照每吨垃圾产生沼气 90m³、每立方米可发电 1.5kWh 测算，年发电量 15.7 亿 kWh。按 6000h 的年利用小时数，装机容量约 26.1 万 kW。

浙江每年畜禽养殖粪尿的排放高达 3000 万 t，其中畜禽粪年排放量超过 1300 万 t。根据国内主要城市规模化养殖场沼气生产情况统计，每吨畜禽粪便可产生 51～60m³ 沼气，平均值为 55.3m³。全省畜禽粪便全部建设沼气发电，年发电量约 24.8 亿 kWh。按 6000h 的年利用小时数，装机容量约 41.3 万 kW。

考虑到目前垃圾焚烧发电的大规模推进和餐厨垃圾沼气发电项目的兴起，垃圾直接填埋的情况将得到逐步缓解，未来垃圾填埋气发电项目将不会有大规模发展，新建的垃圾填埋气发电项目和已有项目产量的降低，将会达到动态平衡甚至降低。因此，未来垃圾填埋气发电项目可按照当前值考虑，即装机容量 3.7 万 kW，年发电量 2.3 亿 kWh。

### 4. 生物质发电规模饱和分析结果

各类生物质发电规模饱和分析如表 3-8 所示。根据各类生物发电规模分析，未来生物质发电装机总量约为 271.2 万 kW，年发电量约为 168.9 亿 kWh。

表 3-8　　　　　　　　　各类生物质发电规模饱和分析

| 类别 | | 装机容量（万 kW） | 年发电量（亿 kWh） |
|---|---|---|---|
| 垃圾焚烧发电 | 生活垃圾 | 58 | 40.6 |
| | 工业固废 | 122 | 174.5 |
| 农林生物质发电 | | 116 | 69.8 |
| 沼气发电 | 餐厨垃圾 | 26.1 | 15.7 |
| | 畜禽废弃物 | 41.3 | 24.8 |
| | 垃圾填埋气 | 3.7 | 2.3 |
| 合计 | | 271.2 | 168.9 |

未来生物质发电装机总量不大，但是其利用小时数普遍较高，年发电量较大。浙江省 2018 年全年光伏发电量约 100 亿 kWh，生物质发电电量 95.8 亿 kWh，带来的经济效益和社会效益显著较高。

同时，生活垃圾焚烧年发电量约 40.6 亿 kWh，考虑每吨垃圾发电量按照 280kWh 补贴，其中 32.5 亿 kWh 需要省级电网负担 0.1 元/kWh，电网公司每年需支付生活垃圾发电上网补贴约 3.25 亿元。在餐厨垃圾通过沼气发电处置之前，每年支付补贴金额将达到 6.5 亿元。该部分费用将通过销售电价疏导，对输配电价核定存在一定的影响。

需要注意的是，以上测算是基于典型利用小时数，若省内生物质发电平均发电小时数降低，其装机规模将进一步扩大。

**（二）浙江生物质产业发展方向**

**1. 分布式热电联产是生物质发电产业转型主要方向**

生物质发电以直燃发电方式为主，发电效率较低，一般为 20%～30%，而热电联产项目，系统综合效率可达 80% 以上。借鉴国外的生物质利用经验，为提升整体能源利用效率，生物质热电联产是浙江近中期生物质发电的主要发展方向之一，而只发电不供热的生物质项目将受到严格限制。充分利用生物质资源分散、就地开发的特点，选择生物质资源聚集度相对较高、整体开发较好的县市，发展安全、高效的县域生物质分布式热电联产示范项目，将是生物质未来利用的发展方向。

**2. 生物质发电将是农村现代综合能源体系关键元素**

"互联网+"智慧能源、综合能源等新技术逐渐兴起，将互联网与能源生产、传输、存储、消费以及能源市场深度融合，从而提高可再生能源比重，提升乡村能源综合效率。结合就地能源需求和能源分布，充分利用农村地区丰富的风、光、水、生物质资源等就地资源，通过电、热的综合利用，构建综合能源系统，实现电、气、冷、热多能互补，源、网、荷、储互动优化，实现绿色乡村能源供应清洁化的同时，促进生物质的循环利用，是生物质发电技术成熟化应用的重要途径，也是当前乡村能源绿色发展的必由之路。

### 3. 生物质能源化利用将向城乡公共基础设施方向发展

目前，生物质发电是以能源利用项目形式开展立项、审批，但垃圾焚烧发电项目承载的主要任务是城乡垃圾、废弃物处理，环保是生物质发电项目的主要功能。随着我国经济社会发展水平的提升，对环境保护前所未有的重视，生物质发电项目已经逐步作为城市发展规划中重要的基础配套设施，明确其首要作用是对垃圾的资源化、无害化、减量化处置。城镇化发展将进一步推动农村和乡镇地区的生物质处理设施发展，生物质发电将作为城乡公共基础设施在乡村振兴战略中发挥重要作用。

## 七、发展建议

生物质发电产业发展前景良好。浙江省生物质资源丰富，且生物质发电产业走在全国前列。在乡村绿色发展、循环经济、农林生物质、畜禽废弃物、餐厨垃圾等方面，国家持续颁布多项法律法规、政策文件、专项规划，切实推动生物质资源化产业的快速发展。

### （一）对政府的建议

#### 1. 保障生物质发电补助资金发放

当前可再生能源基金缺口逐年扩大，可再生能源整体规模仍将保持增长趋势的现状，生物质发电可借鉴《光伏扶贫电站管理办法》的激励政策模式，建立生物质发电项目专项电价补贴目录。生物质发电项目应优先纳入可再生能源补助目录，补助资金优先足额发放。通过单独列出生物质发电项目补贴目录，明确生物质发电项目补贴的优先性。明确生物质发电项目专项电价补贴目录的发布周期，考虑到农林生物质发电项目燃料收购直接关系到农民收益，建议专项电价补贴目录一年发布一次，及时发放补贴资金。

#### 2. 保持连续稳定的生物质电价政策

相比较燃煤机组和其他可再生能源，生物质发电单台机组容量小，单位造价高，项目盈利能力较弱，投资回收期长，又承担着环保和民生重任。当前，金融、投资机构和社会资本对生物质发电产业持观望和慎入态度，特别是农林生物质发电产业，发展速度已回落在8%以内。为了支持产业的规范、健康和可持续发展，给投资者以足够信心，建议政府相关部门在未来的一段时间内保持生物质电价相对稳定，进一步明确已投运生物质发电项目电价补贴年限，建议参考风电、光伏项目，给予生物质发电项目至少 20 年的电价补贴期限。

### （二）对电网公司的建议

#### 1. 积极做好生物质发电规划衔接工作

随着乡村振兴、垃圾分类等一系列政策的推进，生物质发电项目将进一步飞速发展，生物质发电量未来将远高于光伏发电量，居新能源发电之首。其在彰显经济社会价值的同时，也给电网公司售电市场埋下了一定的潜在风险。政府对生物质发电已颁布相关政策和规划，而相比光伏、风力发电项目，电网公司对生物质发电的发展尚未予以足够的重视。建议电网公司各级发展、营销等相关部门积极与政府对接，参与生物质发电项目的规划建设，开展生物质发电专题研究，保障生物质发电项目有序接入，并减小其对电网公司运营的影响。

#### 2. 促使垃圾焚烧发电补贴纳入电价核定体系

根据国家发改委要求，省级电网需承担垃圾焚烧发电项目补贴 0.1 元/kWh，未来电网公司每年将支付补贴 3.25 亿～6.5 亿元。随着输配电价改革的推进，电网公司准许收益受限，如不及时将该部分补贴纳入电价核定体系，将影响电网公司经营效益。建议电网公司做好生物质发电补贴情况统计和规模预测，并积极与电价管理部门对接，合理制定售电电价，通过购销价差疏导垃圾焚烧发电补贴支出，保障电网公司合理收益。

#### 3. 推动综合能源服务向生物质发电产业延伸

在政府政策和补贴推动下，生物质发电产业目前尚具有广阔的市场前景。同时，高能效的生物质热电联产技术是构建综合能源系统的关键要素，是构建农村现代能源体系的核心环节，是电网公司打造枢纽型企业的重要发力点。建议电网公司积极探索 BOT、PPP 等多元化商业模式，参与生物质发电产业的投资，拓宽企业业务范畴，寻求新的利润增长点，促进建设现代能源互联网企业。

### （三）对生物质发电企业的建议

#### 1. 加强前期市场调研分析工作

由于生物质发电原材料收集、运输费用较高，企业经济效益受原材料影响较大。目前，垃圾焚烧发电企业整体经济效益较好，但是浙江省垃圾焚烧发电项目规模居全国首位，且近几年新建项目较多，未来项目整体利用小时数必然会有所降低；农林生物质发电项目原材料市场化机制成熟，一般由经纪人负责收运燃料资源，项目的集中建设必然导致原材料成本上涨，目前丽水地区已存在项目建设距离较近、江西等地抢购资源的情况。因此，建议生物质发电企业充分开展前期市场调研分析，做好项目经济效益测算工作，避免无序建设引起的市场竞争。

### 2. 加强企业环保层面的核心竞争力

生物质发电产业的环保效益远大于经济效益，环保部门对生物质发电产业监管和处罚力度较大。浙江生物质发电产业环保水平参差不齐，部分企业基本达到零排放、无污染的标准，而多数企业因设备水平较差、生产工艺不齐全等问题，对环境影响仍然较大。目前，可再生能源发展基金欠账较多，且两会期间财政部已释放了垃圾发电产业"退补"信号，未来环保指标必然是制定补贴机制、评判企业等级的重要依据。建议生物质发电企业推动技术设备升级，加强低排放设备和工艺的技术储备，提升企业核心竞争力，避免在环保要求提升时逐步被清退淘汰。

# 第二篇
# 乡村电气化

# 第四章
# 新时代浙江乡村电气化调查
## （2018 年 4 月）

农业农村农民问题是关系国计民生的根本性问题。根据《中共中央 国务院关于实施乡村振兴战略的意见》，实施乡村振兴战略，是解决人民日益增长的美好生活需要和不平衡不充分的发展之间矛盾的必然要求。高质量推进新时代浙江乡村电气化是立足浙江经济社会、能源电力现状，支撑全面实现农业强、农村美、农民富的重要举措。

为保障新时代乡村电气化找准方向、顺利推进，深度解读了国家和地方政府相关指导性文件，明确未来乡村经济社会、产业结构发展趋势；借鉴欧盟、美国，以及台湾地区能源发展经验，提出浙江乡村多种能源互补的清洁、高效发展途径；全面调研了全省 22 个代表不同产业特点、发展程度的村庄，并针对其中 4 个典型村庄进行深度调研，摸清浙江各类乡村能源供需和电力供需情况。

通过全面调研，总结了浙江省乡村电气化推演历程和成功做法，分析了未来不同类型村庄用电负荷特性，并对全省乡村地区电力需求进行了预测；在此基础上提出了新时代乡村电气化建设思路，编制了各类乡村配电网建设技术原则和以电为核心的综合能源体系建设模式，为乡村电网建设和综合能源服务奠定了基础；最后，从电力供应优质高效、多种能源综合利用、电能替代深入推进、电力服务贴心惠民四个方面提出了新时代浙江乡村电气化发展的重要举措，打造国内乡村电气化样板，全面支撑乡村振兴。

## 一、乡村经济社会发展情况

乡村是以行政村为管理单位的农业人口聚居地，是相对独立的、具有特定的经济、社会和自然景观的地区综合体，其主导产业可为农业及农产品加工，也可为手工业、观光旅游等第二、三产业。

### （一）总体情况

截至 2017 年年底，浙江省常住人口 5657 万人，城镇化率 68.0%，农村人口 1810

万人，行政村数量约 2.7 万个。

近年来，浙江始终坚持深入学习、认真贯彻习近平总书记"三农"思想，坚定不移沿着"八八战略"指引的路子向前走，围绕"两个高水平"奋斗目标，按照"产业兴旺、生态宜居、乡风文明、治理有效、生活富裕"的总要求，全面实施乡村振兴战略加快推进城乡融合，高水平推进农业农村现代化，浙江全面落实"三农"重中之重的战略思想，正确把握现代化进程中城乡关系的变迁规律，大力度推进统筹城乡发展，城乡发展一体化水平不断提高，率先进入城乡融合发展阶段。2015 年，浙江农村全面小康实现度 97.2%，为全国各省最高。

在发展现代农业上，浙江进一步强化农业在全局的基础地位，以高效生态农业为目标模式，坚定不移推进农业供给侧结构性改革，果断打出现代生态循环农业、畜牧业绿色发展、化肥农药减量增效、渔业转型促治水、海上"一打三整治"、农业"两区"（粮食生产功能区、现代农业园区）土壤污染防治等农业生态建设组合拳，不断深化农业两区建设，大力培育农业新型经营主体、农业品牌，加快推进农业产业化及信息化、农产品电商化，农业市场竞争力迅速增强，实现了从资源小省向农业强省的跃升。2016 年，全省农林牧渔增加值突破 2000 亿元，农业产业化组织突破 5.5 万家。

在促进农民增收上，浙江把增加农民收入作为"三农"工作的中心任务，加快转变增收方式，不断拓宽增收渠道，着力挖掘增收潜力，逐渐形成了"共创共富"的农民持续增收机制，农民收入呈现水平高、速度快、差距小的特点。2016 年，全省农村常住居民人均可支配收入 22866 元，连续 32 年居全国省区第一，党的十八大以来年均增长 12%；城乡居民收入比值为 2.066，为全国各省区最小；11 个地级市中有 7 个市城乡居民收入比值缩小到 2 以内，农民收入最高的嘉兴市和最低的丽水市比值 1.76，区域间农民收入差距逐步缩小。

在推动扶贫开发上，浙江牢固树立精准扶贫、精准脱贫的战略思想，坚持把扶贫开发融入"四化同步"进程，坚持消除绝对贫困与减缓相对贫困并重、造血扶贫与输血扶贫并重，坚持专项扶贫、行业扶贫、社会扶贫"三位一体"大扶贫格局，大力实施低收入农户奔小康工程、低收入农户收入倍增计划、重点欠发达县特别扶持计划、山区经济发展等一系列扶贫工程，扶贫开发取得历史性成就。2015 年，全省家庭人均收入 4600 元以下绝对贫困现象全面消除，26 个欠发达县一次性摘帽；2016 年，全省低收入农户人均可支配收入突破万元，达到 10169 元，与全省农民人均可支配收入倍差缩小至 2.25。

在推进农村生态建设上，浙江坚定不移沿着"绿水青山就是金山银山"的路子走下去，大力实施"811"美丽浙江建设行动，果断打出"五水共治"等转型升级组合拳，深入推进"千万工程"、美丽乡村建设，坚决打出农村生活污水治理、农村生活垃圾处理、平原绿化等农村环境建设组合拳，农业面源污染状况明显改善，农村脏乱差现象得到根本性改变，美丽乡村成为一张金名片。大力发展乡村旅游、养生养老、运动健康、文化创意、电子商务等美丽经济，率先实施生态保护补偿机制、与污染物排放总量挂钩的财政收费制度、与出境水质和森林覆盖率挂钩的财政奖惩制度，生态文明建设迈向更高水平。全省生态环境发生优质水提升、劣质水下降、蓝天提升、PM2.5 下降、绿化提升、森林火灾下降的"三升三降"的明显变化。2016年，全省森林覆盖率 61%，平原林木覆盖率 19.8%。截至 2017 年年底，全省 2.7 万多个乡村实现乡村整治全覆盖，农村生活污水治理规划保留村覆盖率 100%、农民受益率 74%，农村生活垃圾集中收集有效处理基本覆盖，农村生活垃圾减量化资源无害化分类处理建村覆盖率 40%。

在公共服务供给上，浙江坚持把基本公共服务均等化作为统筹城乡发展的战略重点，完善城乡一体公共服务体制机制，加快城乡公共服务制度接轨、质量均衡、水平均等。截至 2015 年年底，全省基本公共服务均等化实现度为 90.7%，5 年提高8 个百分点。

### （二）政策解读

#### 1. 乡村发展历程

习近平总书记提出，即使将来城镇化达到 70% 以上，还有四五亿人在农村。农村绝不能成为荒芜的农村、留守的农村、记忆中的故园。城镇化要发展，农业现代化和新农村建设也要发展，同步发展才能相得益彰，要推进城乡一体化发展。

从 1949 年新中国成立到 1979 年改革开放的 30 年，中国经历了社会主义现代化道路的初步探索和挫折期，土地改革、合作化运动、人民公社运动、文化大革命是中国社会主义现代化初步探索期的重大历史事件，对中国乡村的发展产生了重大影响。20 世纪 70 年代末，中国的现代化重新启动，中国开始了向现代化的整体推进，土地制度变化、乡镇企业崛起、农业产业化经营，极大地促进了农村经济的发展。1978 年，中国农村家庭人均纯收入为 133.6 元，到 2005 年农村家庭人均纯收入增加到 3254.9 元。而今农村产业结构发生重大变化，二、三产业在农村经济中的比重大幅增长，农民的生存问题已经解决，农民生活正在由温饱型向小康型转变。

在中国乡村经济发展格局中，浙江的发展经验有着鲜明的区域特色。浙江省发展现代经济的自然条件和资源基础极为薄弱，人均耕地面积不足全国平均水平的一半，煤、铁等资源贫瘠。从改革开放前的经济发展各项指标来看，浙江仅处在全国中游水平。

改革以来，浙江的经济发展以民营经济为主，特别是农村个私非农经济迅速崛起，实现了几何级量的增长，并且保持着强劲的发展趋势。同时，浙江省各级政府积极作为，充分地发挥了地方的积极性和创造力。在改革开放初期，适时地出台了允许小商品生产和贸易的政策，以适合于浙江省情的民营经济大发展。党的十六大以后，浙江省委提出了"八八战略"，全面推进浙江的现代化进程。改革开放40年来，浙江探索出了一条在中国特色社会主义理论指引下，具有中国特色浙江特点的农民主体的市场化、工业化、城镇化和农业农村现代化道路，形成了具有鲜明特色的大众市场经济模式，浙江农村改革与发展一直走在全国前面，形成了国内外闻名的"浙江现象"。

### 2. 国家层面政策解读

2012年11月，党的十八大提出，推进新型城镇化与美丽乡村建设是解决"三农"问题的重要途径，是推动区域协调发展的有力支撑，是扩大内需和促进产业升级的重要抓手，对全面建成小康社会、加快社会主义现代化建设具有重大的现实意义和深远的历史意义。2013年和2014年连续两年的中央一号文件都对美丽乡村建设做出重要部署。2013年5月，农业部正式下发了《"美丽乡村"创建目标体系》，提出构建与资源环境相协调的农村生产生活方式，打造"生态宜居、生产高效、生活美好、人文和谐"的示范典型，形成各具特色的"美丽乡村"发展模式，进一步丰富和提升新农村建设内涵，全面推进现代农业发展、生态文明建设和农村社会管理。

2017年，党的十九大提出实施乡村振兴战略，坚持农业农村优先发展，按照产业兴旺、生态宜居、乡风文明、治理有效、生活富裕的总要求，建立健全城乡融合发展体制机制和政策体系，加快推进农业农村现代化。2018年1月，中央1号文提出关于实施乡村振兴战略的意见，明确了新时代实施乡村振兴战略的重大意义，指出要坚持农业发展质量，培育乡村发展新动能，推进乡村绿色发展，打造人与自然和谐共生发展新格局。

### 3. 浙江层面政策解读

早在2008年，浙江省安吉县结合省委"千村示范、万村整治"的"千万工程"，在全县实施以"双十村示范、双百村整治"为内容的"两双工程"的基础上，立足县情提出"中国美丽乡村建设"，计划用10年左右时间，把安吉建设成为"村村优美、家家创业、处处和谐、人人幸福"的现代化新农村样板，构建全国新农村建设的"安吉模式"，被一些学者誉为"社会主义新农村建设实践和创新的典范"。2010年6月，浙江省全面推广安吉经验，把美丽乡村建设升级为省级战略决策。

党的十八大提出要建设美丽中国，浙江省委坚定不移推进美丽浙江建设，并在十三届五次全会上作出了《关于建设美丽浙江创造美好生活的决定》。省委作出"两美"浙江的决策部署，为浙江农业工作进一步指明了方向。建设美丽田园，就是按照建设"两美"浙江的总体部署，遵循现代农业的发展规律，倡导资源节约、环境友好的发展模式，将农业经济活动、生态环境建设和提倡绿色消费融为一体，把农业生产经营纳入自然生态体系整体考虑，更加注重产业结构与资源禀赋的耦合，生产方式与环境承载的协调，进而实现经济、社会、生态效益有机统一。

2017年5月，浙江省省长在衢州调研时强调要深入践行"两山"理论，大力创建浙江乃至长三角"大花园"，重点抓好生态农业、生态旅游、循环工业、绿色金融、健康产业、绿色能源，通过绿色消费带动绿色产业发展。同年6月，浙江省第十四次党代会明确提出谋划实施"大花园"建设行动纲要，使山水与城乡融为一体、自然与文化相得益彰，支持衢州、丽水等生态功能区加快实现绿色崛起，把生态经济培育为发展的新引擎。大力发展全域旅游，积极培育旅游风情小镇，推进万村景区化建设，提升发展乡村旅游、民宿经济，全面建成"诗画浙江"中国最佳旅游目的地。

浙江作为沿海发达地区，在全面建成小康社会的进程中走在了全国前列，有条件也有信心在实施乡村振兴战略、加快农业农村现代化的新的历史征程中，继续走在全国前列。从"千村示范、万村整治"、建设美丽乡村到推进万村景区化建设，从持续开展"811"美丽浙江建设行动到积极建设可持续发展议程创新示范区，从"三改一拆""五水共治"到省第十四次党代会提出谋划"大花园"建设，浙江践行"绿水青山就是金山银山"重要思想的步伐愈发坚实，不断开创着生态文明建设新局面。努力成为实施乡村振兴战略的先行省和示范省，为全国的乡村振兴和农业农村现代化提供浙江经验。

### 4. 总体解析

实施乡村振兴战略是解决好中国特色社会主义新时代"三农"问题的重大战略，也是解决新时代社会主要矛盾的重大战略举措。乡村振兴战略的内涵十分丰富，包含了六个方面的重点：一是要坚持农业农村优先发展的战略，始终把解决好"三农"问题作为全党工作的重中之重；二是要按照产业兴旺、生态宜居、乡风文明、治理有效、生活富裕的总要求，实施好乡村振兴战略，统筹推进农村经济、政治、文化、社会和生态"五位一体"的建设；三是要把深化城乡综合配套改革、建立健全城乡融合的体制机制和政策体系作为推进乡村振兴战略的新动能；四是要致力于巩固和完善农村基本经营制度，深化农村土地制度改革，构建现代农业产业体系、生产体系、经营体系，完善农业支持保护制度，探索小农户和现代农业发展有机衔接的中国特色农业现代化道路；五是要致力于农村一、二、三产业融合发展，进一步优化农村大众创业、万众创新的环境，支持和鼓励农民创业就业，拓宽农村经济发展和农民增收渠道，努力实现农民生活富裕；六是要致力于加强农村基层工作，建立和健全自治、法治和德治相结合的乡村治理体系，努力实现乡村治理体系和治理能力现代化，培养造就一支懂农业、爱农民、爱农村的"三农"工作队伍，为实现乡村振兴提供强大的政治、组织和人才保障。

### （三）趋势研判

"产业兴旺、生态宜居、乡风文明、治理有效、生活富裕"是乡村振兴的总体要求，其中产业兴旺是乡村振兴的基础，也是推进经济建设的首要任务。2018 年，李克强总理在政府工作报告中强调，要推进农业供给侧结构性改革，发展"互联网+农业"，多渠道增加农民收入，促进农村一、二、三产业融合发展。明确未来乡村总体产业结构发展方向，对乡村振兴至关重要。

#### 1. 未来乡村总体发展方向

（1）优化农业发展布局，积极发展智慧农业。

1）优化农业产业布局。加快形成与市场需求相适应，与资源禀赋相匹配的现代农业产业结构和区域布局，促进农业产业规模化、专业化、集群化发展。在粮食生产功能区，全力发展粮油产业，加大政策扶持和产业化开发，确保粮食安全；在现代农业园区，重点布局发展蔬菜、水果、食用菌等主导产业，加强农牧衔接配套，延长产业链、价值链；在淳安等 26 县及海岛地区，充分利用气候资源独特、生态环境优良、地方特色明显的优势，重点布局发展特色精品农业和生态农业，推进规模化、专业化、标准化生产和品牌化经营。充分利用旱地、水田冬闲田、低丘缓坡地等潜在资源，采用间作、套种、基质栽培、设施农业等模式，积极发展旱粮产业及特色种养业。

2）优化农业功能布局。以城乡居民消费需求为导向，积极发挥农业的休闲观光、文化传承、生态涵养等多重功能。按照科学规划、因地制宜、注重特色、发挥优势的原则，对现有农业"两区"进行提升改造、配套建设及环境改善等，布局建设一批具有观光、体验、教育、文化、养生等功能的农业主题公园、乡村旅游线路、农业综合体和重要农产品生产保护区，满足新消费需求。

3）农业领域逐步实现"机器换人"。加快完善和落实农机购置、作业和报废更新补贴政策，加大先进适用智慧农机装备的推广普及力度，大力推进农机农艺融合，推进农业全程机械化、智能化和高效设施农业发展，提高农业机械化水平和农机利用率。

4）提高农业物联网应用水平。结合农业"两区"提升，鼓励有条件、有意愿的实体参加各类农业物联网建设，统筹开展农作物大田智能监测、畜牧水产规模健康养殖、设施园艺生产智能控制、农产品加工流通、农产品质量追溯、农机作业管理、农村能源节能管理等农业物联网应用示范，引导社会投资农业物联网产业，逐步形成多层次、多渠道、多元化的农业物联网投资格局。增强农业智慧化管理服务。

（2）促进农村一、二、三产业融合发展，多渠道增加农民收入。

1）提升发展农产品精深加工业。推进农产品加工技术创新，促进农产品初加工、精深加工及综合利用加工协调发展，不断提高农产品加工转化率和附加值。围绕主导产业，引导农产品精深加工业向优势产区和关键物流节点集中，建设一批农产品加工园区，形成若干产业关联紧密、分工协作有序、功能业务互补的产业集群。

2）加快健全农村市场体系。加快农产品批发市场升级改造，围绕粮油、蔬菜、水果、畜牧、水产等重要农产品布局完善仓储物流设施建设，重点强化农产品冷链物流体系建设，在特色农产品产区实施预冷工程。大力发展农村电子商务，深入推进电子商务进万村工程，搭建区域性农村电商服务平台，逐步完善农村网络服务体系，积极发展农产品网上批发、大宗交易和产销对接等电子商务业务，引导农业龙头企业、品牌农产品经营者拓展农产品网络零售市场，积极探索生鲜农产品网上直销，逐步构建通畅、高效的现代化农产品流通体系。在有条件的地方培育发展电子商务村、乡镇电商创业园、农村特色电商产业基地，发挥示范带动作用。

3）大力发展休闲农业和乡村旅游。充分挖掘农村绿水青山、田园风光、乡土文化资源，通过规划引导和改善农村基础服务设施，大力发展旅游度假、休闲观光、养生养老、文化创意、农耕体验、运动健康、传统工艺、乡村民宿等新业态，打造一批集餐饮、居住、娱乐、购物、体验、养生等多种功能于一体的农家乐综合体。加强农村传统文化保护，合理开发农业文化遗产，建设一批具有历史记忆、地域特点、民族风情的特色小镇，建设一村一品、一村一景、一村一韵的魅力村庄和宜游宜养的森林景区。引导社会资本通过盘活农村闲置房屋、集体建设用地、"四荒地"、可用林场和水面等资产资源发展休闲农业和乡村旅游。形成服务多元化、农民共参与、产业相融合的休闲旅游产业体系。

（3）实施高水平精准帮扶，真正实现共同富裕。

1）加强产业开发帮扶。鼓励农民合作社以多种形式吸纳低收入农户参股入社，加快培育扶贫合作社，优先扶持扶贫合作社发展壮大。支持低收入农户大力发展来料加工，推进来料加工与电子商务融合发展。推动实现异地搬迁小区、帮扶重点村实现来料加工全覆盖。大力发展旅游帮扶，鼓励农家乐经营户和服务组织吸纳低收入农户就业，带动农产品销售。大力推进电商帮扶，支持电商平台开设帮扶专馆，在异地搬迁小区和有条件的帮扶重点村设立电商服务网点，对低收入农户开设网店给予网络资费补助。

2）深入推进异地搬迁。加快推进高山远山地区、重点水库库区、地质灾害隐患区、生态敏感区、偏远小岛等农民异地搬迁。加大地质灾害避让搬迁力度，完善异地搬迁补助政策。加强异地搬迁后续管理，做好产业重建、社区重构、创业就业等方面工作，确保搬迁农民集体经济组织权益切实保障、公共服务全面享受。逐步将搬迁后的"无人区"建成自然保护小区。

（4）加强农业生态环境保护，进一步推进绿色生产。

1）构建现代生态循环农业产业链。围绕全国现代生态循环农业试点省建设，加快发展种养结合、农牧结合、农渔结合等生态养殖模式，推广设施渔业、浅海立体生态养殖和开展林上、林间、林下立体开发模式，积极探索种植、养殖、农产品加工、生物质能、旅游等循环链接新模式，构建更为丰富的农业循环经济产业链。推动产业绿色融合发展，促进工业、农业、服务业等产业间循环链接、共生耦合。

2）全面推开农业废弃物资源化利用。坚持面上推进与示范创建并举，全面构建"主体小循环、园区中循环、县域大循环"三级循环体系。创新利用模式和技术，采取政府购买服务、市场化运作、服务主体承接形式，加快农作物秸秆、沼液、商品有机肥、农产品加工、林业废弃物等资源化利用，建立农药化肥废弃包装物、废旧农膜、病死动物等回收和无害化处理体系，实现由县组建的农业废弃物统一回收处置体系全覆盖，促进农业废弃物回收处理和资源化循环利用。

3）深入推进生态修复工作。实施水环境生态治理和修复工程，加快修复湖库生态系统和重要湿地生态系统；加强绿色矿山建设，加快山体修复；深入推进小流域、坡耕地及林地水土流失综合治理。加强森林、湿地和生物多样性保护，继续推进退耕还林、封山育林行动，强化生态公益林建设和天然林保护，进一步提高公益林补充标准，加快珍贵彩色森林建设，提升涉林景观和质量，深入实施平原绿化行动，推进森林城镇和森林村庄创建，建设森林浙江。保护海洋蓝色生态屏障，继续开展渔场修复振兴行动，全面整治江河入海口污染排放，规划禁限养区，严格禁渔休渔制度；整治修复海域海岛海岸带，治理"海边"环境，建设蓝色浙江。

4）支持农村发展循环经济，推进生活垃圾分类、清洁能源应用和再生资源利用，抓好农业废弃物资源化利用。结合果（菜、茶）园用肥需求和布局，发展"'三园'+沼气工程+禽畜养殖"的模式。推动发展生态循环农业，大力发展生物天然气并入天然气管网、灌装和作为车用燃料，沼气发电并网或企业自用，稳步发展农村集中供气或分布式撬装供气工程。

（5）全面增进农村民生福祉，提升农村公共服务水平。

1）推进城乡基础设施一体化。结合省级试点小城市、中心镇、中心村建设，深入推进城市交通、电力、供水、供气、广电、信息、环保等基础设施向农村延伸，促进城乡基础设施互联互通。科学推进农村联网公路建设，实现县（市）城乡客运一体化和城乡公交无缝衔接。大力推动城镇供水设施向周边农村延伸,逐步构建县(市)城乡一体的供水网。加快农村电网改造升级,提升农村电网供电能力和电气化村镇县建设水平。推进电信网、广播电视网、互联网"三网融合",提升农村信息化水平。

2)加快发展农村社会事业。统筹城乡教育、医疗、文化、养老等社会事业布局,积极推进优质公共服务资源向中心镇、中心村均衡配置,增强中心镇、中心村集聚辐射功能。建立城乡统一、重在农村的义务教育经费保障机制,加快农村义务教育学校标准化建设,优化城乡医疗卫生资源配置,推进县乡村卫生一体化管理。完善农村公共文化服务体系,发展农村体育事业。加强农村养老服务体系、残疾人康复和供养托养设施建设。

### 2. 乡村发展模式

根据不同类型地区的产业结构和用电需求特点的差异,从乡村电力能源服务保障的角度出发,将浙江省乡村初步分为以下四大主要模式:产业发展型、特色旅游型、综合宜居型和生态散居型。其中,前两类模式的美丽乡村具有优势明显的主导产业,对供电可靠性及供电设施与周围环境的融合程度方面的要求相对较高;后两类模式的美丽乡村没有明显的主导产业,供电需求主要以居民生活用电为主,对供电可靠性及供电设施与周围环境的融合程度方面的要求相对较低。

(1)产业发展型。

产业发展型乡村主要分布于经济基础较好的地区,其特点是产业优势和特色明显,生产用电需求占总用电量的比例较大,在供电可靠性方面具有较高要求。产业发展型乡村的公共设施和基础设施一般较为完善,交通便捷,龙头企业发展基础好,产业化水平高,实现了农业生产聚集、农业规模经营,农业产业链条不断延伸,产业带动效果明显。

典型案例:宁波慈溪市附海镇花塘村大力开拓特色产业,走出了一条特色乡村振兴之路,全村集聚发展小家电产业,现有相关企业195家,工业总产值3400万元,人均收入27800元。

(2)特色旅游型。

特色旅游型乡村包括生态导向型、文化导向型和娱乐导向型等旅游资源丰富的乡村,对供电设施与周围环境的融合程度要求较高。特色旅游型美丽乡村一般住宿、餐饮、休闲娱乐设施完善,交通便捷,适合旅游观光和休闲度假,发展乡村旅游潜力大。

典型案例:湖州市安吉县天荒坪镇余村依托自然条件优势,大力发展旅游服务业、休闲产业等第三产业,逐步形成了旅游观光、河道漂流、户外拓展、休闲会务、登山垂钓、果蔬采摘、农事体验等为主的休闲旅游产业链，年接待游客 10 万余人次。

（3）综合宜居型。

综合宜居型乡村主要是指人数较多、规模较大、居住较为集中的村庄，其特点是区位条件好，用电负荷相对较为集中，经济基础强，带动作用大，基础设施相对完善。

典型案例：衢州市开化县金星村依托山清水秀、环境优美的自然环境，坚持走"村美民富、自然和谐"的道路。人口集中分布，以林业、制茶、旅游为支柱产业，着力打造开化县"宜居村落"示范。

（4）生态散居型。

生态散居型乡村主要是指山区、海岛等人数较少、规模较小、居住较分散的村落。其特点是居住分散，用电需求主要以居民生活用电为主，部分与大电网距离较远，但风力、光伏、小水电等可再生能源相对丰富，发展分布式电源的潜力较大。

典型案例：台州临海市外岙村环境静谧，田园风光美丽，村民收入以蜜橘种植为主要经济来源，部分青壮年平时以外出打工为主，人口居住相对分散，对能源需求量不大。

## 二、发达国家和地区经验借鉴

### （一）先进经验

#### 1. 技术驱动：能效技术突破，推动能源技术革命

能效关键技术的突破、农村新能源技术的开发和利用，能源基础设施工程设计等技术的有效驱动，引领能效变革，推动能源技术革命，带动产业升级。美国通过页岩气开采技术发展、优化，大大提高能源开采利用效率；德国沼气技术世界领先，使其成为沼气大国；改革电力系统，建立适应分布式能源发展的分散式、智能型电网，如美国的智能电网和德国的新型电网。

#### 2. 产业转型：适时调整能源产业结构，引导革命性变革

受资源禀赋、气候环境、用能方式等的影响，各国不断在探索能源转型之路，适时调整能源产业结构，进一步引导能源产业发生革命性变革。美国出现以能源效率不断提升、页岩气产量剧增以及可再生能源规模不断扩大为代表的能源革命，并对经济发展、能源安全等产生了广泛而深刻的影响；欧盟因化石能源匮乏，大力发展可再生能源，走向低碳经济；中国台湾坚持有序开发可再生能源，重塑核能政策，并且着眼于新能源开发利用，全力打造多元化产业结构，台湾农村终端能源消费电力占比极高。

### 3. 模式创新：能源供给、运营、参与模式创新，促进多方受惠

能源供给、运营、参与模式的创新，是推动能源供给侧和消费侧革命的有效抓手，是农村能源革命多方受惠的动力源。美国、欧盟等国家和地区不断地推动能源供给转型，推崇多能互补，保障能源安全。德国在较短时间内促进可再生能源的发展，向电网出售电力的个体人数占比达到 2%，这不仅解决了家庭自用电，也是一项重要的收入来源。德国近年光伏发电获得了空前的发展，居民家庭从政府的措施中得到了实惠，田间、屋顶、空旷地带等充分利用，除了满足自己的用电需求，也带来不菲的收入。

### （二）发展启示

#### 1. 多能互补，多方共促

推动能源供给革命，建立农村能源多元供应体系。大力优化能源结构，构建多轮驱动、全面安全的农村能源供应体系。着力发展农村非煤能源，形成煤、油、气、核、新能源、可再生能源多轮驱动的能源供应体系，同步加强农村能源输配网络和储备设施建设。

深度挖掘多区域农村资源禀赋，大力发展分布式低碳能源网络，建立适应国情、省情、农情、村情的多元供应体系。大力发展光伏发电，持续推动"百万家庭屋顶光伏"工程；加强农村生物质能源的开发利用，通过技术研发和产业化，充分利用农村富余的生物质资源发展清洁生物质能源；结合农村当地的自然条件和资源禀赋，特别是基础设施相对落后的山区和海岛，通过分布式能源和微能源网技术解决当地农民的能源供应。

#### 2. 加强建设智能电网，保障能源供销结构调整

大力支持乡村地区电网建设，提升电网的安全性、智能化水平，促进就地能源的利用。适应大规模分布式电源接入对电网的影响，以电为核心，保障生物质、太阳能、风能、水能等资源的高效清洁化利用。

适应"产业兴旺、生态宜居、乡风文明、治理有效、生活富裕"，提升电网供电能力，保障乡村各类产业发展和农村居民的高质量生活对电力的需求；提升电网建设水平，满足美丽乡村对电力设施布局的要求，促进乡村地区的清洁低碳发展。

#### 3. 推进终端能源消费革命，服务水准要求更高

随着乡村振兴进程不断推进，新业态的呈现对农村能源的服务水准提出了更高的要求。推动能源消费革命，提升电能终端占比，适应新业态对能源的消费需求。农村居住人口对能源使用的安全性、可靠性和便捷性等方面也提出了更高的要求，用能方式即将变革。

农村新型业态，需要高质量的能源服务。乡村振兴战略要求积极发展农产品加

工业和农业生产性服务业，拓展农业多种功能，推进农业与旅游休闲、教育文化、健康养生等深度融合，发展观光农业、体验农业、创意农业等新业态。农业机械化和生产生活方式的改变，需要更高质量的能源服务供给。

### 三、浙江乡村能源供需情况研究

乡村能源供需体系包括乡村能源生产（供给）和乡村能源消费（需求），其基本框架如图 4-1 所示。

浙江省乡村能源生产主要包括太阳能、水能、风能、生物质能、地热能和海洋能等。目前，浙江省化石能源产量极少，风能以规模化为主，海洋能开发量有限；太阳能发展迅猛，水能开发程度较高，生物质能面临转型，地热能正逐步推广。

浙江省乡村能源消费主要包括农业生产、农村产业和农民生活三个方面。农业生产包括农业、林业、畜牧业和渔业等三个方面的农产品种（养）植及初加工；农村产业包括纺织、炒茶、旅游、餐饮等乡村新业态；农民生活包括炊事、取暖、照明、出行等方面。

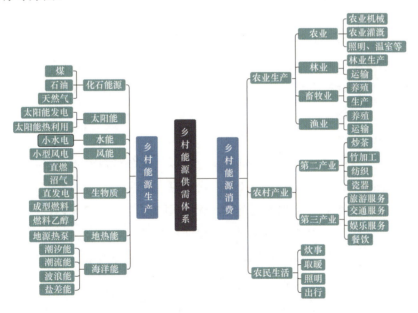

图 4-1　浙江省农村能源供需体系图

### （一）能源资源禀赋

#### 1. 浙江省能源资源总体情况

浙江省地处东部沿海地区，乡村能源资源种类齐全，除常规化石能源外，太阳能、水能、风能、生物质能、海洋能和地热能利用均有分布。根据《浙江省能源"十三五"规划》和《浙江省可再生能源"十三五"规划》，2015 年全省能源消费总量

1.96 亿 t 标煤，全社会电力消费 3554 亿 kWh，煤炭消费 1.38 亿 t，石油及制品消费 2970 万 t，天然气消费 78 亿 m³。煤炭、油品、天然气、水核风电及其他能源消费量占全省一次能源消费总量比重分别为 52.4%、22.4%、4.9%、20.3%。

2017 年，全省清洁能源发电装机容量 2765 万 kW，占全省电力总装机容量的 31.1%；光伏装机容量达到 814 万 kW，风电装机容量 133 万 kW；生物质能发电装机容量 158 万 kW；水电装机容量达到 613 万 kW；海洋潮汐能利用目前基本处于试验阶段，规模应用约 4100kW。

### 2. 乡村地区各类能源资源及利用情况

浙江省各类能源在乡村利用方式多样，以传统化石能源、太阳能、生物质能和水能为主，风能、海洋能和地热能目前利用较少。现对浙江省各类能源资源分布情况以及其在乡村的利用情况进行分别描述。

（1）传统化石能源。

1）化石能源分布情况。

浙江省常规化石能源资源匮乏，目前全省的煤炭、石油、天然气等一次能源绝大部分靠省外调入传统化石能源对外依赖程度较高。全省的原煤探明储量很少，为 1.68 亿 t，且大部分已开采利用。目前，我省的原煤产量很低，且近年来产量持续下降，煤炭自给率已不到 0.1%。同时，我省的原煤煤质较差，如灰分高、含硫量高，预计未来几年间省内煤炭生产将逐步退出。浙江省陆域内迄今尚未发现有开采价值的原油和天然气资源，油气资源全部依靠进口和外省调入。

2）乡村化石能源利用情况。

通过对浙江省各类典型乡村调研，目前浙江省乡村对传统化石能源利用情况主要体现在：从事农业生产时采用插秧机、耕田机、收割机、压榨机等主要用能方式为石油（柴油、汽油）；从事农业运输时一般采用柴油、汽油机车、机动船舶；在部分山区乡村，受地理条件限制，进行农业灌溉时常采用柴油驱动灌溉设备。根据《浙江省统计年鉴（2017）》，2016 年浙江省农用柴油使用量达 203 万 t。此外，对全省乡村进行调研，部分炒茶、制瓷等家庭作坊使用传统能源（煤、木炭等）进行生产；在乡村居民烹饪做饭方面仍以罐装天然气为主；仅部分条件较好乡村铺设天然气管道，用于家用燃气灶、热水器等。

（2）太阳能资源。

1）太阳能资源分布状况。

浙江省地处北纬 27°～31°之间，年均气温适中，光照较多，全省年平均气温 15～18℃，按照我国太阳能资源丰富程度的等级划分标准，属太阳能资源Ⅲ类地区，为太阳能资源丰富区域。浙江省太阳能多年平均总光照辐射量为 4220～4950MJ/m²，多年平均直接光照辐射量为 1870～2550MJ/m$^2$。多年平均日照时数为 1650～2105h。

浙江省辐射量的分布受地理纬度的影响不是十分显著，受地形影响较大，有着平原、盆地、海岛光照辐射量较大，而山区辐射量较小的分布特征。从空间分布上来看，湖州地区、金衢盆地、嘉绍平原以及舟山地区为可利用天数较多的地区。

2）乡村太阳能资源利用情况。

浙江省乡村家庭屋顶光伏起步于 2013 年，随着省和地方光伏电价补贴相继出台，特别是自 2015 年来光伏组件价格的下降，以及"光伏养老""光伏贷"等商业模式的创新，加之清洁能源示范县、新能源示范镇等创建，浙江省美丽乡村建设以及城乡居民生活水平提高和绿色用能理念深入，较大地带动了全省家庭屋顶光伏建设。

根据浙江省可再生能源"十三五"规划，浙江省提出"十三五"期间实施百万家庭屋顶光伏工程，规划至 2020 年全省将建成家庭屋顶光伏 100 万户，总装机 300 万 kW 左右。其中涉及乡村规划的有两项：一是结合"美丽乡村"建设，在全省乡村既有独立住宅、新农村集中连片住房等，建成家庭屋顶光伏 40 万户；二是结合光伏小康工程建设，在淳安等 26 县和婺城、兰溪、黄岩 3 个县原 4600 元以下低收入农户和省级结对帮扶扶贫重点村，开展光伏小康工程建设，建成家庭屋顶光伏 20 万户，乡村光伏产业发展潜力巨大、市场前景广阔。

随着现代农、渔业向规模化、集约化、设施化、绿色化发展，农光互补型、渔光互补型光伏电站应运而生，为光伏发电拓展了新的利用空间。互补型光伏电站将光伏发电、现代农业种植和渔业养殖、高效农业设施三者有机结合，通过对农、渔业土地空间的立体利用，既发展了现代农、渔业，又克服了光伏发电的用地制约，实现了农、渔业与光伏的互利共赢、共同发展。据初步统计，利用全省荒山荒坡、设施农业用地、围垦滩涂、鱼塘水库等建设农光、渔光互补地面光伏电站，规模可达 1000 万 kW 以上。

在太阳能热利用方面，截至 2015 年年底，浙江省太阳能热利用累计集热面积 1335.5 万 m$^2$，主要在民用和建筑应用方面。乡村居民太阳能热利用主要以太阳能热水器为主，利用形式较为单一，大多以家庭自用为主。根据《浙江省太阳能"十三五"规划》，规划至 2020 年太阳能热利用总量力争达到 4000 万 m$^2$。

（3）水能资源。

1）水能资源分布情况。

浙江省地势由西南向东北倾斜，山地和丘陵约占七成，区内多山区性河流，水能资源丰富。水电技术可开发装机容量约 800 万 kW，其中，小水电（规模在 100kW～5 万 kW 之间）资源理论储量 675.3 万 kW，技术可开发装机容量 462.5 万 kW，而小水电大部分分布在广大乡村地区。

2）乡村水能资源利用情况。

小水电主要分布在广大乡村区域。全省水电装机容量 678.3 万 kW，年发电量 188 亿 kWh，开发率 85% 左右，其中小水电总装机容量近 390 万 kW，年发电量约 96 亿 kWh，小水电装机容量占 57.5%。目前乡村水电开发率较高，可拓展空间逐渐减少，目前浙江省尚具有一定开发潜力的水能资源主要分布在瓯江流域的大溪和小溪干流，钱塘江流域的衢江和江山港干流，以及浙闽交界的交溪流域等少数流域。

（4）风能资源。

1）风能资源总体情况。

浙江省风能资源较丰富，根据 2015 年浙江省风能资源的普查结果，全省陆地风能资源理论储量 2100 万 kW。结合目前全省陆上风电前期工作开展情况和风电技术发展趋势，全省的技术可开发总量在 400 万 kW 以上，主要分布在海岛、沿海山区、滩涂和内陆高山，其中沿海陆域年平均风速为 5.0～8.0m/s，沿海岛屿年平均风速一般为 6.0～8.0m/s，内陆山地及湖泊风资源相对一般，年平均风速为 5.0～6.5m/s。舟山地区是浙江省风能资源的富集区，其风能资源技术可开发量及开发面积远高于其他地市区域。截至 2015 年年底，全省已建成陆上风电总装机容量约 105 万 kW，主要集中在舟山、宁波、台州、温州等沿海地区。

2）乡村风能资源利用情况。

由于陆上风能资源主要集中在高山区域，多为偏远山区乡村地带，交通条件差、土地资源紧张，且风能开发成本较高，乡村独立开发困难大，多为国有大中型能源集团公司开发，总体来讲乡村风能资源开发利用率较低，乡村风能资源利用较少。受土地、生态影响等方面制约，未来浙江省陆上风电建设成本将越来越高。

（5）生物质能。

1）生物质能总体分布情况。

浙江省生物质能资源以有机废弃物为主，包括生活垃圾、农林废弃物、畜禽粪便、生活污水和工业有机废水等。此外，我省沿海地区大型海藻和微藻等海洋生物质能资源的开发前景良好。根据浙江省生物质能资源调查结果，畜禽粪便约 6900 万 t，生活垃圾约 1200 万 t，林业废弃物约 900 万 t，工业有机废水约 16 亿 t。

浙江省农作物秸秆资源总量大、品种多，开发前景广阔，约有 1200 万 t，以水稻秸秆、麦秆、棉秆、豆秆、油菜秸秆、蔗叶为主。由于浙江省的饮食习惯，以大米为主食，因而栽种水稻的面积最大，所产生的水稻秸秆超过浙江省秸秆总资源产量的一半，蔬菜次之，油料排第三，豆秆资源量比例较低。农作物秸秆的空间分布与农作物的分布格局一致，受地理位置、气候条件、种植结构的影响，不同种类的秸秆的产量及分布有明显的地区差异，浙江省的农作物秸秆主要分布于西北平原水网地区，按秸秆产量高低来分类，诸暨市、长兴县、萧山区、南浔区、平湖区是农作物秸秆的集中分布区域。

全省生物质能蕴藏量约 1360 万 t 标煤，理论可能源化开发利用量为 550 万 t 标煤左右，其中农作物秸秆为 267 万 t 标煤、畜禽粪便为 287 万 t。根据《浙江省可再生能源"十三五"规划》，规划至 2020 年生物质发电达到 100 万 kW，沼气利用量 3 亿 m³。

2）乡村生物质能利用情况。

浙江省农作物秸秆资源综合利用现状主要包括秸秆肥料化、秸秆饲料化、秸秆食用菌基料利用、秸秆工业利用、秸秆能源化利用五个方面。浙江省秸秆肥料化利用主要方式有：秸秆整株还田、机械化粉碎还田、堆沤还田、秸秆覆盖等。浙江各地秸秆直接作肥料的比例均在 20% 以上，各地也涌现了秸秆资源化利用的企业，如杭州正兴牧业有限公司采取"源头控制—综合开发—循环利用"的生态循环农业模式用于集约化养畜，年产 3000t 有机肥料。浙江省秸秆饲料化利用程度不高，食用菌产业是浙江省农业十大主导产业之一，特别是浙西南地区农业、农村经济发展和农民脱贫致富的主导产业。秸秆作为工业用料符合可持续发展战略方针，为浙江省清洁生产开辟新径，已有一些秸秆建材、包装材料的新技术和新产品出现，但总体规模和市场容量不大。

浙江省秸秆能源化利用的方式主要是秸秆气化和固化，个别的是秸秆炭化。随着农业生产方式转变和农村劳动力转移，传统的分散养殖比重越来越低，户用沼气发展空间越来越小，新增户用沼气数量明显下降。浙江省通过积极推行村级沼气集中供气，结合农村能源建设，大力推广农村户用沼气，实现农村沼气可持续发展。其中，在嘉兴、杭州、湖州、绍兴、宁波、衢州和金华等畜禽养殖集中地区建设规模化畜禽养殖场沼气工程和秸秆沼气工程，合理配套沼气发电机组。在建设条件成熟的情况下，利用城市生活垃圾生产沼气，并提纯制取生物燃气。截至目前浙江省已在大、中型规模畜禽养殖场建起各类大、中型沼气工程 1148 处，在 10 万多户农民家庭推广"猪沼果"模式的沼气示范工程，可生产沼气 0.65 亿 m³，折合标煤 4.7 万 t。

在嘉兴、湖州、绍兴、衢州、丽水等秸秆、竹木农林废弃物资源丰富地区，根据生物质能资源量和分布情况，建设生物质直燃发电厂。同时建成龙泉、绍兴、上虞、江山、庆元、安吉、建德、松阳、遂昌等农林生物质发电项目，以及各地城市生活垃圾焚烧发电厂。截至 2015 年，全省生物质燃烧发电总装机容量 82 万 kW，其中生物质直燃发电装机容量 12 万 kW，垃圾焚烧发电装机容量 70 万 kW。

在杭嘉湖粮食生产区，开展秸秆固化成型燃料项目。在运输便利的港口地区，建设非粮食燃料乙醇加工企业；建立餐饮废油和地沟油回收体系，以废油为原料生产生物质柴油，建设适当规模的生物质柴油加工企业。开展大型海藻转换成乙醇等生物质能源的关键技术研究、海区大型海藻养殖的研究。

（6）地热能。

1）地热能总体情况。

浙江省地热能温度相对稳定，根据 2012 年浙江省地热资源调查与区划报告，全省地热源面积共 19599km²，可利用地源热泵技术为建筑物供暖和制冷，节约常规能源消费。浙江省可安装地埋管地源热泵、地下水地源热泵的适宜区主要分布在省内的大江流域、沿海平原区和灰岩地区等，地表水地源热泵的适宜区为江湖附近和取水容易的海岸边。

2）乡村地热能利用情况。

随着美丽乡村建设要求逐步提升，加上生态保护理念的持续深入，乡村中对地热能源的应用也逐步开始呈现，主要形式是地源热泵使用，目前个别乡村已开始试点在农村自建房、旅游民宿中采用集中式地源热泵+电力混合供能方式，减少能源消耗，提升经济与环保效益。特别是随着近年来地热能开发技术的不断成熟，乡村居民认可度逐步提升，使用量逐步增多。未来地热能在乡村中的应用具有广阔的前景。

（7）海洋能。

1）海洋能总体情况。

浙江省沿海岸线长，海洋能资源丰富，是我国潮汐能、潮流能、波浪能等海洋能资源密集地区之一。浙江省沿海岸线长、潮差大，平均潮差 4～5m，最大接近 9m，根据浙江省潮汐能资源的调查统计结果，全省具备开发条件的潮汐电站场址有 20 处，技术可开发量 120 万 kW，现已建成温岭江厦潮汐试验电站是我国第一座也是最大的双向潮汐发电站，总装机容量 4100kW，年发电量保持在 720 万 kWh 左右。

浙江省潮流能理论储藏量为 700 万 kW，约占全国总量的 50%以上，技术可开发量 100 万 kW，主要集中在杭州湾口和舟山海域。2016 年，世界首台 3.4MW 大型海洋潮流能发电机组首套 1MW 机组在舟山市岱山县投入运行。

浙江沿海平均波浪高 1.3m，理论波浪能密度为 5.3kW/m，可开发装机容量 200 万 kW，约占全国总量的 16%，主要集中在舟山海域、大陈岛海域。

此外，浙江省盐差能理论储藏量为 346 万 kW，技术可开发量为 35 万 kW，主要分布在钱塘江、甬江、椒江、瓯江和飞云江等河流的入海口。

2）乡村海洋能利用情况。

目前，浙江省乡村海洋能利用主要分布在沿海区域，就全省海洋能开发利用的整体水平而言，受行业技术发展水平等因素制约，多数项目规模小，但是工程建设成本高，大部分仍处于示范应用阶段，后续开展商业化开发尚需相关扶持政策和配套资金的有力支撑。

### 3. 乡村地区能源发展

根据浙江省乡村地区能源资源分布情况，结合政府相关政策与规划，浙江乡村地区能源将形成外来能源和就地资源利用协调发展的发展趋势。为有力支撑乡村振兴，初期乡村仍以电力及外来传统能源为主，并加快发展就地可再生能源利用，提升可再生能源占比。此外，随着乡村的经济社会的发展及乡村集聚化发展，天然气等清洁能源将在乡村地区逐步推广。

浙江省太阳能资源丰富，随着百万家庭屋顶光伏的推进，光伏发电将成为乡村重要能源利用方式，高能效的光热资源也有效支撑乡村居民逐步提升的热需求；乡村地区水能开发程度较高，未来将延续现有的水力发电资源，可再开发能力有限；生物质储量丰富，是乡村发展的重要能源来源，其由原有的小规模分散发展，向规模化（村级、村群级）和清洁化发展；随着相关技术的进步及成本的降低，乡村地区地热能集中利用也是构建乡村清洁能源体系的重要组成部分。

浙江省风能资源较为丰富，但其对环境的影响较大，不符合建设"大花园"的总体要求，且风能趋于规模化利用，不是乡村地区能源就地利用的主要方式，仅在局部地区可适当开发小型低速风力发电机组。海洋能当前利用成本相对较高，在未来相关技术突破后，可适时推进潮汐能、潮流能、波浪能和盐差能等海洋资源的高效利用。

### （二）能源资源消费

#### 1. 全省乡村用能消费情况分析

浙江省乡村用能（不含第二产业）包含煤炭（一般烟煤、煤制品）、石油（汽油、柴油、液化石油气）、生物质能（秸秆、薪柴、沼气）及电能。

2016 年浙江省乡村地区各类能源消费分布如图 4-2 所示。2016 年全省乡村能源消费总量为 811 万 t 标煤，约占全省能源消费总量的 4.0%。其中煤炭消费 41.6 万 t（一般烟煤 17.6 万 t、煤制品 24 万 t），折合标煤 29.7 万 t，占能源消费总量 3.7%；石油及其制品消费 221.5 万 t（汽油 82.5 万 t、柴油 14 万 t、液化石油气 125 万 t），折合标煤 356.1 万 t，占能源消费总量 43.9%；生

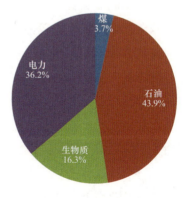

图 4-2　浙江省乡村地区各类能源消费分布（2016 年）

物质能消费 131.9t 标煤（秸秆 64.7 万 t、薪柴 155.9 万 t、沼气 1.2 亿 m$^3$），占能源消费总量 16.3%；电力消费 239 亿 kWh，折合标煤 293.7 万 t，占能源消费总量 36.2%。

与 2014 年相比，煤炭消费增长 1.37%，石油消费增长 7.65%，生物质能消费减少 8.53%，电力消费增长 21.26%。煤炭、石油等化石能源消费比重增长缓慢，电能占终端能源消费明显增大，生物质能消费的减少，一是因为秸秆、薪柴燃烧等原始的能源消费方式逐渐转变；二是因为沼气转型升级和大中型沼气工程的建设，生物质发电量逐年增大。总体来说，全省能源消费结构进一步优化。

能源消费可分为商品能源消费和非商品能源消费。商品能源主要包括煤炭、石油等可以作为商品经流通领域大量消费的能源，非商品能源主要为秸秆、薪柴、自用沼气等自发自用的能源。商品能源在农村生活用能所占比重受制于区域经济条件与能源资源禀赋，尽管浙江省化石能源拥有量较少，但乡村区域经济条件总体较好，商品能源消费比例为 72.6%，明显高于全国平均水平。

2.　农村各产业用能方式调研

（1）农业生产用能。

农业生产用能主要指农业、林业、牧业和渔业的种（养）殖和农产品加工用能。

1）农业用能。

农业用能主要包括农业机械用能、农业灌溉用能和农业其他用能。

插秧机、耕田机、收割机、压榨机等农业机械用能一般为传统化石能源，主要为石油（包括汽油、柴油等）。随着近几年来科技发展，压榨机等部分农业机械已实现电能替代，采用电力传动方式。

农业种植灌溉用水泵、喷灌设备等基本为电力驱动，在部分偏远的山区，由于地理条件限制，农业灌溉依然采用小型农用柴油机驱动方式。

农业其他用能主要包括照明用能、苗木大棚用能、温室种植用能等，基本以电能为主，部分小型大棚冬天采用炭火取暖。

浙江目前已建成多处农光互补光伏电站，把光伏电站建设与喜阴农作物种植有效地结合起来。在湖州、丽水等部分水利资源丰富的地区，当地乡村在满足灌溉的同时，利用水利资源进行发电，实现能源的清洁转换，充实了乡村用能结构，满足美丽乡村绿色发展要求。

2）林业用能。

乡村林业用能主要包括林业生产和运输用能，其中林业生产绝大部分采用人工，部分交通条件较好的山区采用机械设备，生产形式一般为手持工具或大型机械设备，能源形式一般采用柴油驱动，同时在生产作业时依靠电力进行照明等；林业运输方面主要依靠传统柴油机车方式。

　　3）牧业用能。

　　乡村畜牧业用能主要包括家禽、家畜等畜牧业养殖和生产用能，浙江乡村畜牧业主要以生猪、土鸡、家鹅养殖为主，养殖用能主要是照明、采暖等，基本以电力为主，部分小型养殖户采用木炭取暖；畜牧业生产用能主要采用电力方式。以畜牧业为乡村支柱产业的仙居县，近年来大力发展乡村沼气工程，在乡村走出了一条"禽畜—沼气—果蔬"生态发展模式，沼气利用占比在乡村生活用能比重中持续提升。

　　4）渔业用能。

　　乡村渔业用能主要包括渔业养殖用能、船舶运输用能。目前浙江乡村渔业养殖多依靠电力供能，少量偏远地区依靠柴油发电供能；渔业船舶运输方面，多数船只仍主要依靠柴油、汽油驱动方式，随着供电公司近年来加大对港口岸电的布局，部分大型运输船舶停靠河道港口期间依靠电力进行驱动。

　　随着土地资源越来越稀少，渔光互补光伏电站呈现出快速发展势头，渔业在满足生产的同时，实现水面资源的优化利用，为乡村生活输送清洁能源。

　　（2）农村产业用能。

　　农村产业用能主要指乡村地区第二、第三产业等新业态用能。

　　第二产业中家庭作坊、乡村企业、农业合作社等布局广泛，浙江省乡村特色产业有炒茶、竹制品加工、纺织、制瓷、手工艺品、珍珠制品、小家电制作等。随着近几年电能替代大力推广，各生产设备主要用能方式为电能，但在湖州、丽水等地部分乡村仍存在依靠柴火和竹炭进行茶叶炒制、依靠煤锅炉进行瓷器烧制的情况，少量设备仍以煤、天然气为主要能量来源，但占比正在逐步降低。

　　乡村第三产业主要以旅游服务业、交通物流业、餐饮服务业等为主，用能方面主要涉及电能、化石能源及少量地热能。在乡村旅游服务业方面，农家乐、酒店住宿等主要是家用电器设备用能，同时存在漂流、采摘园等旅游产业的设备用能，基本以电力为主；在餐饮服务业方面主要以燃气烹饪为主；在物流服务业方面，交通运输车主要以柴油、汽油为主，部分生产规模较小的企业，采用电动三轮车运输。

　　在丽水市木岱口村青瓷小镇等部分景区内有电动旅游观光车，景区配置有新能源汽车充电装置；在宁波湾底村，已存在部分农民家庭生活中采用地源热泵技术，通过电能和地热能的综合应用，生态环境和经济效益都较为显著。

　　（3）农民生活用能。

　　农民生活用能是乡村居民家庭生活用能。

　　随着家用电器的普及率越来越高，尤其是空调、电磁炉、电饭煲、烤箱、微波炉等家用电器产品的使用越来越普遍，电能已成为生活用能的主要形式；同时煤气灶、太阳能热水器等清洁能源设备已成为乡村居民家庭必备。此外，天然气、太阳能利用广泛。

在浙江北部乡村，冬天家家户户有依靠炭火取暖的习惯，因此木炭、竹炭等能源在冬天用能中占一定比重；在浙江南部部分山区，由于林业发达，乡村烹饪烧饭仍以秸秆、木柴灶台为主。在大多数乡村，两轮、三轮电瓶车由于驾驶方便、出入快捷，已成为中老年村民出行的生活必需用品，电瓶车充电量在生活用电量中占有一定比重。

### 3. 浙江典型乡村用能方式调研分析

下面分别以 4 种典型村庄为例，对各自用能情况展开分析：

（1）产业发展型。

花塘村村貌及小家电企业如图 4-3 所示，宁波花塘村是浙东地区典型的乡镇企业主导的乡村，常住人口 6200 人。全村以小家电生产及其配套产业为支柱行业，村内有法人单位 80 家，个体单位 250 家，小家电生产企业用能方式主要是依靠电力。家庭生活方面，花塘村所在的附海镇经济条件较好，2000 年左右就已经完成全面电气化。

图 4-3 花塘村村貌及小家电企业

在花塘村终端用能方式中，电能占到绝对比重，其次是家用汽车的汽油消费，占比最小的是居民做饭使用的液化石油气，不存在其他用能形势。电能消费比重约为 62%、汽油约为 23.95%、液化石油气约为 13.95%。

花塘村外来人口多，对公共设施要求高，当地已完成开水房电气化改造 3 个。新能源发电方面，该村有一户居民光伏发电，容量 8kVA。电动汽车方面，该村居民有电动汽车 1 辆，共享汽车 1 辆。

（2）特色旅游型。

以湖州安吉余村为例，经过十几年的发展，余村逐步形成了旅游观光、河道漂流、休闲会务、果蔬采摘、农事体验等为主的休闲旅游产业链，旅游产业 4 家，农家乐 10 家，年接待游客 10 万余人次。余村荷花山漂流及农家乐如图 4-4 所示。

乡村旅游业：主要有荷花山漂流、采摘园、民宿、观光园等产业，其中漂流产业中主要设备为电动设备，全部以电能为主；采摘园、观光园中果树、观赏植物等喷淋、灌溉设备已全部实现自动化，依靠电能驱动水泵进行作业，同时冬天加装塑料大棚，棚内依靠电采暖进行保持温度，以电能为主；民宿中电气化设备较多，空调、吹风机、洗衣机、电视机、冰箱等用量广泛，为主要用能产品，烹饪方面主要以天然气为主，部分民宿烹饪使用柴火烧饭。总体来讲，安吉乡村旅游产业能源消耗中电能占 95%，天然气、煤气占 4.5%，其他能源占 0.5% 以下。

图 4-4　余村荷花山漂流及农家乐

农村生活：目前家用电器的普及率较高，电饭煲、电磁炉、微波炉、空调、洗衣机、电热水器、电视机、冰箱等在村民家中使用量较大，家电总容量达到 4057kW，表 4-1 为余村家电保有量统计表；村民家中煤气灶、太阳能热水器等使用广泛，二轮、三轮电瓶车存在部分家庭使用，1 户家庭已报装电动汽车充电桩；村民家庭中冬天较冷时段一般会采用木炭、竹炭等生物质能源进行烤火取暖。整体来讲居民以电能消费为主导地位，占比约 90%，以太阳能、天然气、液化气等清洁能源的消费为辅，占比约 9.8%，以竹炭、木炭等能源消费占比 0.2% 以下。

表 4-1　　　　　　　余村家电保有量情况调查　　　　　　　单位：kW

| 户数 | 空调 | 微波炉 | 电磁炉 | 热水器 | 洗衣机 | 电视机 | 冰箱 | 总容量 |
|---|---|---|---|---|---|---|---|---|
| 280 | 427 | 117 | 275 | 250 | 217 | 437 | 295 | 4057 |

近年来，湖州市在新能源利用方面的大力推广，余村光伏发电进展迅速，主要为屋顶光伏，目前已安装屋顶光伏 6 户，容量 60kW。电能替代方面，由原有的燃气锅炉取暖改造为电锅炉采暖，已实现电能替代容量 400kW。电动汽车方面，余村已规划充电桩 24 个，其中余村内旅游观光专用车充电桩 12 个，公用充电桩 12 个，共计总充电容量 2.4MW；通过分类垃圾处理，规划建设集中式沼气池一座，目前已开工建设，可满足 50 户家庭每年烹饪做饭需要。

（3）综合宜居型。

以衢州市开化县金星村为例，该村依托山清水秀、环境优美的自然环境，以林

业、制茶、旅游为支柱产业，着力打造开化县"宜居村落"示范，将该村建设成
省级新农村建设示范村，浙江省首批小康建设示范村。金星村地理位置及采茶业如
图 4-5 所示。

图 4-5　金星村地理位置及采茶业

农业生产以茶叶生产加工为主，茶叶加工实现电气化。金星村的茶叶加工以传
统的手工制作为主，电网升级改造之后，供电能力和供电可靠性有了长足的提升，
促使茶农纷纷进行柴改电改造，制茶过程实现自动加工。金星村大力发展乡村旅游，
建成民宿点 32 个，乡村旅游用电全部为网供用电。

金星村大力发展金屋顶太阳能发电，现金星村实现屋顶光伏全覆盖。通过统计
分析，家庭生活用电比例中太阳能和网供用电比例为 2:8。

服务新能源汽车的发展，结合金星村绿色生态停车场的建设，推广电动汽车充
电站 1 座，充电桩 4 个。

（4）生态散居型。

以台州临海市外岙村为例，该村以蜜橘种植产业为主，目前共有橘树林 5 万亩，
共有农村合作社 3 家。外岙村果树种植如图 4-6 所示。

图 4-6　外岙村果树种植

乡村居民生活用能主要采用常规电网供电的方式进行。合作社生活用能以电力为主，生产用能主要包括运输轨道、冷库冷藏及果树灌溉。该村运输轨道共三条，其中 2 条采用电能运输，单条运输轨道负荷约为 8kW，1 条采用柴油作为动力运输。合作社包含两座冷库，主要以冷藏为主，单座冷库用电负荷约为 18kW。

果树灌溉属于季节性工作，灌溉用能主要采用常规电网供电，其用电比例约占全村用电比例的 3%。在蜜橘运输方面，该村主要采用汽车运输，使用柴油作为动力能源；部分农户采用电动车作为运输工具，其中三轮电动车户均配置约为 2.3 辆。

该村现有多家农家乐饭店，其用能方式均为常规电网供电，主要用于照明及空调负荷，餐饮做饭方面仍以罐装天然气为主。从上述分析可以看出，电能已经成为该村的主要生产生活用能，其他用能方式正逐步被电能所替代。

**（三）未来能源发展**

### 1. 能源需求量大幅提升

在乡村生产方面，一是农业领域大力推行"机器换人"，农业机械化水平不断提高，农业用能需求量也将提高。二是乡村产业结构进一步优化，一、二、三产业融合发展。纵向打造农业全产业链，积极发展农产品精深加工，健全农产品冷链物流体系，培育一批家庭工场、手工作坊、乡村车间，鼓励在乡村地区兴办环境友好型企业，实现乡村经济多元化；横向加快农业与旅游、教育、文化、健康养老等相关产业深度互融，大力发展文化、科技、旅游、生态等乡村特色产业。乡村产业兴旺也将带来能源需求量的提升。在乡村生活方面，随着农村民生保障水平的提高，乡村生态环境的改善，农村产业的发展将吸引更多的人回到乡村，乡村居民生活水平提高，生活用能方式和习惯逐步向城市居民靠拢，乡村生活用能需求量也将大大提升。

### 2. 用能方式更加清洁高效

目前在我国，农村能源主要以煤炭和薪柴、秸秆燃烧为主，且这 2 种能源超过了农民能源使用量的 60% 以上，这两种能源利用方式效率低，对农业生产和生态环境影响大。浙江省农村生活用能以电力为主，但是农村生产用能还在大量使用煤炭。这种小而散的煤炭利用方式，往往排放治理不到位，利用效率低，对农村生态环境产生较大的威胁。实施乡村振兴战略，建设生态宜居的美丽乡村，需要逐步淘汰这些落后低效、环境影响大的用能方式，电力、天然气、太阳能、沼气等清洁能源使用比例将会大大提高。

### 3. 更加注重能源供应质量

农业现代化发展，一些养殖业，农村二、三产业对能源供应的质量和可靠性也有较高的要求。城乡基本公共服务均等化水平提升，乡村能源供应不仅要在量上保障，能源供给服务水平也将逐步提升，缩小与城镇之间的差距；农村生态环境好转和生态服务能力提高，对能源供应基础设施建设与农村生态环境协调性的要求也越来越高。

### 4. 更加注重可再生能源的就地开发和利用

乡村地域面积广，自然地理条件赋予的丰富的太阳能、风能等可再生能源，乡村生产生活方式产生的生物质能、沼气等可再生能源也十分丰富。就地开发和利用可再生能源，利用畜禽粪便和秸秆等产生沼气、生物质成型燃料等，发展生物质燃料发电、沼气发电等；推广太阳能利用技术产生热能、电能等；开发微水电、小风电等小型电源工程等节能技术。第一，能够显著增加农村地区能源供给，提高清洁能源比重。第二，利用清洁能源，可以实现二氧化碳零排放，替代化石能源可减少温室气体排放，有利于减缓气候变化进程。第三，减少秸秆、薪柴直接燃烧消费，有效保护森林植被，改善生态环境质量。第四，有效处理畜禽粪便、秸秆等农村剩余物，改善农民生活环境质量，推进美丽乡村建设。

经过之前两轮农网升级改造，浙江省农村电气化水平已经达到一定的程度，农村使用电力的条件较好，使用方便，供应较可靠，并且电能的使用不会在农村产生排放和环境污染，目前浙江太阳能、风能等清洁能源发电发展迅速，清洁电能的比重也在不断提高。一方面，电能作为更加清洁高效的能源利用方式将在浙江乡村地区逐步替代煤炭、油、秸秆薪柴燃烧等传统能源利用方式；另一方面，农村地区太阳能、风能、生物质能等可再生能源也是通过转化为电能后才发挥更大的效用。因此，其在电网农村能源开发利用中发挥了重要的枢纽作用，以电力为支撑，构建清洁高效的农村绿色能源供应体系，消除农村能源发展高污染、低能效等突出问题，将成为乡村能源发展的重要方向。

## 四、乡村电气化发展历程及需求分析

随着经济发展和人口增加，能源短缺、气候变化、环境污染等问题日益突出。电能相对于煤炭、石油、天然气等能源具有更加便捷、安全和清洁的优势，其可以广泛替代化石能源，而且可以较为方便地转换为机械能、热能等其他形式的能源，实现"以电为核心"的多种能源转换。

乡村电气化就是要全面深入推进乡村地区清洁能源开发、电网建设和电能应用。在供给侧，大力支持光伏发电、沼气发电等，构建清洁供应系统；在用电侧，推进电能替代，加快电动汽车发展，保障用能绿色安全；在电网侧，打造安全可靠、优质高效的新时代乡村电网。乡村电气化是农业农村现代化的重要基础，是促进农村能源绿色转型的重要载体，是实现人民生活更美好的重要保证。

### （一）浙江乡村电气化推进情况

2017 年，在省委省政府的正确领导下，浙江省在助力社会主义新农村建设中，提前圆满完成新一轮农网改造升级工程"两年攻坚战"，全面提升优质服务水平，推动光伏小康工程建设试点，带动农户脱贫增收，成立乡村电气化研究会，有力助推旅游特色乡村建设、为解决海岛与山区产能与用能的困难提供了新思路。深化乡村电气化建设成果，持续有效提升乡村用电服务质量，结合美丽乡村建设、光伏小康等工程，改善乡村用电环境，推动农业全面升级、农村全面进步、农民全面发展。

#### 1. 乡村用电需求增长情况

"十三五"期间，在全面建设小康社会的形势下，随着社会主义新农村建设的大力推进，浙江农村经济得到快速发展，乡村青壮年人口在本地的发展空间将有所改善，居民生活质量将全面提升，消费水平将不断提高，基础设施、公共服务设施和住宅等方面的建设需求将逐步提高，区域产业结构进一步优化，将带来电力需求持续稳定增长。

2000～2016 年，浙江省用电量变化情况如图 4-7 所示。近年来，浙江省全社会用电量增长迅速，"十一五"平均增速 11.4%，"十二五"平均增速 4.7%，2016 年浙江省全社会用电量 3873 亿 kWh。"十一五"期间，浙江省农村人口增长，但是农村用电量增长速度相对全省较慢，仅为 8.1%；"十二五"期间，乡村个数逐步减少，人口处于负增长状态，年均用电量增速达到 3.3%，相比全省增速相对较低。2016 年，浙江省农村地区用电量达到 926 亿 kWh，占全省全社会用电量的 23.9%。

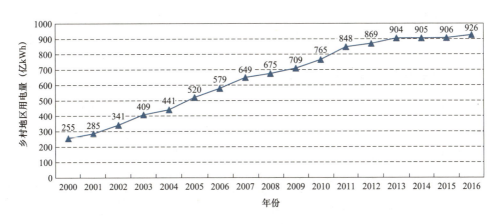

图 4-7　2000～2016 年浙江省用电量变化情况

#### 2. 乡村电网升级改造推进情况

经过多年不懈努力，浙江省乡村电网发展不断迈上新台阶，在提高城乡基本公共服务均等化水平、助力打赢脱贫攻坚战、促进农村经济社会发展中发挥了重要作用。

（1）一、二期农网工程（1998～2005年）。

1998年，国务院决定实施"改造农村电网、改革农电管理体制、实现城乡同网同价"工程。在省委、省政府的领导下，经省发改委、省经贸委、省财政厅、省劳动保障厅、省物价局、省农行、各级地方党委政府和省电力公司的共同努力，出色完成了全省一、二期农网的改造任务"两改一同价"，基本上解决了我省农村电网薄弱、体制不顺、电价过高的问题，实现了在用电方面消除城乡差别的城乡同网同价的目标。为推进浙江省乡村经济的发展，拉动经济增长、增加农民收入，促进农村居民生活水平的提高提供了重要支撑；并且推进了"八八战略"、建设"平安浙江"、构建和谐社会，发挥了积极的作用。

第一期农网建设与改造项目投资116.9亿元，改造26930个行政村的农村电网。建设改造110kV变电所200座，新增变电容量634万kVA、线路2268km；建设改造35kV变电所240座，新增变电容量184万kVA、线路2323km；建设改造10kV线路25594km，新建配变容量304万kVA；改造低压线路8.6万km。

第二期农网建设与改造工程项目投资27.8亿元，改造11939个行政村的农村电网。建设与改造10kV线路15157km，新增10kV配变容量135万kVA，改造低压线路4.25万km。

通过一二期农网工程的实施，我省农网发生了根本变化，与改造前的1998年相比，110kV输变电容量翻了一番，35kV输变电容量增加了42.48%，10kV电网容量增加了46.25%，低压电网建设与改造面达53.42%。使农村电网结构明显完善、合理，供电能力初步满足农村经济的快速发展。有效降低了线损。在农村用电迅速增加的情况下，农电高压综合线损率从1998年的6.7%下降到2003年的5.9%，低压电网线损率从1998年的20.96%下降到2003年的11.54%。提高了电能质量和供电可靠性。农村电压合格率≥90%的县，从1998年的32个增加到2003年的62个。农村供电可靠率≥99.4%的县，从1998年的19个增加到2003年的53个。农村电网适应了用电量的快速增长。全省农村用电量，从1998年的213亿kWh，增加到2003年468.89亿kWh，年均递增17.1%。减轻了农民电费负担，通过降低线损和实行城乡用电同价，五年共减轻农民电费负担近40亿元。

（2）户户通电工程（2006～2010年）。

2006年，浙江省开展"户户通电"工程，浙江省广大电力员工和各地干部群众攻坚克难，在电网能及的地方延伸电网。总共投资3944万元，新建10kV线路96km，新增配变容量23.6MVA，解决乡村无电户2819户、无电人口7786人，使农村"无电户"从此告别了无电的历史。

（3）新农村电气化工程（2006～2015 年）。

2006 年，国网浙江电力联合省经信委、省农办，实施新农村电气化建设工程，以电气化促进现代化，更好服务"三农"。针对农村用电需求增长后局部区域的"低电压"问题，从 2011 年开始在全省开展专项综合治理，解决了 49628 户的"低电压"问题。

通过新农村电气化村工程的实施，至 2015 年浙江省 28050 个行政村全部建成新农村电气化村。农村电网结构得到较大改善，有效满足了农村经济社会发展的用电需求和农村居民生活水平提升后的用电需求，农网供电可靠率达 99.958%，用户端电压合格率达 99.570%，使浙江省乡村电气化建设也走在了全国前列。

（4）新一轮农网改造升级工程（2016～2020 年）。

2016 年初，党中央、国务院提出在"十三五"期间要实施新一轮农村电网改造升级工程，进一步缩小城乡公共服务差距。根据国家电网公司整体战略部署和浙江省美丽乡村建设工作的推进，打造整洁田园，建设美丽农业，共投资 181.45 亿元，新建 110kV 线路长度 3683km，新增主变容量 684 万 kVA；新建 35kV 线路 691km，新增变电容量 51 万 kVA；新建 10kV 线路 15081km，新增配变容量 640 万 kVA，大力推广非晶合金变压器、调容变压器等节能新技术、新装备。2017 年 10 月，新一轮农网改造升级工程"两年攻坚战"提前完工，有效整治小城镇、农村电网安全隐患，全力提升农村用电水平和质量，缩小城乡差距。

（5）中心村配套电网建设工程（2016～2017 年）。

2016～2017 年，浙江将加大中心村电力设施升级力度，投资 13.1 亿元，完成浙江 3014 个中心村的电网改造升级任务。新建和改造 10kV 线路 2720km，新增配变容量 186 万 kVA；新建和改造 0.4kV 线路 983km。中心村电网供电可靠率达到 99.963%，综合电压合格率 99.997%，户均配变容量达到了 4.21kVA。

### 3. 新能源发电推进情况

2012～2016 年浙江风电、太阳能发电累计装机容量增长曲线如图 4-8 所示。浙江省新能源发电发展较早，形式多样，受能源资源分布和可开发地块影响，新能源发电目前主要分布在乡村地区。截至 2017 年，全省清洁能源发电装机容量 2765 万 kW，占全省电力总装机 31.1%；光伏装机容量达到 814 万 kW，风电装机容量 133 万 kW；生物质能发电装机容量 158 万 kW；水电装机容量达 613 万 kW；海洋潮汐能利用目前基本处于试验阶段，规模应用约 4100kW。

随着浙江新能源支持政策的出台以及发电补贴政策的落实，近几年新能源发电发展趋势明显加快。2001～2006 年，浙江风电、太阳能发电装机容量发展情况如

图 4-8 所示。预计未来几年浙江将迎来新能源发电"井喷式"发展。

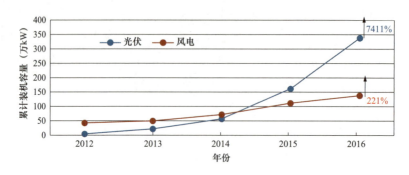

图 4-8 2012～2016 年浙江风电、太阳能发电累计装机容量增长曲线

### 4. 电能替代推进情况

为大力倡导"清洁和绿色方式满足全球电力需求""电从远方来、以电代煤、以电代油"的清洁能源消费模式，自 2013 年 9 月 5 日启动电能替代实施方案以后，浙江省深入分析浙江经济行业特色，以终端能源电能消费占比及人均用电水平为切入点，明确了服装加工、金属铸造、水产品养殖加工、竹木制品加工等 20 类重点替代领域，积极推动电锅炉、电窑炉、电动汽车、热泵、港口岸电、轨道交通、电制茶等 12 类项目电能替代工作。

2014 年推广电能替代项目 841 个，实现电能替代电量 22.66 亿 kWh，相当于减少直燃煤 68 万 t。2015 年推进实施电能替代项目 1670 个，替代电量 40 亿 kWh，相当于减少直接燃煤排放二氧化碳近 400 万 t。2016 年完成电能替代电量 45.3 亿 kWh，同时在交通领域助力新能源汽车推广应用，建成 331 座电动汽车快充站。

据统计，2016 年浙江省电能替代推广主要涉及 6 类项目，分别为：电锅炉类项目共计 141 个，占总电能替代电量的 2.60%；热泵类项目共 316 个，占总电能替代电量的 5.80%；电窑炉类项目共计 661 个，占总电能替代电量的 39.40%；电蓄冷类项目共计 30 个，占总电能替代电量的 0.60%；港口岸电类项目共计 22 个，占总电能替代电量的 1.1%；电动汽车项目共计 22 个，占总替代电量的 2.3%。其他类项目共计 404 个，占总电能替代电量的 48.2%。

### （二）乡村用电特性分析

乡村用电特点和电力需求，受近年来农村经济发展、产业结构调整及国家政策等因素的影响。"十三五"期间，在全面建设小康社会的形势下，随着社会主义新农村建设的大力推进，浙江农村经济得到快速发展。近年来，浙江省乡村电气化水平逐步提高，空调、取暖器、电动汽车及电能替代产品得到广泛推广和应用，大功率电气设备逐步进入乡村居民生活、生产。乡村用电水平持续增长，用电负荷逐年提高。乡村电网面临较大程度压力，负荷承载能力、电压维持能力显现不足。特别是迎峰度夏、旅游旺季、节假日，上述现象尤为突出。

在乡村振兴战略背景下，掌握并分析乡村用电特点及电力需求，对乡村用电市场负荷的合理预测、电网发展规划及电气化改造建设提供基础数据具有重要意义。因此本章调研浙江省各类乡村，分析其用电需求特性，并对全省乡村地区电力需求情况进行了预测。

### 1. 乡村调研情况

为充分了解浙江省乡村用能情况和用电特性，本次全面了解了浙江省乡村经济社会发展情况和产业特性，调研了全省 22 个典型乡村。调研乡村分类情况及产业、人口情况如表 4-2 所示。乡村选取时考虑了以下情况：

（1）充分考虑浙江省乡村特色产业，在农产品加工行业选取主导产业为炒茶、海产养殖、珍珠生产和食品加工类乡村各 1 个；在作物栽培方面选取农业大棚、果树种植乡村各 1 个；在轻（手）工业方面选取小家电生产、陶瓷制造类乡村各 1 个；并选取一、二、三产业融合发展类乡村 2 个，淘宝物流产业乡村 1 个。为研究其用能特性，选取光伏渗透率较高的乡村 1 个。

（2）结合浙江率先"大花园"战略，选取以休闲旅游为主导产业的乡村 4 个，其中古文化/民俗乡村 1 个、生态风景旅游乡村 1 个、休闲度假（农家乐、渔家乐、洋家乐）乡村 2 个。

（3）综合考虑全省乡村经济社会发展程度和乡村居民分布方式，选取 6 个普通乡村，其中综合宜居型乡村 2 个，生态散居型乡村 4 个（山区和海岛各 2 个）。

根据其用电特性，结合前述乡村分类方法，将其分为产业发展型、特色旅游型、综合宜居型和生态散居型 4 类。

表 4-2　　　　　　　　　调研乡村分类情况及产业、人口情况

| 所属区域 | 乡村名称 | 乡村类型 | 主导产业 | 人口（人） |
|---|---|---|---|---|
| 杭州市 | 求是村 | 产业发展型 | 农业、苗圃种植、旅游 | 3009 |
| 杭州市 | 屏湖村 | 特色旅游型 | 旅游民居民宿、农家乐、农业 | 640 |
| 湖州市 | 黄杜村 | 产业发展型 | 白茶种植、加工 | 1583 |
| 湖州市 | 余村 | 特色旅游型 | 旅游服务业、休闲产业 | 1050 |
| 嘉兴市 | 大云村 | 产业发展型 | 休闲旅游 | 4425 |
| 嘉兴市 | 沙家浜村 | 综合宜居型 | 粮油、蚕桑种养、水产养殖、花卉苗木 | 2450 |
| 丽水市 | 大均村 | 特色旅游型 | 旅游开发、农业、农产品加工 | 4299 |
| 丽水市 | 木岱口村 | 产业发展型 | 青瓷特色工业、旅游服务业 | 1080 |
| 宁波市 | 花塘村 | 产业发展型 | 小家电生产及其配套产业 | 2994 |

续表

| 所属区域 | 乡村名称 | 乡村类型 | 主导产业 | 人口（人） |
|---|---|---|---|---|
| 宁波市 | 湾底村 | 产业发展型 | 现代农业、农业观光旅游 | 1252 |
| 衢州市 | 金星村 | 综合宜居型 | 乡村农家乐、旅游、电商产业 | 1278 |
| 衢州市 | 大陈村 | 产业发展型 | 农产品加工（面）、旅游 | 1021 |
| 绍兴市 | 东澄村 | 生态散居型 | 旅游业、农副产品 | 250 |
| 绍兴市 | 新长乐村 | 产业发展型 | 珍珠特色产业 | 2368 |
| 台州市 | 土地堂村 | 生态散居型 | 海鲜养殖业、农家乐旅游 | 505 |
| 台州市 | 外岙村 | 生态散居型 | 蜜橘种植产业 | 765 |
| 台州市 | 山后村 | 生态散居型 | 农业生产、海产品养殖 | 612 |
| 台州市 | 西炉村 | 综合宜居型 | 杨梅、枇杷种植 | 1348 |
| 温州市 | 苍坡村 | 生态散居型 | 历史文化保护村 | 486 |
| 温州市 | 东洋村 | 生态散居型 | 农作物种植 | 2886 |
| 舟山市 | 大王社区 | 产业发展型 | 海岛旅游和海产品养殖加工 | 2792 |
| 舟山市 | 后岙村 | 生态散居型 | 海产捕捞业 | 749 |

### 2. 各类乡村用电负荷特性分析

乡村用电负荷水平受地区经济发展水平、产业结构、气温气候影响较大。不同类型乡村用电负荷有明显区别。

（1）产业发展型乡村负荷特性。

如图 4-9 所示，产业发展型乡村用电年负荷特性曲线一般呈现"单峰"特征，波峰出现在 7~9 月，主要是夏季在从事产业生产和居民日常生活的制冷负荷量较大，其他月份负荷相对平稳。

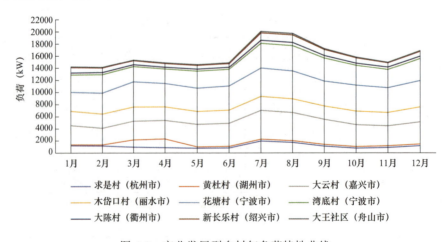

图 4-9　产业发展型乡村年负荷特性曲线

此外，如图 4-10 所示，其用电负荷受产业特性影响较大，以浙江省比较普遍的炒茶业为例。黄杜村 90% 的家庭都在从事白茶种植、加工与销售，全村共有有机茶园 1500 亩。由图 4-10 可以看出，受炒茶负荷的时节性影响，黄杜村在 3～4 月的负荷陡增，其他时间负荷相对平稳。

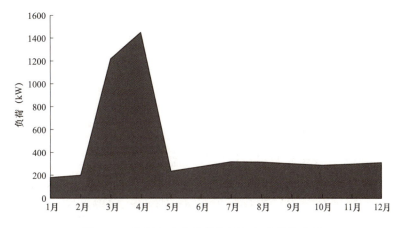

图 4-10　湖州市安吉县黄杜村年负荷特性曲线

如图 4-11 所示，产业发展型乡村日负荷特性曲线相对平稳，白天（8:30～18:00）以生产用电为主，晚间（19:00～22:00）居民生活用电占比较大，整体负荷波动性较小。

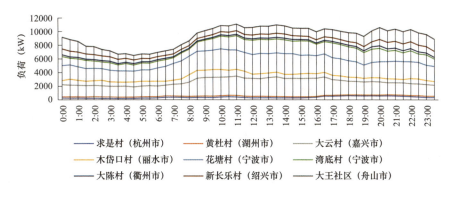

图 4-11　产业发展型乡村日负荷特性曲线

（2）特色旅游型乡村负荷特性。

如图 4-12 所示，特色旅游型乡村用电年负荷特性曲线呈现"三峰"的曲线，波峰分别出现在 7～8 月、十一国庆、春节时间。特色旅游型乡村负荷受外来人口影响较大，呈现时节性特性，旅游旺季农家乐、民宿用电负荷大量增加。此外，其对冷热负荷要求较高，因此夏、冬两季负荷偏大。

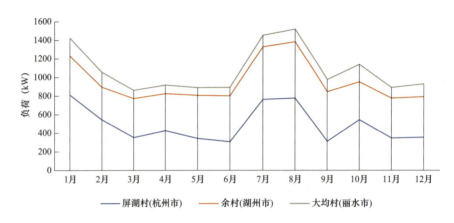

图 4-12　特色旅游型乡村年负荷特性曲线

如图 4-13 所示，特色旅游型乡村日负荷波动较明显，白天游客外出游玩，用电负荷较低；晚间（16:00～22:00）游客返回休住宿地时间，农家乐和民宿负荷陡增。

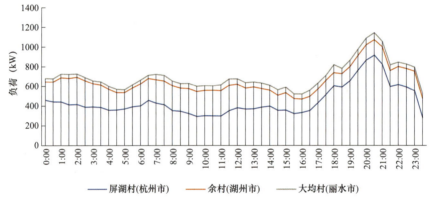

图 4-13　特色旅游型乡村日负荷特性曲线

（3）综合宜居型乡村负荷特性。

如图 4-14 所示，综合宜居型乡村用电年负荷特性曲线呈现"单峰"的曲线，波峰出现在 6～9 月期间，主要是因为夏季居民空调降温负荷大量增加，其他时间负荷均比较平稳。

如图 4-15 所示，综合宜居型乡村日负荷水平相对较低、波动相对较大，主要负荷为农民日常生活用电，在中午和晚间呈现长时间的高峰负荷。

（4）生态散居型乡村负荷特性。

如图 4-16 所示，生态散居型乡村用电年负荷特性曲线呈现"双峰"的曲线，波峰分别出现在 1～2 月和 7～9 月期间。生态散居型乡村农民外出打工较多，1～2 月春节农民工返乡，大量使用电器负荷增加，7～9 月为夏季高温天气空调负荷大量增加。

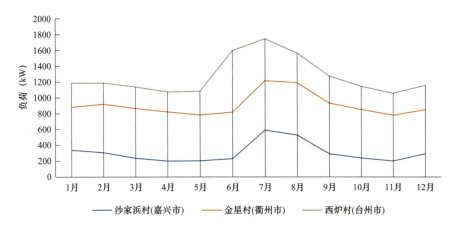

图 4-14　综合宜居型乡村年负荷特性曲线

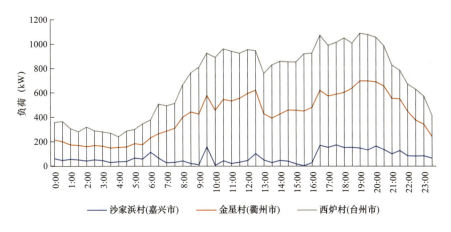

图 4-15　综合宜居型乡村日负荷特性曲线

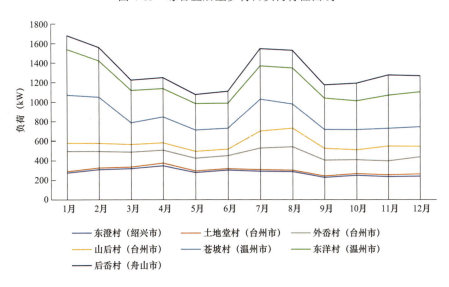

图 4-16　生态散居型乡村年负荷特性曲线

如图 4-17 所示，生态散居型乡村用电日负荷特性曲线与综合宜居型乡村相似，但用电负荷一般情况下小于规模相当的综合宜居型乡村。

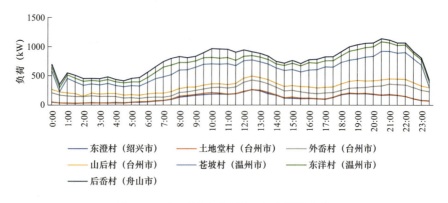

图 4-17　生态散居型乡村日负荷特性曲线

### 3. 不同类型乡村电力供需情况

（1）不同产业特征乡村电力供需情况分析。

经过对具有不同产业结构特征的乡村居民生活用电情况的研究分析可知：产业发展型乡村年户均负荷为 2.86kW，略高于其他类型的乡村；产业发展型、休闲旅游型户均最大负荷超过 3.5kW；户均配变容量大于户均最大负荷，说明目前的公用配变容量基本能够满足居民电力需求。

特色旅游型乡村的配电台区最大负荷率较高，但平均负载率相对较低，季节性负荷和日负荷波动较明显，主要原因为浙江省旅游业具有明显的季节性及受国家节假日等因素影响。

综合宜居型乡村的配电台区最大负载率和平均负载率均较低，配电台区用电负荷相对平稳，季节性负荷和日负荷略有波动，但不突出。

生态散居型乡村的配电台区最大负载率和平均负载率均相差较大，配电台区用电负荷波动较大，主要原因是春节农民工返乡及冬季取暖，平时负荷较低主要是留守乡村的多为老人及孩子，用电负荷少。

不同产业特征乡村用电负荷特点详情见表 4-3。

表 4-3　　　　　　　　2017 年不同产业特征乡村用电负荷特点

| 类型 | 户均配变容量（kVA） | 配变最大负载率（%） | 配变平均负载率（%） | 年最大负荷与最小负荷比值的最大值 | 户均最大负荷（kW） | 户平均负荷（kW） |
| --- | --- | --- | --- | --- | --- | --- |
| 产业发展型 | 5.34 | 44.41 | 32.46 | 1.37 | 3.92 | 2.86 |
| 特色旅游型 | 4.61 | 62.43 | 26.73 | 2.34 | 3.55 | 1.52 |

续表

| 类型 | 户均配变容量（kVA） | 配变最大负载率（%） | 配变平均负载率（%） | 年最大负荷与最小负荷比值的最大值 | 户均最大负荷（kW） | 户平均负荷（kW） |
|---|---|---|---|---|---|---|
| 综合宜居型 | 4.31 | 31.86 | 25.58 | 1.25 | 1.37 | 1.1 |
| 生态散居型 | 2.31 | 40.34 | 19.87 | 2.03 | 0.93 | 0.46 |

（2）不同经济发展水平乡村电力供需情况分析。

乡村居民户的电力需求与其经济发展水平正相关。经过对不同经济发展水平乡村居民生活用电情况的研究分析可知，发达乡村年户均用电量约为4031kWh，为一般发达乡村的1.65倍，为欠发达乡村的3.21倍；发达乡村的户均最大负荷约为6.63kW，为一般发达乡村的1.7倍，为欠发达乡村的3.2倍。

发达乡村的户均配变容量约为9.65kVA，为一般发达乡村的1.5倍，为欠发达乡村的2.1倍。发达乡村配电台区年最大负载率接近70%，户均最大负荷为6.63kW，户平均负荷4.37kW，户均配变容量与户均最大负荷比值为1.18；一般发达乡村最大负载率接近60%，户均年用电量达到2443kWh，户均最大负荷为3.91kW，户平均负荷3.20kW，户均配变容量与户均最大负荷比值为1.37；欠发达乡村配电台区最大负载率（50%左右）和平均负载率（不足30%）较低，户均最大负荷为2.07kW，户平均负荷1.58kW，户均配变容量与户均最大负荷比值为1.78，各类乡村季节性负荷波动明显，具体见表4-4。

表4-4                     2017年不同发展水平乡村用电负荷特点

| 乡村发展水平 | 年户均用电量（kWh） | 户均配变容量（kVA） | 最大负载率（%） | 年平均负载率（%） | 最大负荷与最小负荷比值的最大值 | 不同季节最大负荷与最小负荷比值 | 户均最大负荷（kW） | 户平均负荷（kW） |
|---|---|---|---|---|---|---|---|---|
| 发达乡村 | 4031 | 7.82 | 68.73 | 30.96 | 6.27 | 9.99 | 6.63 | 4.37 |
| 一般发达乡村 | 2443 | 5.36 | 57.45 | 26.16 | 5.41 | 9.23 | 3.91 | 3.20 |
| 欠发达乡村 | 1256 | 3.68 | 49.45 | 25.80 | 8.25 | 11.37 | 2.07 | 1.58 |

研究发现，乡村配电网建设水平与电力需求的关系与经济发展规律类似，具有马太效应，发达乡村居民综合素质相对较高，电力需求大，配电网建设水平高，经济效益显著，这些因素良性互动，促进发达乡村更好更快的发展，欠发达乡村则相反，但是通过国家宏观发展政策的调控，如人居环境改善等工程的实施，浙江省发挥经济发达的优势，能够提升一般发达和欠发达乡村包括电网建设水平及整体环境，进而为电力需求的提升创造条件。

### （三）乡村电力需求预测

随着经济社会发展，浙江城镇化率逐步提升，目前乡村地区人口正逐步减少，但伴随着乡村的快速发展和"大花园"建设，给乡村提供更多的就业机会，未来乡村可能存在人口回流和季节性涌入的情况。在乡村振兴的背景下，乡村经济发展迅猛，未来乡村新业态对电力需求量飙升；乡村居民生活质量将全面提升，消费水平将不断提高，基础设施、公共服务设施和住宅等方面的建设需求将逐步提高，区域产业结构进一步优化，将带来电力需求持续稳定增长。

浙江乡村地区电力需求预测如图 4-18 所示。目前乡村用电需求呈现快速增长趋势，长期来看，未来乡村人口趋于稳定、产业发展和结构调整，用电需求在持续增长之后会逐步趋于稳定，达到并维持在一定量的饱和负荷。结合 2000～2016 年浙江乡村地区全社会用电量增长情况，采用 Logistic 模型对未来乡村用电需求进行饱和分析。

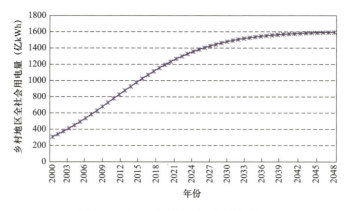

图 4-18　浙江乡村地区电力需求预测

根据预测结果，饱和用电量点出现在 2035 年左右，饱和时间稍晚于全省用电量饱和时间（2030 年），2035 年用电量为 1529 亿 kWh，2040 年用电量为 1559 亿 kWh，近期负荷增长潜力巨大。根据全省负荷预测结果，2035 年全社会用电量达到饱和规模 6900 亿 kWh，乡村全社会饱和用电量约为全省的 22.2%，乡村地区用电需求潜力巨大。

### （四）乡村电气化建设关键问题

#### 1. 乡村清洁能源就地利用比例需进一步提升

浙江省乡村地区目前以电力和外来化石能源为主，分布式光伏发电发展较好，水力发电开发率达 85% 左右。生物质发电虽已开展布局，但是利用量较少，现有能源利用品类依然较少。未来需要进一步提升光伏发电规模，丰富新能源发电品类，着力发展生物质发电，探索海洋能发电等新技术的推广应用。

### 2. 电网建设需有效适应乡村振兴进程

乡村振兴背景下，农村经济社会必将呈现快速发展，部分地区负荷呈井喷式发展，原有电网规划建设将无法适应乡村振兴进程。部分电网设备存在运行年限长、损耗高、自动化程度低等情况，长期运行存在安全隐患。亟需结合经济社会发展及电网实际运行情况，适时对网架进行补强、对设备进行改造，以适应乡村经济快速发展对电网的要求。

### 3. 局部电网薄弱区域供电能力有待提升

乡村电网发展仍不平衡，局部电网供电存在瓶颈。部分偏远山区用户分散，高压电源点较少，线路供电半径较长，供电可靠性不足，在设备出现故障时无法及时转移负荷；部分海岛地区供电困难，供电可靠性差，需结合经济性分析，及时补强网架或建设区域微电网。

### 4. 电网建设需兼顾美学原则，实现两型化设计

乡村振兴对居住环境的要求不断提高，尤其是休闲旅游型、文化传承型美丽乡村的规划建设，要求配电网规划建设过程中兼顾美学原则，实现人与自然和谐的目的。电网发展规划应更多的着眼于保留原始生态特色，强调因地制宜，努力提升电网建设与环境的和谐程度。

### 5. 电能应用比例需进一步提升

当前农民在从事生产生活过程中，仍直接采用大量的油、煤炭作为能源来源，在生物质利用方面，清洁化程度不高。乡村振兴，生态宜居是关键、生活富裕是根本。生态宜居，乡村发展对农民用能方式提出了清洁化的要求；生活富裕，农民对便捷、绿色的能源利用方式需求量越来越高。有效保障农业生产、农村新业态以及农民生活是乡村振兴的基本保障。

### 6. 电力服务水平需满足农民对美好生活的向往

乡村振兴提出城乡基本服务均等化水平进一步提高，农民对电气化基础设施以及相关的配套服务提出更高的要求，乡村现有的电力服务水平、服务设施及人员配套与城镇地区仍存在较大的差距。着力提升乡村电力服务水平，已成为满足农民对美好生活向往的重要措施。

## 五、乡村振兴背景下电气化发展思路

### （一）乡村电气化建设思路

#### 1. 总体思路

以习近平新时代中国特色社会主义思想为指导，落实《中共中央 国务院关于实施乡村振兴战略的意见》和浙江乡村振兴战略，立足农村电力发展实际，按

照"产业兴旺、生态宜居、乡风文明、治理有效、生活富裕"的总要求，开启新时代浙江乡村电气化发展的新征程。在乡村地区深入推进两个替代，加快电网改造升级步伐，以更加坚强、智能、灵活的电网为枢纽，优化能源配置方式，提升能源利用效率，打造以电为核心的乡村生态能源体系，实现清洁、绿色、低碳发展。

### 2. 乡村电气化发展重点

（1）电力供应优质高效。

全面完成新一轮农网改造升级、供电服务均等配置等重点任务，补齐乡村配电网短板。组织实施乡村电气化工程，以农村电网高质量发展为主攻方向，推动农村从"有电用"向"用好电"转变、农村供电服务由主要满足量的需求向更加注重质的需求转变。适应不同类型乡村、不同类型负荷需求，差异化建设乡村配电网；适应不同类型乡村对电力设备、电力设施布局的要求，如在特色旅游型乡村，适当提升线路电缆化率，服务美丽、和谐乡村。

（2）多种能源综合利用。

以电为核心推进农村可再生能源开发利用，清洁高效的农村绿色能源供应体系初步建成。大力推动分布式光伏发电、生物质发电等多种发电方式，促进乡村能源就地开发利用。按照因地制宜、多能互补、综合利用的原则，科学规划农村可再生能源的开发利用，发挥电网的能源枢纽作用，构建清洁高效的农村绿色能源供应体系，消除农村能源发展高污染、低能效等突出问题。

（3）电能替代深入推进。

提升农业农村用能电气化水平，促进农村居民家庭畅享绿色智能新生活。在农业生产、农村产业方面，大力推进港口岸电、电采暖、电锅炉、电窑炉等电能替代设备，促进乡村新业态清洁化发展。推广电炊具、电采暖、智能家电、电动汽车等新型用能设备，推广多样化、适应性的乡村电动汽车，引领农村居民家庭改变生活方式，享受绿色、智能电气化生活。

（4）电力服务贴心惠民。

打造便捷的供电服务新体系，充分满足人民美好生活的需要。完善服务基础设施、服务网络体系，基于移动终端、互联网等现代化平台，提供多元化的农村供电便捷服务方式，打造快速响应、服务周到的乡村电力服务。

### （二）乡村地区配电网建设主要技术原则

乡村供电基本要素包含配电变压器、低压线路、无功补偿、计量、供用电安全和分布式电源五个基本模块，每个模块包含不同要素，具体见表4-5。

**表 4-5**　　　　　　　　　　　　乡村供电基本模块及要素

| 基本模块及要素 | 配电变压器 | 配电变压器布置方式 |
| --- | --- | --- |
| | | 配电变压器安装方式 |
| | 低压线路 | 导线选型 |
| | | 线路结构 |
| | 无功补偿 | 配电变压器低压侧无功补偿 |
| | | 用户侧无功补偿 |
| | 计量 | 配电变压器计量 |
| | | 电表箱 |
| | 供用电安全 | 接户线 |
| | | 剩余电流保护 |
| | 分布式电源 | 分布式电源接入 |

### 1. 配电变压器

乡村配电变压器的位置应靠近负荷中心，按近期负荷选择容量并适当考虑负荷发展。配电变压器可按以下原则选型：配电变压器应选用 S11 型及以上节能、环保型配电变压器，积极应用非晶合金配电变压器和调容变压器；安装在高层建筑和地下室内的配电变压器及有特殊防火要求的配电变压器，应采用干式变压器；以居民生活用电为主和有特殊需要的供电区，可以选用单相变压器。

配电变压器安装方式的选取应满足以下要求：柱上变压器的单台变压器的容量不宜超过 400kVA，出线不宜超过 4 回；配电站内单台变压器的容量不宜超过 800kVA，最终规模不宜超过 4 台配电变压器，土建按最终规模一次建成，低压出线按每台变压器 2～6 回考虑。

### 2. 无功补偿

乡村无功补偿配置的原则如下：

（1）无功补偿宜采用集中补偿与分散补偿相结合的方式。

（2）无功补偿装置要充分考虑无功电压综合控制的发展趋势，宜采用具有功率因数和电压综合控制的自动装置。

（3）配电变压器应在低压侧安装无功补偿电容器，其容量宜按配电变压器容量的 10%～15%确定，公用变压器功率因数不宜低于 0.85。容量在 100kVA 及以上的配电变压器宜采用无功自动补偿装置。

（4）用户侧电机功率大于 4kWh，应加装电机无功补偿装置。

### 3. 低压线路

低压线路宜按远景规划建设。低压配电网应力求结构简单，安全可靠。供电半径宜控制在 500m 以内。

低压线路宜结合乡村类型需求，依据景观需求，适当提升建设标准，采用电缆敷设方式。

#### 4. 计量

居民户应采用"一户一表"的计量方式，电能表应安装在计量表箱内，室外计量表箱宜选用非金属表箱。有条件的地区可开展远方集中抄表试点。

#### 5. 供用电安全

（1）低压接户线应使用绝缘线。居民户的容量宜按每户不小于 4kW 考虑。

（2）剩余电流保护。乡村电网应配置三级剩余电流动作保护（三级保护）。

#### 6. 分布式电源接入

分布式电源应根据电源类型、装机容量、技术经济分析结果和当地电网实际情况，选择合适的接入电压等级与接入模式。

针对各类乡村，其由于产业特性及农民用电需求的差异，应具备不同的供电规范。

### （三）以电为核心的乡村综合能源体系

#### 1. 以电为核心的综合能源体系构建

浙江乡村地区具备大量的风、光、生物质、地热等就地资源，结合当地产业布局需求、能源资源情况，大力发展分布式能源，探索多种能源综合利用方式，构建清洁低碳的乡村用能系统，是促进乡村产业兴旺、实现乡村生态宜居、保障乡村治理有效、满足乡村生活富裕的重要措施。

以电为核心的乡村综合能源体系架构如图 4-19 所示。电力作为安全、清洁、经济、便捷的二次能源，不仅可以大规模开发、集中转化与绿色利用，其网络还具有极佳的资源优化配置与中枢核心优势。乡村综合能源体系应以电为核心、智能电网为基础、清洁能源为主导，采用先进的信息通信技术和电力电子技术，将电、气、热等能源网络中生产、传输、存储、消费等环节有机互联，以实现能源统筹优化配置，多能耦合互补，清洁、高效、经济、便捷的一体化智慧能源生态系统。

#### 2. 乡村地区综合能源体系典型模式

不同类型乡村综合能源系统如图 4-20 所示，根据不同类型乡村的资源禀赋和产业要求，其主导能源模式不一致，现制定各类乡村的综合能源体系典型模式如图 4-20 所示。

（1）产业发展型。

综合能源供需条件：产业发展型乡村多具备大量的厂房屋顶，可形成规模相对较大的分布式光伏系统，其厂房内部可建设适量规模的小型低速风力发电机组，实

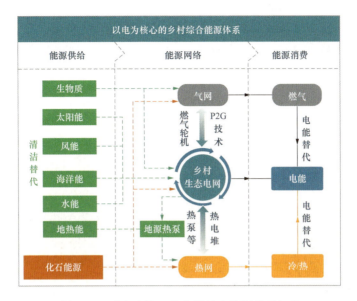

图 4-19　以电为核心的乡村综合能源体系架构

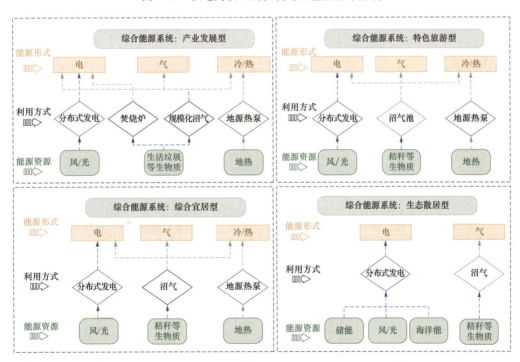

图 4-20　不同类型乡村综合能源系统

现能源互补；其对冷热电等能源需求量较大，且生产、生活用电一般均相对集中，供给开发地源热泵存在一定的经济性；该类乡村大多对环境要求相对宽裕，对能源需求量较大，可进行生活垃圾等生物质的集中处理，保障能源需求。

综合能源体系架构方式：采用分布式发电，直接供给电能；利用光热装置，为居民供给热水；可考虑垃圾焚烧发电，亦可考虑建设集中式规模化沼气用以发电或直接供给燃气系统；可在集中居住区或厂房建设地源热泵以提供冷热资源。

（2）特色旅游型。

综合能源供需条件：特色旅游型乡村对环境要求相对苛刻，在别墅、排屋屋顶建设分布式光伏，对提升乡村环境具有一定的正面效果；其生物质利用方式不建议采用直接焚烧的方式，而应采用较为环保的沼气形式供能。该类乡村餐饮、民宿等行业对冷热资源需求量较大，且用电区域一般均相对集中，建设密集的光热装置、开发地源热泵均存在一定的经济性。

综合能源体系架构方式：采用分布式发电，直接供给电能；利用光热装置，为居民供给热水；可考虑建设集中式沼气，用以发电或直接供给燃气系统；可在民宿、餐饮和集中居住区建设以地源热泵提供冷热资源。

（3）综合宜居型。

综合能源供需条件：综合宜居型乡村居住密度相对较大，能源需求时空特性相对集中，建设密集的光热装置和开发地源热泵均存在一定的经济性，但考虑到其以居民生活用能为主，用能量相对较小，近期采用天然气效益相对较差。该类乡村存在大量的秸秆等生物质资源，可考虑相对集中、规模中等的沼气系统。该类乡村存在一定的别墅、排屋屋顶资源，可考虑适当建设分布式光伏。

综合能源体系架构方式：采用分布式发电，直接供给电能；利用光热装置，为居民供给热水；可考虑建设相对集中、规模中等的沼气系统，用以发电或直接供给燃气系统；可在集中居住区建设地源热泵以提供冷热资源。

（4）生态散居型。

综合能源供需条件：生态散居型乡村对资源利用相对分散、需求量较少，能源供给条件相对较差，不建议采用天然气、地热等资源。乡村风光资源多较为丰富，场地较多，可考虑大量利用风光等就地能源。乡村存在大量的秸秆等生物质资源，但其用能负荷分散，可考虑小规模分布式的沼气系统。

综合能源体系架构方式：采用风/光/海洋能等资源发展分布式发电，直接供给电能；利用光热装置，为居民供给热水；结合储能装置，在供电困难的山区或海岛地区，适时建设离网型微能源网，提供乡村用能经济性；可考虑建设小规模、分布式的沼气系统，供给燃气系统。

### 六、高质量推进新时代浙江乡村电气化重要举措

#### （一）推动乡村电网再升级，有力保障乡村振兴

到 2020 年，实现乡村电网供电能力、供电品质、装备水平、综合能源服务能力、

建设机制五个再升级，农村生产生活从"用上电"到"用好电"，为美丽乡村建设提供充足电力保障。

持续推进新一轮农网改造升级，供电能力再升级。适应农业现代化、乡村产业升级以及农民消费提升的用电需求，密切关注产业结构转型、搬迁集聚等负荷增长热点区域，适度超前规划变电站布点，增加变电容量，解决重过载问题；优化变电站出线，加强站间联络，在分区之间构建负荷转移通道，增强负荷转移能力，有效保障农产品加工及农业农村新业态用电需求。编制美丽乡村、美丽乡村精品村等配电网专项规划，根据用电需求、可靠性和电能质量要求，制定差异化的供电模式，打造配电网建设样板；合理利用微电网等新技术，进一步加强海岛和偏远山区的电网建设。

逐步缩小城乡供电差距，供电品质再升级。在完善乡村电网架构、缩短供电服务半径、提高户均配变容量的基础上，编制乡村电网差异化供电规范。加大农网老旧设备改造力度，重点解决乡村地区供电"卡脖子"问题，解决时段性"低电压"问题。逐步提高农村电网信息化、自动化、智能化水平，缩小城乡供电服务差距。到 2020 年，乡村配电网用户年均停电时间小于 6.6h，供电可靠性达到 99.925%，综合电压合格率达到 99.28%。

全面提升乡村电网建设水平，装备水平再升级。坚持安全性、先进性、适用性、经济性的原则，遵循设备全寿命周期管理的理念，落实配电网技术导则、设备技术标准，全面开展配电网标准化建设。优化设备序列，简化设备类型，规范技术标准，提高配电网设备通用性、互换性；注重节能降耗、兼顾环境协调，采用技术成熟、少（免）维护、具备可扩展功能的设备。开展配电自动化建设改造应用，持续提升配电自动化覆盖率，提高配电网运行能力、运行控制水平。适应乡村美观需求，适当提升建设标准，合理控制中低压电缆在乡村地区的使用。

推动乡村电网智能互联发展，综合能源服务能力再升级。推进主动配电网相关技术研究，推广分布式电源"即插即用"并网设备等新技术，大幅提升配电网接纳新能源、分布式电源及多元化负荷的能力；推动微电网技术的成熟化应用，积极引导微电网与大电网协调发展，解决局部地区高渗透率新能源接入和边远海岛地区供电问题。做好技术储备和机制创新，推动配电网成为各种能源形式的转化枢纽和综合路由，逐步构建以能源流为核心的"互联网+"公共服务平台，推动乡村地区能源生产和消费革命。

建立高效联动政企协同模式，电网建设机制再升级。电网建设由电力公司主导转化为政企协同推进模式。建立"政府主导、企业参与、上下联动、协同推进"的常态协调机制，积极协调财政部门研究并出台地方预算内资金的支持政策，进一步加大对乡村地区配电网建设改造的投入；协调城市规划管理部门、土地管理部门将配电网设施布局选线规划中确定的变电站、供电设施和线路走廊等，纳入城乡总体规划、控制性详细规划以及各级土地利用规划。

**（二）进一步发展绿色能源，促进乡村能源供给生态化**

到2020年，全面建成分布式光伏公共服务平台（光伏云网），超过150万分布式光伏客户接入光伏云网，获得分布式光伏接入、运行、结算等线上服务，分布式能源生态圈健康发展；通过多能转化和电能替代，初步建成满足农村采暖、炊事、动力等用能需求的清洁高效的农村绿色能源供应体系，到2020年基本解决农村能源发展存在的高污染、低能效等突出问题。

提升绿色能源的电源渗透率。鼓励分布式光伏、风电、天然气冷热电三联供、沼气和生物质发电以及各类储能的发展。落实"百万家庭屋顶光伏计划"和"光伏小康工程"，加快乡村分布式光伏发展；充分利用乡村地区能源资源优势，加强对沼气和生物质发电技术的推广应用；适时开发新的能源品类，有效保障乡村清洁能源供给，打造乡村绿水青山。

推进互联网+能源服务云平台建设。积极运用物联网、云计算、大数据等新技术，构建综合能源服务云平台，促进能源流与信息流深度融合。依托综合能源服务云平台，构建能源服务生态体系，提供能源规划运营、智能调度、交易预测、用能管理、辅助决策等能源大数据服务；提供碳资产交易、电商、信用评价、收益权质押、保理、绿色金融等跨界服务，全面提升能源服务水平。

建设乡村绿色能源网。结合清洁供暖、光伏扶贫工程、新一轮农村电网改造升级工程等，统筹考虑各类能源品种的开发利用、不同地区用能需求等因素，科学规划建设农村绿色能源网，发挥农村多种能源转换和配置的基础平台作用，汇集各类清洁能源，通过多能转化和电能替代，有效满足农村采暖、热水、炊事、动力等多元化用能需求，服务乡村振兴战略。鼓励关键技术创新，突破可再生能源发电技术，实现分布式电源"即插即用"，突破多能转换技术，实现不同类型能源的高效转换和互补利用。

**（三）深化推广电能应用，打造绿色智能新乡村**

到2020年，有效保障农业农村新业态、电采暖设备、电动汽车、智能家电等新型用电需求，户均电能消费水平明显提升，客户享有更多用能增值服务，农村居民家庭畅享绿色智能新生活。

推进农业生产电能替代。提升灌溉、脱粒等农林种植加工产业的绿色能源利用。在渔业发达地区，推动港口岸电，以电锅炉加热、电烘烤替代原有水产品加工燃煤、燃油锅炉加热生产线，打造智慧渔业；在粮食生产、干货加工、菌菇水产养殖等基地推广电加热、电保温、电制茶、电烤笋、电窑炉等农产品加工技术和智能温控技术，提升乡村农业生产生态环境。

推进农村产业电能替代。结合乡村产业特点，持续开展市场及用能分析，明确电能替代重点方向，大力拓宽替代领域。在旅游业、休闲产业、电商服务业发达地区，推广电锅炉、电采暖的应用，试点建设冷热电综合能源供应系统；在陶瓷制造等乡村工业发达地区，推广电窑炉等产品，促进乡村新业态清洁化发展。

推进乡村居民家庭电气化。服务人民美好生活需要，进一步深化"电网连万家、共享电气化"主题活动，推动电网企业与家电厂商、电采暖设备供应商、电动汽车厂商深化合作，利用网上商城、营业厅"电管家"、智慧车联网等渠道，宣传推广电炊具、电采暖、智能家电、电动汽车等新型用能设备，提供平价产品，免费为居民家庭配置大容量智能电能表，提供智能化有序充放电等家庭用能服务，引领农村居民家庭改变生活方式，享受绿色、智能电气化生活。

推进乡村地区电动汽车发展。适应农村生产生活需求，促进电动汽车生产销售方式变革。针对农村生活需求和农村物流的发展，适度引导发展客货两用型、微型卡车等电动汽车品类，推广低速代步电动汽车在乡村地区的应用。适时完善乡村电动汽车充电桩布点，保障电动汽车在乡村地区有序发展。

### （四）提供便捷智能电力服务，畅享贴心优质乡村生活

到 2020 年，乡村电力能源客户通过移动互联网渠道获取 7×24h 响应服务，实现简单业务"一次都不跑"，复杂业务"最多跑一次"，服务响应速度明显提高。

提供农村供电便捷服务。完善服务基础设施，实施农村供电网格化服务，压缩复电时长，提高服务标准。提升农村供电服务响应速度和便捷程度。提升低压电网接入容量，进一步降低小微企业客户办电成本。定期为集中电采暖村镇提供特别巡视、隐患排查等专属供电服务。

创新乡村绿色能源商业模式。积极培育综合能源服务商，鼓励企业结合自身技术、资源、客户等优势开展差异化能源服务，鼓励地方政府和社会资本共同合作成立区域综合能源公司。构建多元化融资体系，创新绿色金融、融资租赁、互联网金融等融资模式，灵活运用贷款、基金、债券、租赁、证券等多种金融工具；鼓励以合同能源管理模式、PPP 合作模式、BOT、BOOT 运作模式等开展分布式能源项目投建运营，提高项目抗风险能力。

开展电能应用一站式服务。完善业扩，提升服务。在业扩报装过程中，积极开展用电咨询服务，为乡村电能替代用户开辟绿色通道，大力扶持以合同能源管理等市场化运作模式为农村地区提供能替代相关的前期咨询、方案设计、设备采购、安装施工全过程"一站式"服务。

加强电能应用宣传力度。在乡村地区以政府部门牵头，借助纸质媒介、广播电视以及手机客户端 App、微信公众号等新媒体，宣传推广电能替代技术、产品及案例，强化电能替代培训与经验交流，普及电能替代知识，加强对现代化能源利用观念的宣传引导力度，从而促进生态环境的提升。

推行一体化线上服务。构建国家电网公司互联网统一在线服务平台，实现业务"一网通办"。到 2020 年，达到每个镇都有实体营业设施，每个村都有线下服务渠道，每位客户都可以网上办电，服务覆盖国网经营范围所有城乡区域和全部客户。

## 七、发展建议

加强统筹协调。各级政府将新时代浙江乡村电气化建设作为扩大投资、改善民生的重要保障，纳入区域经济社会发展总体部署，完善工作机制，加强统筹协调，规范和简化项目管理程序，切实解决工程实施中手续繁杂、效率不高等问题，为乡村电气化建设创造良好环境。各相关部门应结合深化电力体制改革要求，有针对性地提出投资、价格、财税、金融等支持政策。

确保电力设施落地。建立政企合作沟通机制，做好政策与电网规划的衔接，实现电力建设与区域经济发展相协调。建议政府将各级电网企业作为城乡发展规划成员单位，确保电力设施纳入城镇发展规划，统筹电力与交通、供水等公共管网协调发展，实现电网项目与基础设施工程的"同步规划、同步调整、同步实施"。

引导乡村能源消费新模式。紧密结合乡村振兴战略，大力推行绿色人居，支持可再生能源利用，促进发展循环经济，建设节能型和环保型乡村，提升乡村配电网对清洁能源的消纳能力。充分发挥小水电、生物质综合利用的清洁经济优势。推进地源热泵的应用，引导居民减少生活能耗，探索乡村智慧、低碳发展模式。

# 第五章
# 海岛供电及其发展规划调查
## （2017 年 12 月）

在"一带一路"及海洋强国战略背景下，党的十九大强调，实施区域协调发展战略，坚持陆海统筹加快建设海洋强国。全球 60% 的经济总量都集中在入海口，发展条件最好的、竞争力最强的城市群，都集中在沿海沿江地区，由此衍生出的湾区经济是当今国际经济版图的突出亮点。湾区经济既是重要的海洋经济形态，也是世界一流滨海城市的显著标志。全球三大著名湾区，旧金山湾、纽约湾和东京湾均是依托海湾优势发展的城市群，它们具有开放的经济结构、高效的资源配置能力、强大的集聚外溢功能和发达的国际交流网络，发挥着引领创新、聚集辐射的核心功能，已成为带动全球经济发展的重要增长极和引领技术变革的领头羊。在中国，继粤港澳大湾区之后，又一个大湾区——浙江"大湾区"即将启航。

浙江省第十四次党代会提出"谋划实施'大湾区'建设行动纲要"的战略部署，目标是打造全球新经济革命重要策源地、全国现代化建设先行区、区域创新发展新引擎。大力发展湾区经济，有利于构筑新时期国家级创新开放高地，有利于增创新一轮发展动能优势，有利于提升长三角世界级城市群国际竞争力，有利于打造湾区可持续发展的"浙江样板"。实施范围以杭州湾经济区为核心，联动甬台温临港产业带，涵盖杭州、宁波、温州三大都市区，杭州湾及台州湾、三门湾、象山湾、乐清湾、温州湾等湾区，涉及杭州湾经济区的杭州、宁波、湖州、嘉兴、绍兴、舟山六市和沿海温州、台州两市。

"大湾区"建设范围中，宁波、嘉兴、舟山、温州、台州五市涵盖了全省 4300 多个海岛；"大湾区"建设的 120 重大项目中，温州瓯江口产业集聚区项目、舟山大鱼山石化项目、宁波穿鼻岛能源储备项目、台州三门湾国家海洋公园项目等大型项目均在海岛上，由此可见，"大湾区"建设的实施将给沿海岛屿带来巨大发展契机。

"大湾区",其中湾是指海湾,区是指腹地。在我省 11 个地市的腹地区域范围内,国网浙江电力已基本建成结构坚强、技术先进、灵活可靠、经济高效的现代城乡电网,较好服务了我省经济社会的高速发展,目前正瞄准世界一流电网的发展目标积极前进。但是在浙江"大湾区"发展背景下,针对沿海沿湾区域电网,尤其是海岛电网,其总体状况相对薄弱,需要进一步加大建设力度,满足湾区新增负荷的供电需求,加快构建安全可靠、坚固耐用的现代化智能电网。

## 一、浙江海岛概况

### (一)整体介绍

浙江省海岸线曲折,岛屿众多。据官方数据,全省海岛总数 4300 多个,其中有居民海岛 239 个,主要较大岛屿有舟山岛、玉环岛、六横岛、岱山岛、洞头岛等;无居民海岛数量多,陆域面积小。海岛分布上具有 3 个主要特征:

(1)涉及范围广,分布相对集中;

(2)多为列岛、群岛,呈现链状、群状形式;

(3)多在近海浅海区域,与大陆联系较为紧密。

海岛利用方面,面积较大有居民海岛利用程度较高,主要包括综合利用、港口物流、临港工业、清洁能源、滨海旅游、渔业农业等。无居民海岛总体开发利用的程度不高,尤其是距离大陆较远的海岛,基本上仍保持相对原生态的状态。

### (二)海岛分类及功能

浙江省海岛数量众多,部分海岛不具备开发条件,因此本报告以海岛资源禀赋和发展潜力为依据,结合《浙江省人民政府关于印发浙江省重要海岛开发利用与保护规划的通知》(浙政发〔2011〕48 号),筛选了极具代表性的 100 个岛屿作为重要海岛进行分析(下文如无特别说明,所述海岛均指重要海岛)。这些海岛具备较强的辐射和带动能力,是开展海洋经济发展试点的特色领域,是优化海洋经济发展布局的重要支撑,也是打造现代海洋产业体系的重要区域。

重要海岛筛选依据示意图如图 5-1 所示。重要海岛数量仅占全省海岛数量的 3.5%,但岛屿总面积占全省海岛的 96%,岸线总长占全省海岸线长度的 53%。空间位置上,大多分布于大陆近岸海域,以宁波—舟山近岸海域和岱山—嵊泗海域为主,62% 以上的海岛距大陆不足 20km;分别隶属于宁波、舟山、台州、温州、嘉兴市,涉及 17 个沿海县(市、区),其中设区市驻地岛 1 个(舟山岛),县(市、区)驻地岛 4 个(岱山岛、泗礁山、洞头岛和玉环岛),乡镇驻地岛 34 个。

本次调研了 100 个重要海岛的数据信息,结合海岛功能和行政区划,绘制了 100 个重要海岛的位置图,见图 5-2。

图 5-1　重要海岛筛选依据示意图

图 5-2　重要海岛布点图册

　　由于重要海岛外部环境不同，资源禀赋差异，开发方式各异，发挥功能多样，因此本次调研对重要海岛进行分类研究，按照综合利用岛、港口物流岛、临港工业岛、清洁能源岛、滨海旅游岛、现代渔业岛、海洋科教岛和海洋生态岛 8 个分类，结合个体海岛特色，按照功能用途的不同，实现标准化、差异化电网建设研究，最大程度满足海岛发展的用电需求，提高电网利用效率。

### 1. 综合利用岛

综合利用岛陆域腹地较大、资源禀赋较好、人口分布集中、城市（镇）依托较强、主导功能较为综合、产业门类较多、对周边具有较强辐射带动能力。综合利用岛共 8 个，其中舟山市 5 个，分别为舟山岛、六横岛、岱山岛、泗礁山和大洋山；温州市 2 个，分别为灵昆岛和洞头岛；台州市 1 个，为玉环岛。综合利用岛举例如图 5-3 所示。

舟山是中国最大的海产品生产、加工、销售基地，舟山渔场是我国最大渔场素有"东海鱼仓"和"海鲜之都"之称，宁波-舟山港货物吞吐量位于全球第一。舟山现今已发展成为海洋经济强市。

洞头岛位于温州瓯江口外33海里的洋面上，是全国12个海岛县之一，由103个岛屿组成，素有"百岛县"之称。观海景、荡海舟、钓海鱼、捡海鳔、尝海鲜、购海货，休闲渔业逍遥游，无尽海趣在洞头。

玉环岛是浙江省第二大岛，位于乐清湾东侧，北接楚门半岛，距台州市区南70公里。1977年完成漩门填海堵坝后，自此与大陆相连。为沿海县市经济建设中的后起之秀，有"东海碧玉"之称。

图 5-3  综合利用岛举例

### 2. 港口物流岛

港口物流岛具有优越的地理区位条件、深水岸线资源和一定陆域腹地空间，以集装箱或大宗商品储运、中转等港口物流功能为主，辅以国际贸易、金融与信息服务、分拨配送、增值加工、博览展示等功能。港口物流岛共 24 个，其中宁波市 1 个，为梅山岛；舟山市 16 个，分别为金塘岛、册子岛、佛渡岛、大猫岛、峇山、鼠浪湖岛、黄泽山、小洋山、西绿华岛、东白莲山、东绿华岛、凉潭岛、马迹山、外钓山、西蟹峙和双子山；温州市 4 个，分别为小门岛、状元峇岛、北麂岛和凤凰山；台州市 3 个，分别为上大陈岛、头门岛和龙山岛。

### 3. 临港工业岛

临港工业岛具有较好的建港条件和充裕的后方腹地空间，以临港型的石油化工产业、重型装备制造业、船舶修造产业、大宗物资加工等工业为主导，兼备一定的生产和生活服务功能。临港工业岛共 12 个，其中宁波市 1 个，为大榭岛；舟山市 10 个，分别为衢山岛、大长涂山、虾峙岛、长白岛、小长涂山、小干—马峙、蚂蚁岛、小衢山、湖泥山和西白莲山；温州市 1 个，为大门岛。

### 4. 清洁能源岛

清洁能源岛具有较好的太阳能、风能、海洋能等能源资源基础，具备大规模能源开发利用或开展清洁能源利用技术示范性研究的可行性，并有良好基础设施接入条件。清洁能源岛共 8 个，其中宁波市 4 个，分别为南田岛、高塘岛、屏风山岛和海山屿；舟山市 2 个，分别为大鱼山和东福山；温州市 1 个，为北关岛；台州市 1 个，为雀儿岙岛。

### 5. 滨海旅游岛

滨海旅游岛具有优美的滨海自然景观、良好的生态环境、深厚的人文底蕴等海洋旅游资源条件，以发展滨海观光、休闲度假、海洋文化、海鲜美食、休闲海钓、滨海体育、海洋生态等特色滨海旅游业为主，以海洋生态环境保护为辅助功能，兼备一定的生产和生活功能。滨海旅游岛共 25 个，其中宁波市 3 个，分别为花岙岛、檀头山岛和对面山；舟山市 16 个，分别为朱家尖岛、桃花岛、秀山岛、登步岛、普陀山、元山岛、盘峙岛、花鸟岛、大鹏岛、东岠岛、鲁家峙、白沙山、庙子湖岛、金鸡山、徐公岛和滩浒山；温州市 2 个，分别为半屏岛和大竹峙岛；台州市 3 个，分别为下大陈岛、江岩山岛和大鹿山；嘉兴市 1 个，为外蒲岛。

### 6. 现代渔业岛

现代渔业岛具有良好的渔业发展基础，以发展现代海洋捕捞、海水养殖、水产品加工贸易等功能为主，辅以海洋生物资源保护，兼备一定的生产和生活功能。现代渔业岛共 10 个，其中宁波市 1 个，为东门岛；舟山市 3 个，分别为枸杞岛、大黄龙岛和嵊山；温州市 2 个，分别为鹿西岛和北龙山；台州市 4 个，分别为茅埏岛、扩塘山、田岙岛和鸡山岛。

### 7. 海洋科教岛

海洋科教岛具备从事海洋科研、教育、试验等功能。一般为海洋类高校或科研机构所在地的岛屿。海洋科教岛共 2 个，均位于舟山市，包括长峙岛和摘箬山。

### 8. 海洋生态岛

海洋生态岛以保护海岛及其周边海域的海洋生态环境、海洋生物与非生物资源功能为主。一般为已建或具备建设海洋自然保护区、海洋特别保护区等区域内的核心海岛。海洋生态岛共 11 个，其中宁波市 2 个，分别为南韭山和北渔山；舟山市 2 个，分别为黄兴岛和大五峙岛；温州市 5 个，分别为南麂岛、西门岛、铜盘山和南、北爿山岛；台州市 2 个，分别为披山岛和下屿。

#### （三）海岛发展预期

浙江省第十四次党代会，提出了沿着"大湾区""大花园""大通道"的战略决策，高水平谱写建设两个一百年的奋斗目标的浙江篇章等要求。统筹推进大湾区大花园大通道建设，是引领浙江优化发展、未来发展的重大战略，是着眼于高质量、现代化和提升国际竞争力的重大举措。

"大湾区"建设的重中之重是杭州的"拥江发展"和甬台温临港产业带的建设，要进一步解放思想、开阔思路，以打造中国现代化样板的视野来构建区域协调发展机制，谋划发展平台和重大项目，举全省之力加快建设大湾区。

"大花园"建设的范围为全省，是浙江的底色，是自然生态与人文环境的结合体、现代都市与田园乡村的融合体，历史文化与现代文明的交汇体，要彰显生态环境之美、产业绿色之美、人文韵味之美、生活幸福之美，统筹山水林田湖草系统治理，着力打好"治水治气治城治乡治废"组合拳，积极探索"绿水青山"转化"金山银山"新模式。

"大通道"建设的核心是建设智能高效的现代综合交通网络和物流体系，重点在于对现有的铁路公路高速水运航空网络的优化，要全面推进现代交通示范区和交通强省建设，大力发展多式联运和智慧交通，联动推进海港、陆港、空港、信息港"四港"建设，加快构建畅通高效的海陆空运输通道网络，为推进浙江省"两个高水平"建设提供强力支撑。

浙江省是国务院确定的全国海洋经济发展试点省之一，具备发展海洋经济的突出优势。加强重要海岛的开发利用与保护，对于贯彻落实国家海洋经济发展战略、推进"大湾区、大花园、大通道"建设都具有十分重要意义。

一方面，国家出台众多沿海地区海洋经济发展规划，纷纷将海岛作为发展重点，并且设立了舟山群岛新区、综合保税区、绿色石化基地、波音完工和交付中心、中国自贸试验区、国家远洋渔业基地等战略布局，为海岛开发提供政策支持。另一方面，按照"大湾区""大通道"建设的思路，沿海各市已着力展开围垦工程、陆岛连接工程、连岛工程等一大批重大项目的建设。

随着国家对海洋经济的不断重视，海岛迎来前所未有的发展机遇，海岛的开发重要意义不仅在于海岛的丰富资源有助于缓解陆域资源压力，更在于海岛将通过自身发展成为海洋经济开发、城市向海拓展的战略支点。全省重要海岛的综合能力将进一步提升，特色主导功能效益将进一步发挥，以重要海岛为核心的海岛地区形成布局合理、特色鲜明、经济发达、功能齐全、环境友好、生态平衡的发展新格局，成为浙江"大湾区"发展、海洋经济发展的重要增长点。

## 二、海岛电网概况

### （一）负荷及用户构成

用电负荷与地区发展定位层次、发展速度、经济发展水平、经济结构、人民生活消费水平及相关政策性因素息息相关。电网企业必须了解市场、依靠市场，通过负荷调查开展用电需求预测，为电网规划、建设、投资提供信息和依据。

目前，沿海岛屿发展迅速，大量石化、造船、港口等产业落户以及第三产业的迅速崛起，带来了海岛经济的快速发展，推动了用电负荷的高速增长。从调研情况来看，八种类型的海岛，负荷情况差异明显。

根据图 5-4 所示，以综合产业和工业为主的综合利用、临港工业、港口物流类共 44 个海岛负荷占比最高，近 90%；以提供清洁能源、发展旅游业和现代渔业的清洁能源、滨海旅游、现代渔业类共 43 个海岛负荷占比 10%；以科技研究、生态保护为主的海洋科教、海洋生态类共 13 个海岛负荷仅占比 0.1%。按照海岛面积计算负荷密度仅临港工业、综合利用类海岛负荷密度达到 1MW/km$^2$ 以上，其他六类海岛负荷密度均小于 1MW/km$^2$。因海岛开发程度较低，负荷密度较低。

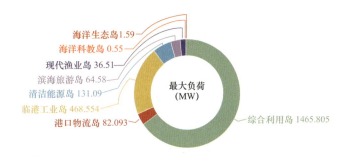

海洋生态岛 1.59
海洋科教岛 0.55
现代渔业岛 36.51
滨海旅游岛 64.58
清洁能源岛 131.09
临港工业岛 468.554
港口物流岛 82.093
最大负荷（MW）
综合利用岛 1465.805

图 5-4　2017 年重要海岛最大负荷对比情况

如图 5-5 所示，根据各类海岛用电和负荷情况，结合产业类型，对比分析，进行如下总结。

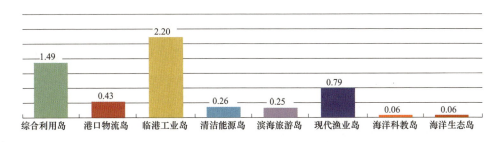

| 综合利用岛 | 港口物流岛 | 临港工业岛 | 清洁能源岛 | 滨海旅游岛 | 现代渔业岛 | 海洋科教岛 | 海洋生态岛 |
|---|---|---|---|---|---|---|---|
| 1.49 | 0.43 | 2.20 | 0.26 | 0.25 | 0.79 | 0.06 | 0.06 |

图 5-5　重要海岛负荷密度对比示意图

### 1. 综合利用岛

综合利用岛年负荷曲线和日负荷曲线如图 5-6 所示。陆域面积大，人口集中，城镇化发展水平高，产业综合性强，用户以商业、居民、工业、物流为主，产业发展以现代服务业、高新技术产业和绿色先进制造业为主。例如舟山本岛、岱山岛、玉环岛、洞头岛均为市本级或县级所在地。玉环岛负荷密度 3.4，舟山本岛负荷密度 1.51。舟山本岛为舟山市所在地，具有得天独厚的区位和港口资源，又是我国著名的浴场和海洋渔业的重要基地。据统计，2005—2016 年得益于海洋经济的快速发展战略的实施，舟山本岛全社会用电量和最大负荷均保持了高速增长，全社会用电量年均增长 11.1%，对比同期全省的 8.02%，高出 3.08 个百分点。

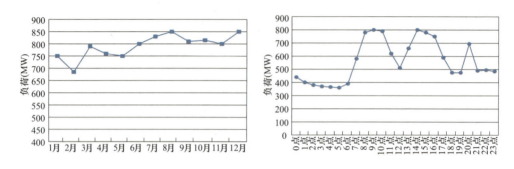

图 5-6 综合利用岛年负荷曲线和日负荷曲线

### 2. 港口物流岛

港口物流岛年负荷曲线和日负荷曲线如图 5-7 所示。用户以物流、居民为主，以集装箱或大宗商品储运、中转等临港产业为主，总体负荷密度较低，平均负荷密度 0.43，24 个港口物流岛因建设程度不同，负荷情况差异较大。嵊泗马迹山岛，面积仅 $1km^2$，为亚洲第一矿石中转深水大港，主要承担宝钢集团进口铁矿石中转业务，创下国内港口接卸最大载重量散货船纪录，2017 年最大用电负荷高达 13.5MW。岱山鼠浪湖岛，2009 年，开始"移山填海"的庞大港区建设工程，开山 580 万 $m^3$，填海 90 万 $m^2$，项目建成后，可满足宁波—舟山港适应长江三角洲及长江沿线地区钢铁企业的发展要求，解决长江三角洲地区外海大型矿石泊位接卸能力不足的问题，目前因在建项目尚未投产，主要为施工临时用电，最大负荷为 0.6MW。

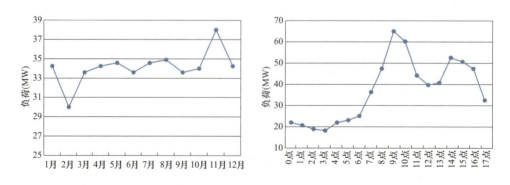

图 5-7 港口物流岛年负荷曲线和日负荷曲线

### 3. 临港工业岛

临港工业岛年负荷曲线和日负荷曲线如图 5-8 所示。以工业为主导产业，岛上大工业和普通工业用户集中，负荷密度大。最具代表性的宁波大榭岛，负荷密度12.75。于 1993 年 3 月成立宁波大榭开发区，享受国家级经济技术开发区政策，2016年，工业总产值 505.1 亿元，工业增加值 103.1 亿元，进出口总额 189.2 亿人民币，同比增长 12.6%。大榭岛大力发展"临港石化、港口物流、商贸服务"三大特色产业，形成了以临港产业为主导、以龙头企业为引领、以科技创新为动力的产业发展体系。

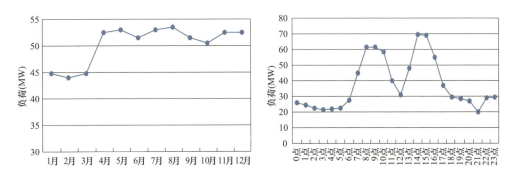

图 5-8　临港工业岛年负荷曲线和日负荷曲线

### 4. 清洁能源岛

清洁能源岛年负荷曲线和日负荷曲线如图 5-9 所示。用户以居民为主，以发展风电、太阳能、潮流能、海洋能、LNG 等新能源产业为主，推动清洁能源管理产业发展，负荷较轻，但需重点考虑清洁电力消纳和外送问题。例如：苍南县北关岛，为苍南县第一大岛，已建成的风电项目总投资 1.45 亿元，共安装 18 台机组，每台功率 780kW，年发电量达 2000 万 kWh。象山县高塘岛，于 2014 年并网发电的高塘岛风电场，共有 12 台 1.5MW 风力发电机组，总装机容量 18MW，每年约给电网提供 3139 万 kWh 的清洁能源。

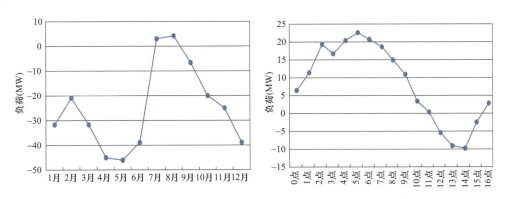

图 5-9　清洁能源岛年负荷曲线和日负荷曲线

### 5. 滨海旅游岛

滨海旅游岛年负荷曲线和日负荷曲线如图 5-10 所示。用户以商业、居民、旅游为主，依托海岛资源特色优势，按照"一岛一风格，一岛一特色"的思路，重点发展滨海观光、休闲度假、海洋文化、海鲜美食、休闲海钓、滨海体育、海洋生态等特色旅游，着力打造"浙江海岛之旅"高端休闲旅游品牌。例如朱家尖岛，岛上建有"普陀山民航机场"，是"普陀旅游金三角"海陆空交通枢纽，与舟山本岛间有跨海大桥连接。借助港口和机场优势，位于波音航空产业园的波音 737 完工和交付中心项目已经开工，未来对朱家尖岛的用电负荷将会产生较大影响。舟山普陀山，是以发展佛教旅游为主的国家 5A 级旅游景区，发展已基本成熟，产业结构明确，负荷增长缓慢。但年最大负荷出现在每年新年普陀山朝圣之际，相比其他地区最大负荷出现在夏季，特点明显。

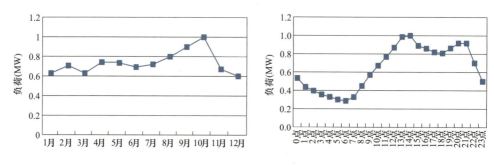

图 5-10　滨海旅游岛年负荷曲线和日负荷曲线

### 6. 现代渔业岛

鹿西岛微网系统示意图见图 5-11，现代渔业岛年负荷曲线和日负荷曲线见图 5-12。用户以商业、居民、旅游为主，以发展现代海洋捕捞、海水养殖、水产品加工贸易等产业为主，用地以山林、居住、工业为主。岛屿负荷较大，负荷的增长与人口、加工业的增长关系密切，整体增长速度较快。例如：台州茅埏岛，是浙江玉环县乐清湾中的第二大岛，依托海岛丰富的滩涂资源，发展高效生态海水养殖和特色渔业休闲产业，结合湿地保护和旅游综合开发项目，建设国际休闲度假基地。乐清市至玉环市的沿海高速将在"十三五"期内建成通车，位于交通中转站的茅埏岛将迎来快速发展契机，渔业观光旅游项目将迅速发展，用电负荷猛增。温州鹿西岛，重点渔业捕捞基地之一，北与台州地区的玉环市隔海相望，以渔业捕捞为主要产业。鹿西岛并网型微网系统，是国家 863 计划"含分布式电源的微电网关键技术研发"课题的两个示范工程之一，该系统可实现微电网并网与离网两种模式的灵活切换，该项目实现了微电网设计方法、控制保护策略、能量管理方法、优化运行策略及评价指标体系等的总和验证。

鹿西岛并网型微网系统组成

鹿西岛并网型微网系统通过接入岛上35kV鹿西变10kV
母线与大电网相连，配置了2台单机容量为780kW的风力
发电机组、300kWp光伏发电系统、4套500kW×2h铅酸电
池储能系统等。

图 5-11　鹿西岛微网系统示意图

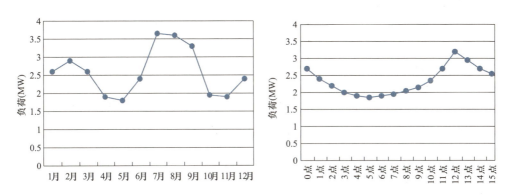

图 5-12　现代渔业岛年负荷曲线和日负荷曲线

## 7. 海洋科教岛

海洋科教岛年负荷曲线和日负荷曲线如图 5-13 所示。以发展海洋科研、教育、试验等功能为主。共两个岛屿，摘箬山岛和长峙岛。摘箬山岛，为浙大科技项目试验岛，是"海上浙江"示范基地。长峙岛，将建设养生基地，定位世界级"长峙岛现代养生模式"。本类岛屿的开发建设暂无重大进展，负荷极小。

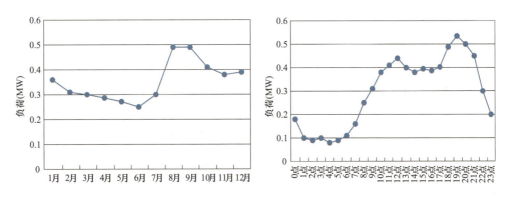

图 5-13　海洋科教岛年负荷曲线和日负荷曲线

### 8. 海洋生态岛

海洋生态岛年负荷曲线和日负荷曲线如图 5-14 所示。一般为已建成海洋自然保护区、海洋特别保护区等区域内的核心岛屿，且多为无人岛，没有负荷。台州披山岛，最终将建成远岸海岛体验、海空观光为特色的高端旅游服务基地，岛上主要负荷为常住人口和旅游人口的用电负荷。温州南麂岛，主要以旅游业、渔业捕捞、渔业加工等产业为主，已建成的南麂岛离网型风光柴储综合系统示范工程为国家"863"计划课题。

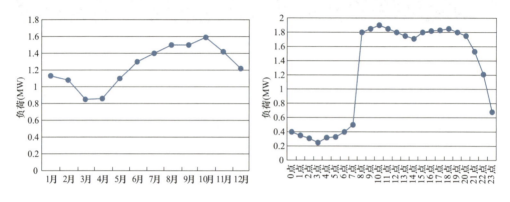

图 5-14　海洋生态岛年负荷曲线和日负荷曲线

### （二）海岛供电分析

#### 1. 供电方式

目前，海岛供电方式主要分为两种：联网和离网。联网型方式主要针对大型海岛，由于对电力需求总量和可靠性均有较高的要求，通过架空线、随桥电缆、海缆等输配电线路，实现海岛电网与大陆电网的连接，实现电能的统一调度和消纳，供电容量大、可靠性高。例如，舟山群岛地区的舟山主网通过 220kV 和 110kV 海缆与大陆电网相连；嵊泗电网通过 ±50kV 直流海缆与上海电网互联，与舟山主网通过 110kV 海缆互连。

离网型电网主要指脱离大电网独立运行的微型电网，主要有常规能源（如柴油发电）以及清洁能源光伏、风能、生物质能、潮流能等能源发电，辅以储能装置，为小型电网供电的电力网络。常见于偏远小岛的供电，由于最大负荷有限、输送距离较远、海岛面积狭窄，铺设海缆在技术经济以及通道保护方面需要付出更大代价，因此更需要围绕可再生能源为核心，开发清洁可靠的微电网。此外，偏远、小面积海岛上，淡水资源匮乏，通过建设微电网+海水淡化系统，不仅可以解决供电问题，甚至可以提供自给自足的淡水资源。

微电网是由分布式电源、储能系统、能量转换装置、监控和保护装置、负荷等汇集而成的小型发、配、用电系统，是一个具备自我控制和自我能量管理的自治系统，既可以与外部电网并网运行，也可以孤立运行。从微观看，微电网可以看作小型的电力系统；从宏观看，微电网可以认为是配电系统中的一个"虚拟"的电源或负荷。某些情况下，微电网在满足用户电能需求的同时，还能满足用户热能的需求。此时的微电网实际上是一个能源网。

将分布式电源组成微电网的形式运行，具有多方面的优点，例如：①有助于提高配电系统对分布式电源的接纳能力；②可有效提高间歇式可再生能源的利用效率，亦可降低配电网络损耗，优化配电网运行方式；③在电网严重故障时，可保证关键负荷供电，提高供电可靠性；④可用于解决偏远地区、海岛用户的饮水和供电问题。

南麂岛、鹿西岛微网示意图如图 5-15 所示。南麂岛风光柴储综合系统工程和鹿西岛风光储并网型微网示范工程，均为国家 863 计划"含分布式电源的微电网关键技术研发"课题示范工程。

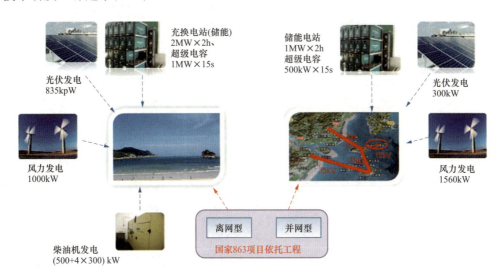

图 5-15　南麂岛、鹿西岛微网示意图

南麂岛风光柴储综合系统工程是一个集多种分布式电源的离网型微网系统工程，综合风力发电、光伏发电、柴油机发电多种分布式电源，并安装适量的储能系统来抑制可再生能源的间歇性和波动性，而且还结合电动汽车换流站、智能电表、用户交互等先进的智能电网技术，将南麂岛打造成了国内绿色能源示范作用的智能岛屿。

鹿西岛风光储并网型微网工程利用岛上已有的风力发电机组，并通过新建光伏发电，同时安装储能系统，形成风光储并网型微网。不仅为岛上用户提供清洁可再生的能源，符合国家的产业政策和浙江省对优化能源结构、保护环境，减少温室气体排放、节约能源的要求，而且能够对并网型微网的运行特性以及在运行过程中微网与大电网之间的交互影响进行分析验证。

经过调研统计，浙江沿海的 100 个重要海岛中，80 个海岛为联网型供电，10 个海岛为离网型供电，10 个海岛暂无电网。

按地市统计，嘉兴外蒲岛为联网供电外，舟山地区联网率最高，56 个海岛中，53 个实现联网供电，2 个离网供电，1 个无电网；温州地区联网率较低，17 个海岛中，8 个实现联网供电，4 个离网供电，5 个无电网。

如图 5-16 所示，按分类统计，综合利用、临港工业、海洋科教三种类型岛屿全部联网，海洋生态岛多为无用电状态。

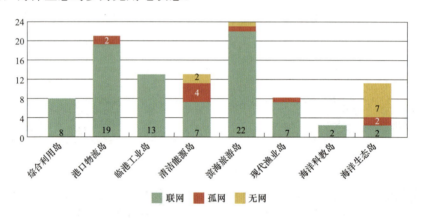

图 5-16　重要海岛联网情况示意图

### 2. 电压等级

电网电压等级的确定，与供电方式、供电负荷、供电距离等因素有关。离网型海岛主要为用户自发自用或清洁能源当地消纳为主，电压等级均为 10kV 及以下。最高电压等级直接关系海岛的供电能力，因此本报告仅对联网型 80 个海岛统计和分析其最高电压等级。

如图 5-17 所示，联网型海岛最高电压等级主要有 500、220、110、35、10（20）、0.4kV，占比分别为 1.3%、3.8%、15%、23.8%、55%、1.3%。其中 500kV 供电的是综合利用类型的台州玉环岛；0.4kV 供电的是滨海旅游类型的嘉兴外蒲岛。综合各电压等级，10（20）kV，占比最高，达 55%，共 44 个海岛（其中 2 个 20kV），500、0.4kV 供电的占比最低，仅为 1%。

如图 5-18 所示，综合分析八种类型联网型海岛，综合利用和港口物流类海岛以110kV 供电为主，其他类型海岛以 10kV 供电为主。

### 3. 电网结构

以 110kV 及以上电压等级为主供电源供电的海岛，电网发展相对成熟，同电压

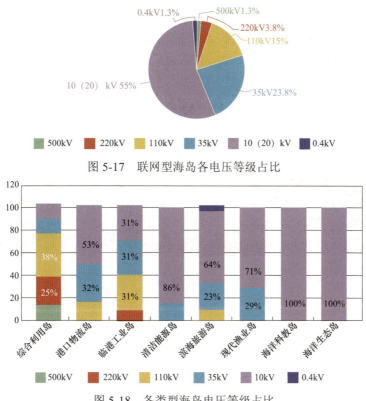

图 5-17　联网型海岛各电压等级占比

图 5-18　各类型海岛电压等级占比

等级线路均已形成环网或备用，配电自动化程度相对较高，可靠性高。以 35kV 电压等级供电的海岛，35kV 层基本实现一供一备，10kV 层多已形成联络，部分存在单辐射，配电自动化初步应用，供电可靠性较高；以 10kV 电压等级供电的海岛，基本实现和大陆其他 10kV 线路环网或手拉手，因供电距离远及配电自动化配置程度较低，可靠性和电压质量一般；以 0.4kV 电压等级供电的嘉兴外蒲岛，已形成 0.4kV 环网，且仅一个低压用户，尚可满足供电可靠性的需求。

### 4. 电网建设

国网浙江电力紧密围绕进一步提升全面小康社会水平、加快建设"两富""两美"现代化浙江的发展要求，认真贯彻国家电网公司和各级政府部署，立足浙江电网和海岛发展形势，着重解决海岛电网发展薄弱问题，在加大海岛电网建设投资、推进海岛经济社会发展、推广标准化建设、提高用电可靠性水平、服务新能源接入、促进清洁替代等方面进行了不懈努力。以下就近期完工或在建项目举例说明。

（1）海岛联网方面。

2017 年 12 月 7 日，位于浙江册子岛的 380m 世界最高输电铁塔完成首个平台搭设，作为舟山 500kV 联网工程的重要组成部分，这一技术难题的攻克标志着舟山 500kV 联网输变电工程进入了新的阶段。舟山册子岛输电铁塔平台搭设如图 5-19 所示。

图 5-19 舟山册子岛输电铁塔平台搭设

220kV 鱼山输变电工程，目前正在建设来自 500kV 舟山变电站的双回 220kV 线路，工程总投资 11.5 亿元。本期新建架空线路 69.55km、海缆 38.8km，陆上电缆 7km。根据电网规划，远景实现 5 回 220kV 线路向大鱼山供电，其中 3 回海缆连接定海电网、2 回桥缆连接岱山电网。大鱼山岛，是浙江石化 4000 万 t 炼化项目所在地，目前正在开展 40km$^2$ 陆域面积的围垦工程和石化基地前期建设，预计项目建成后负荷将达到 1700MW 左右。岱山大鱼山岛炼化项目建设中及建成效果图如图 5-20 所示。

建设中照片　　　　　　　　　　　　　建成后效果图

图 5-20 岱山大鱼山岛炼化项目建设中及建成效果图

2017 年 11 月 17 日，披山岛通大电网工程正式完工，标志着披山岛、大鹿岛与大电网的正式连通。披山岛位于玉环市坎门镇东约 23km，是台州玉环最偏远的海岛之一。该工程共敷设 10kV 电缆 18.3km，其中海底电缆 15.5km，岛上线路 2.8km，新建和改建开关站 3 座、配电变压器 3 台，工程总投资 2600 余万元。玉环通大网电工程是纳入国网浙江电力重点联网的供电项目，保障了岛上边防部队和军民可靠用电。

（2）综合能源示范方面。

"十二五"期间，建成的南麂岛风光柴储综合系统工程和鹿西岛风光储并网型微网示范工程，均为国家 863 计划"含分布式电源的微电网关键技术研发"课题示范工程。两个综合能源供电工程不仅为岛上用户提供清洁可再生的能源，保护环境，减少温室气体排放、节约能源，而且能够对并网型微网的运行特性以及在运行过程中微网与大电网之间的交互影响等分析提供有力依据。

台州大陈岛，目前台州电力公司正着力推动大陈岛能源综合示范工程建设，充分利用光伏发电、潮流能发电、沼气发电等绿色可再生能源发电技术，有机融合氢储能等先进储能技术和分（低）频输电技术，大力推广港口船舶岸电、绿色能源交通，建立全岛能源网络管理体系，最终实现"绿色低碳、智慧高效、友好便捷、坚强可靠"的世界一流新型海岛智慧绿色能源网络。

### （三）存在问题分析

在推进沿海岛屿电网发展工作中，国网浙江电力因地制宜，抓准重点，在海岛联网工程建设、清洁能源替代、微电网试点等方面不断探索、创新实践，经过近几年的努力，在海岛电网建设上取得了一定成效，但同时也存在一些问题，如图 5-21 所示。

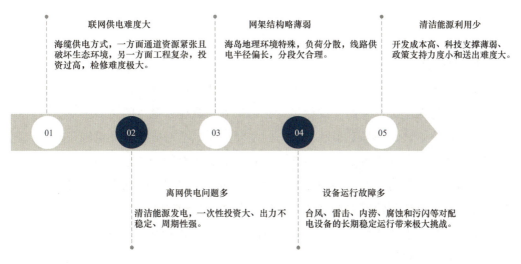

图 5-21　海岛电网存在问题

### 1. 联网供电难度大

偏远海岛与大陆的联网存在天然屏障，常规的架空线路输配电无法解决跨度问题。而目前常用的海缆供电方式，一方面故障频繁，可靠性不高，另一方面工程复杂，投资过高，检修难度极大。国内外的海缆运行经验可见，海缆通道无法实施安全监管，一旦发生故障或外力破坏，极易造成全岛停电。海上渔船抛锚、海底拖网等外力破坏经常造成海缆损坏，修复难度大且耗时较长。在过去，海底光缆、电缆等海底设施遭到意外破坏造成大面积断网、断电的情况屡见不鲜。

### 2. 离网供电问题多

部分偏远、小面积海岛用电以生活用电和旅游用电为主，用户少，负荷有限且波动大，多数采用柴油发电和清洁能源发电结合的方式。清洁能源发电，一次性投资大、运行年限达不到回收周期，且出力不稳定、周期性强，仅能作补充电源使用。柴油发电出力占比较高，一般达70%以上，既消耗不可再生的化石能源，又因排放问题对环境造成污染，且成本较高。

另外，由于气象环境复杂、设备质量参差不齐、维护力度欠缺，也引起较多问题。例如由于海雾的影响，造成光伏出力随环境湿度波动性强，达不到预期出力；由于鸟粪的污染，造成光伏面板污损严重，影响正常发电；受海岛湍流影响，风机过快过频加减速，引起风电设备损坏；风机的低频噪声，对附近居民造成噪声污染，产生不良社会影响等。

### 3. 网架结构略薄弱

35kV电网，由于缺少220kV和110kV变电站布点，部分35kV变电站采用非标准接线形式，不满足"N-1"，供电可靠性差。10kV电网配电自动化配置程度低，且存在单辐射接线、不标准接线、转供能力不足、线路供电半径偏长、分段欠合理等问题。

### 4. 设备运行故障多

海岛配电网相对于内陆配电网气候条件、自然灾害频发，台风、雷击、内涝、腐蚀和污闪等对配电设备的长期稳定运行带来极大挑战。台风的主要影响包括直接造成架空线路断线、倒杆等事故；雷击的主要影响包括造成断线、绝缘子击穿、配电变压器损毁等；内涝主要由暴雨天气引起，造成配电设备进水短路、线杆倾倒等影响；腐蚀主要分为大气腐蚀和土壤腐蚀，长期裸露在空气中的电气设备被潮湿、高盐雾的空气氧化腐蚀严重，与土壤接触的角铁、圆钢等接地装置仅两三年时间即被腐蚀到原尺寸的1/3左右；污闪主要是由盐雾空气引起绝缘子的污闪，造成线路跳闸，引起大面积停电。

### 5. 清洁能源利用少

由于地理位置上的优势，海岛可再生能源（如太阳能、风能、海洋能等）储量丰富，但实际因开发成本高、科技支撑薄弱、政策支持力度小等原因，导致新能源开发进度缓慢，整体利用程度有待提高。

## 三、海岛电网规划

### （一）规划覆盖情况

为配合国家海洋经济发展战略，推进国家清洁能源示范省建设，浙江省电力公司重点把发挥规划引领、加快沿海岛屿电网发展作为当前一项首要工作。

2012 年，浙江省电力公司联合国内多家科研院所，申请了国家 863 计划课题，开展温州平阳县南麂岛离网型风光柴储综合系统和洞头县鹿西岛并网型微电网两个示范工程建设。

2015 年编制并于 2017 年滚动修编的《浙江省"十三五"配电网规划》，涵盖了"大湾区"建设全域范围的配电网规划，涉及了杭州湾、温州湾、台州湾等重要湾区，并且重点考虑了沿海岛屿的电网规划、负荷预测、投资分析等内容。各地区海岛规划覆盖情况如图 5-22 所示。

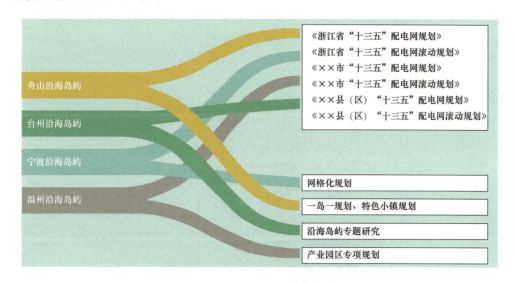

图 5-22　各地区海岛规划覆盖情况

各地市、县电力公司紧跟省公司步伐，将海岛电网规划纳入区域电网规划，部分地市公司还开展了涉及岛屿的网格化规划、沿海岛屿专题研究，甚至一岛一规划。

2017 年初，台州电力公司致力于提升电网规划水平，着手开展沿海岛屿供电课题研究，年中即已完成初稿编制，后经五轮评审，已完成《台州沿海可开发岛屿电网建设方案专题研究》报告。报告中对沿海岛屿的电力负荷预测、发展思路、建设方案等进行了创新性的研究。2015 年，台州电力公司编制《台州市"十三五"配电网规划》时，及时掌握了玉环披山岛的发展需求，因此规划中重点研究并确定了披山连通鸡山、大鹿岛和披山岛的大网电工程。目前，该项目已投产运行。

舟山电力公司作为全省海岛最多的地区公司，在海岛电网规划和建设方面积累了丰富的经验，先后开展了区域范围内的重要海岛网格化规划，以及"一岛一规划"，对全市电网规划进行了逐级细化。舟山大鱼山岛，是浙江石化 4000 万吨炼化项目所在地，预计项目建成后负荷将达到 1700MW 左右，因此舟山电力公司在"十三五"

电网规划中考虑了投资 11.5 亿元建设 220kV 鱼山输变电工程,目前该工程变电站主体建设部分已建成。

温州电力公司,在规划中重点考虑抢占增量配电市场的措施和对策,提出了"争取主动,取得配网规划主导权"的措施,抢先完成增量配电市场试点区域的"十三五"配电网发展规划,并提交市发改委,确立公司的规划主导权,从而确保在规划层面就具备发展优势。

此外,台州、舟山、宁波、温州、嘉兴电力公司借助 2017 年省电力公司开展的特色小镇配电网规划劳动竞赛,突出特点、因岛施策,针对重要海岛开展了特色小镇规划,打造一批优秀的海岛电网专项规划成果。其中有温州洞头小门岛石化产业园区专项规划,瓯江口新区配电网控制性布局规划,台州玉环市经济开发区配电设施布局规划,舟山市普陀区、嵊泗六岛、长峙岛、朱家尖配电网规划等。浙江省海岛规划覆盖示意图如图 5-23 所示。

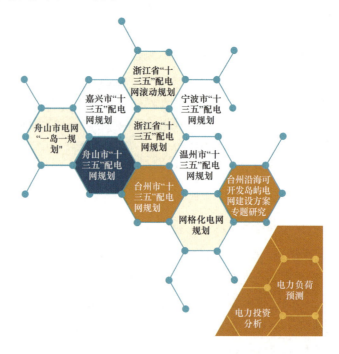

图 5-23  浙江省海岛规划覆盖示意图

统计显示,90 个有电网的重要海岛已实现电网规划全覆盖,10 个无电网海岛中,1 个已有电网规划,其余 9 个,因暂无政府规划和开发预期,尚无电网规划。综上所述,100 个重要海岛电网规划覆盖率达 91%。

**（二）规划及投资分析**

"十三五"期间,沿海岛屿电网投资占比情况如下:

如图 5-24 所示，按电压等级划分，500kV 电网投资占比约 44%，220kV 电网投资占比约 25%，110kV 电网投资占比 7%，35kV 电网投资占比约 2%，10kV 及以下电网投资占比约 22%。

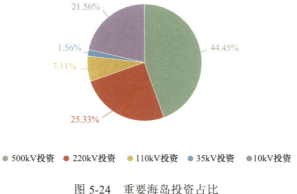

图 5-24　重要海岛投资占比

按投资分类划分，主要包括新增负荷需求、网架结构优化、联网工程海缆建设、清洁能源送出等。

按海岛供电方式划分，"十三五"电网投资，主要涉及联网型和离网型海岛。其中，联网型海岛投资 101.73 亿元，离网型海岛投资 0.27 亿元。

如图 5-25 所示，按海岛类型划分，八种类型海岛均有投资，其中综合利用岛、临港工业岛、清洁能源岛占比较高，分别为 36.21%、31.02%、23.04%；海洋生态岛、现代渔业岛、海洋科教岛占比不足 1%，分别为 0.47%、0.30%、0.26%。

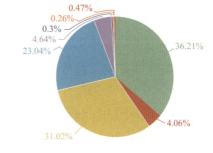

图 5-25　各类型岛屿投资情况

按区域划分，舟山地区投资占比最高，达 90.40%，宁波、台州、嘉兴、温州占比较低，分别为 7.32%、2.00%、0.18%、0.09%。

## 四、电网建设原则

如图 5-26 所示，海岛电网的建设原则、设备选型应严格按照现行国家、行业标准规范执行，既要满足可靠性、灵活性的要求，又应根据不同海岛的经济社会发展水平、用户性质和环境要求等情况，采用差异化、适应性的建设标准。

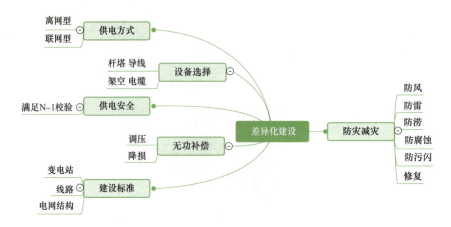

图 5-26　差异化海岛电网建设原则

### （一）供电方式选择

海岛供电主要分为联网型和离网型。对于中大型群岛而言，由于对电力需求总量和可靠性均有较高的要求，因此往往通过海缆与大陆联网，采用联网型供电模式。对于偏远小岛而言，由于最大负荷有限、输送距离较远、岛屿面积狭窄，铺设海缆在技术与经济方面需要付出更大代价，因此更需要围绕可再生能源为核心，开发清洁可靠的微电网，采用离网型供电模式。

海岛用电成本主要包含电网建设费用、运维检修费用和发电成本；电网建设费用主要与岛屿负荷的大小、岛屿与大陆距离的远近等有关，运维检修费用与电网规模的大小及技术成熟度、自然条件等有关，发电成本主要为柴油发电成本高于常规能源发电。

通过全寿命周期成本测算，即综合投资成本、运行成本、检修维护成本、故障成本、处置成本，结合抽样分析，计算得出。当岛屿负荷越大、距离陆地越近时采用联网型供电的投资成本将远小于离网型供电的投资成本；只有在岛屿负荷较小、距离陆地较远时离网型供电的投资成本接近于联网型供电的投资成本。

经过以上分析，对岛屿供电方式的选择做如下推荐。

（1）联网型供电条件：负荷大于 2MW。

（2）离网型供电条件：①负荷小于 0.5MW，距离大于 10km；②负荷在 0.5～1MW 之间，距离大于 20km；③负荷在 1～1.5MW 之间，距离大于 25km；④负荷在 1.5～2MW 之间，距离大于 30km。

### （二）供电安全准则

岛屿的供电可靠性主要体现在配电网是否满足"N-1"校验，根据岛屿供电可靠性推荐以下供电安全准则。沿海岛屿规划目标如表 5-1 所示。

表 5-1                      沿 海 岛 屿 规 划 目 标

| 岛屿类型 | 供电安全准则 |
|---|---|
| 综合利用岛 | 应满足 N-1 |
| 滨海旅游岛 | |
| 港口物流岛 | 宜满足 N-1 |
| 临港工业岛 | |
| 现代渔业岛 | |
| 清洁能源岛 | 可满足 N-1 |
| 海洋科教岛 | |

## （三）建设参考标准

沿海岛屿配电网建设基本参考标准如表 5-2 所示。

表 5-2                  沿海岛屿配电网建设基本参考标准

| 岛屿类型 | 变电站 | | | 线路 | | 电网结构 | |
|---|---|---|---|---|---|---|---|
| | 建设原则 | 变电站形式 | 变压器容量 | 建设原则 | 线路型式 | 110～35kV 电网 | 10kV 电网 |
| 综合利用岛 | 土建一次建成主变可分期建设 | 户内或半户内 | 大容量或中容量 | 廊道一次到位，导线截面一次选定 | 电缆线路 | 链式、环网为主 | 双环网或单环网 |
| 滨海旅游岛 | | | | | | | |
| 港口物流岛 | | 半户内或户外 | 中容量或小容量 | | 架空线路、电缆 | | 单环网、适度联络或者单联络 |
| 临港工业岛 | | | | | | | |
| 现代渔业岛 | | | | | | | |
| 清洁能源岛 | | | 小容量 | | 架空线路 | 辐射为主 | 单联络或单辐射 |
| 海洋科教岛 | | | | | | | |
| 海洋生态岛 | | | | | | | |

## （四）线路设备选择

岛屿上电缆线、架空线等设备的选型，需采用防潮、防盐、防凝露、防尘、防腐型，允分考虑海岛所处的海洋气候。

10kV 配电网应有较强的适应性，主干线截面宜综合饱和负荷状况、线路全寿命周期一次选定。导线截面选择应系列化，同一规划区的主干导线截面不宜超过 3 种。

### 1. 架空线路

港口物流岛、临港工业岛、现代渔业岛对景观的要求不高，可采用投资较低的架空线路供电。

海岛上树木茂盛、紫外线光照强烈，且常见雨、冰雹、风沙等恶劣气候，适合采用绝缘导线供电，其最明显特点是耐气候老化和可以减小与其他物体的间距。

### 2. 电缆线路

综合利用岛、滨海旅游岛对景观的要求较高宜采用电缆线路供电，其他类型海岛因通道受限、所处环境恶劣（如台风频发）也可采用电缆线路供电。海岛上的电缆宜选择抗氧化、耐腐蚀、电阻率低、延展性好的铜芯电缆。

海岛采用联网型供电模式时，陆地至岛屿往往采用海底电缆（跨海架空线路具有施工难度大、投资高、影响航道等缺点）。但因海底电缆的施工难度大、施工费用昂贵，所以海缆的选择应充分考虑岛屿远景年负荷，一次选定。

### 3. 杆塔

直线杆一般采用水泥杆，大档距的双回直线杆（不能打拉线的情况下）可以采用钢管杆；转角杆可以采用水泥杆（可以打拉线的情况下）设计或全部采用钢管杆。

绝缘导线的设计中：①单回路杆档距小于 80m，可以采用水泥杆；②双回路的直线杆在档距大于临界值（受杆端根部弯距控制）时、或杆型是转角杆时、均可以考虑钢管杆。

裸导线的设计：①大部分采用水泥杆（+拉线）设计；②在部分确实需要钢管杆的地方使用钢管杆。

防台措施：海岛地区常年的台风风速实际上已经高出浙 A 气象区的风速数值，如若 10kV 全线提高设计等级，会大大提高整体造价，根据线路运行实际经验，耐张段 500m 左右二端的耐张杆采用钢管杆，对于抵御台风、减少台风的损失起到了明显的作用。

### （五）防灾减灾技术

海岛配电网相对于内陆配电网所面临的特殊因素及遭受的自然灾害更为突出。防灾减灾应从规划源头着手，以全寿命周期成本最优的原则提高配电网的建设标准。

海岛电网面临的首要问题是防止大面积甚至全岛停电。此外，还需重点考虑的是台风、雷击、内涝、腐蚀和污闪等灾害的影响。针对灾害对海岛不同区域的影响程度、线路在系统中的不同地位和作用、停电的影响程度及地形地貌等因素，可以采取差异化防灾规划建设原则。

### 1. 防大面积停电原则

（1）优先争取桥缆通道，建设可靠性更高的桥缆，做海岛供电的主供电源。

（2）联网供电的海岛，也应根据海岛实际发展综合能源服务或配置大规模储能，确保重要用户的不间断供电。

（3）主供海岛的输电线路要按多条通道，多个方向来进行规划和实施，每条通道输送容量占海岛最大负荷比例不宜过大，故障失去一条通道不应导致电网崩溃。

（4）电网结构要力求合理，尽快消除电网的薄弱环节。避免和消除严重影响系统安全稳定运行的高低压电磁环网运行，要采取稳定控制措施防止系统稳定破坏，并要采取后备措施以限制系统稳定破坏后的影响范围。

### 2. 防风技术原则

（1）沿海岸区域的新建改造的城区和重要用户供电线路宜电缆化，保障城区重要用户的供电可靠性。

（2）装设防风拉线。一般情况下，优先采用加装防风拉线进行加固，或在综合加固实施前，加装拉线作为临时性防风措施。

（3）加固电杆基础。不具备拉线条件的，更换电杆并配置基础；对其他没有加固的直线电杆，其埋深不满足要求时，应加固基础；电杆基础加固处理应根据电杆所处的位置，因地制宜，选择适当的基础加固方式。

（4）缩短耐张段长度。应整条线路统筹考虑，增设耐张杆塔，缩短耐张段长度，将各个耐张段长度控制在适当范围内。

### 3. 防雷技术原则

（1）新建改建线路走廊宜选择地势平坦地区，避免线路走廊建设在地势较高易受雷击处。

（2）新建改建线路在城镇和林区采用绝缘架空导线，农村及空旷平原地区线路宜使用裸导线，避免雷击断线。

（3）沿海岸城区、高负荷密度区、旅游景区应提高电缆化率；空旷并有雷击断线记录地区架空线路加装避雷器；结合防风策略中增加的耐张杆（塔），增设线路避雷器；降低接地电阻，改善接地极；农村空旷地区使用架空裸导线，避免雷击断线；给重要用户供电的 10kV 线路，至少 1 回线路采用电缆形式，提高重要用户的防灾抗灾能力，保障可靠供电。

### 4. 防内涝技术原则

（1）新建改建线路宜选择地势高、平坦的地方，避免在低洼处建设新走廊。

（2）新建改建线路宜选择地质良好地区，避免在地质松软易积水处选择线路走廊。

（3）新建开关站、环网室、配电室不建在建筑物最底层。

（4）对曾被水淹的配电室进行防涝改造，曾被水淹的配电线路或设备进行迁建。

### 5. 防腐蚀技术原则

（1）盐害地区配电线路应尽量选定有树木、建筑物等有遮蔽的路径，避免选择直接遭受含盐分的海风吹扫的区域、直接遭受海水飞沫的区域和含盐海风密集的区域。

（2）盐害地区的高压导线可采用铜导线，不宜使用钢芯铝绞线。

（3）原则上重盐地区不使用绝缘导线，若使用绝缘导线必须将导线、各引接点、终端和跳线完全密封（防水护盖或防水胶带），确保水雾及盐分无法浸入，并应定期巡视检查各检测点有无松脱情形。

（4）绝缘导线终端装置、跳线连接处等需要剥除导线绝缘层时，尽量缩短剥除长度。

（5）高压绝缘导线引下线、相互接续处（连接处）、与柱上开关连接处及导线末端处（使用绝缘罩）等均需做密封处理，并使用自粘防水胶带严密包扎。

（6）低压线采用 PVC 线，接头采用 C 型压接套管压接并需以绝缘塑料带严密包扎。

### 6. 防污闪技术原则

（1）对于盐雾污秽严重区域的柱式绝缘子，应视盐、尘害情形定期清洗盐尘附着物或更换。

（2）增加悬垂绝缘子个数，以增加爬电距离，并应定期巡视清洗盐尘附着物。

（3）为防止绝缘子污损，在安装杆线及绝缘子时，应考虑海风及季节风向，以背对风向为原则，减少盐尘附着量。

（4）高压线路可考虑采用瓷横担，三相线路全部采用横担梢（不使用顶梢）。

### 7. 防灾修复技术原则

（1）线路受灾故障后，避免原址原样修复，应按照防灾原则进行修复。

（2）台风灾害过后，分析电网正常运行时存在的问题和不足，修复同时完成线路正常改造和消缺工作。

（3）配合配电自动化，对配电网进行实时监控，及时发现并消除隐患和故障。

（4）建立救灾物资库，物资储备可以加快灾后复建工作进程，缩短停电时间。

## 五、供电需求展望

### （一）负荷预测

目前，沿海岛屿多数开发程度较低，负荷增长不明显，但随着"大湾区"建设的全面铺开，未来电力负荷发展潜力较大。考虑到海岛情况特殊，数量多、差异大，因此本书针对不同海岛类型，结合电动汽车、船舶岸电等的影响分析，采用针对性、差异化的预测方法，综合预测远景负荷。

#### 1. 差异化负荷预测方法

（1）建筑负荷密度法。

建筑负荷密度法属于空间负荷预测法的一种，主要针对已有控制性详细规划的岛屿，可以采用此方法。根据配电系统电流流向，配电网负荷层次结构由高到低分为变电站负荷层、馈线负荷层、配变负荷层。与控制性详细规划对应起来，街区的负荷预测实质上是对街区范围内配变的负荷预测；功能分区负荷预测实质上是对功能分区范围内馈线的负荷预测；规划分区负荷预测实质上是对规划分区范围内变电站的负荷预测。

综合各类岛屿现状，在建筑指标的采用上，综合利用岛、滨海旅游岛宜采用高方案；港口物流岛、临港工业岛、现代渔业岛宜采用中方案；清洁能源岛、海洋科教岛、海洋生态岛宜采用低方案。

（2）占地负荷密度法。

占地负荷密度法也属于空间负荷预测法的一种，与建筑负荷密度法类似，针对仅有总体规划的岛屿，可采用此方法。当海岛仅有总体规划时，可以采用占地负荷密度法进行远景年饱和负荷的预测。方案选取与建筑负荷密度法类似。

（3）人均用电负荷法。

人均用电负荷法主要用于用地规划主要为商业、居住的地区，根据人口数量进行计算。步骤为，首先用饱和年人均用电量乘以规划总人口得到饱和年的总电量，然后除于远景年最大负荷利用小时数得到饱和负荷。资料显示，浙江地区用电水平较高的城市远景年人均用电负荷将达到 1.8～2.2kW，用电水平中上的城市达到 1.3～2kW，用电水平中等的城市达到 0.9～1.4kW，用电水平较低的城市达到 0.5～1kW。

当海岛采用人均负荷法进行远景年饱和负荷的预测时，综合利用岛、港口物流岛、临港工业岛的人均负荷宜控制在 1.5～2kW，滨海旅游岛、现代渔业岛宜控制在1～1.5kW，清洁能源岛、海洋科教岛、海洋生态岛宜控制在 0.5～1kW。

（4）年均增长率法。

年均增长率法对于已经有一定开发规模，近中期报装用户不多、负荷平稳增长且有历史年用电负荷数据的海岛适合用年均增长预测近中期的负荷。增长率法是趋势外推法的一种，根据历年全社会用电负荷的历史增长规律，并综合未来国民经济发展规划和专家意见，估算出今后的用电负荷的平均增长率，在一定的时期内采用同一增长率来测算，也可采用分阶段的不同增长率来测算。

针对不同类型海岛，在增长率选择上，港口物流、临港工业岛的年均增长率宜为 10%～30%，综合利用、滨海旅游、现代渔业岛宜为 5%～10%，清洁能源、海洋科教、海洋生态岛宜为 2%～5%。

（5）大用户加自然增长法。

对于近中期地块开发较多、负荷跳跃式增长的岛屿适合采用大用户加自然增长率法预测近中期的负荷，即岛屿现状线路负荷用自然增长法预测，再加上岛屿内各年新增的大用户负荷，作为岛屿的近中期负荷预测结果。

区域负荷=现状负荷自然增长+大用户负荷。大用户负荷采用空间负荷预测法和S 型曲线法：首先根据开发地块的用地性质、占地面积、容积率、负荷密度指标等资料，采用空间负荷预测法确定开发地块的远景饱和负荷（如大用户已有报装容量，则用负载率乘容量直接预测大用户负荷），然后根据开发地块建成投产时间，采用 S 型曲线法预测中间年的负荷。针对性的负荷预测方法如图 5-27 所示。

图 5-27　针对性的负荷预测方法

结合以上预测方法，根据前述各类型岛屿的用地规划、产业发展、负荷情况、用户构成、历史负荷情况，推荐采用以下负荷预测方法，如表 5-3 所示。

表 5-3　　　　　　　　　各类型岛屿负荷预测方法及指标设定

| 序号 | 岛屿类型 | 用地类型 | 产业发展 | 负荷预测方法 | 推荐负荷密度（MW/km²） | 推荐人均负荷（kW） |
|---|---|---|---|---|---|---|
| 1 | 综合利用岛 | 商业、居住、工业、物流为主 | 现代服务业、高新技术产业和绿色先进制造业 | 建筑负荷密度法、占地负荷密度法、人均用电负荷法 | 6～15 | 1.5～2 |
| 2 | 港口物流岛 | 物流、居住为主 | 集装箱储运和大宗散货储运、加工、贸易、博览展示 | 占地负荷密度法、大用户加自然增长率法 | 6～15 | 1.5～2 |
| 3 | 临港工业岛 | 工业、居住为主 | 临港型石油化工、重型装备制造、船舶修造、大宗物资加工等工业为主 | 占地负荷密度法、大用户加自然增长率法 | 6～15 | 1.5～2 |
| 4 | 清洁能源岛 | 山林、居住为主 | 发展核电、风电、潮汐能、潮流能、LNG（液化天然气）、太阳能等新能源产业 | 占地负荷密度法、人均用电负荷法 | 0.1～1 | 0.5～1 |
| 5 | 滨海旅游岛 | 山林、商业、居住为主 | 发展滨海观光、休闲度假、海洋文化、海洋生态等特色滨海旅游业为主 | 建筑负荷密度法、人均用电负荷法 | 1～6 | 1～1.5 |

续表

| 序号 | 岛屿类型 | 用地类型 | 产业发展 | 负荷预测方法 | 推荐负荷密度（MW/km²） | 推荐人均负荷（kW） |
|---|---|---|---|---|---|---|
| 6 | 现代渔业岛 | 山林、居住、工业为主 | 发展现代海洋捕捞、海水养殖、水产品加工贸易等为主 | 占地负荷密度法、人均用电负荷法 | 1～6 | 1～1.5 |
| 7 | 海洋科教岛 | 山林、居住为主 | 从事海洋科研、教育、试验等功能 | 占地负荷密度法、人均用电负荷法 | 0.1～1 | 0.5～1 |
| 8 | 海洋生态岛 | 山林、居住为主 | 保护海岛及其周边海域的海洋生态环境、海洋生物与非生物资源等为主 | 占地负荷密度法、人均用电负荷法 | 0.1～1 | 0.5～1 |

### 2. 电动汽车和港口岸电对负荷的影响

随着电能替代用电设备电动汽车、港口岸电等接入电网，其规模、接入位置、调控策略等因素，都会对电网的负荷产生影响。新增的负荷不仅会影响局部配电网的负荷平衡，聚集性使用可能会导致局部地区的供电能力不足；不同电能替代用电负荷的叠加或负荷高峰时段的集中使用等行为将会加重配电网负担。当多项用电设备在负荷高峰时刻使用时，产生的电网电流需求会使电力系统过载，使剩余电量储备增加，使电网效率降低。随着电动汽车和港口岸电等电能替代项目的快速发展，海岛负荷预测中必须充分考虑其对系统负荷的影响。

（1）电动汽车。

浙江省是国内电动汽车研发和应用推广较早的地区之一。2013年，杭州、金华、绍兴、湖州和宁波被批准为国家第二轮新能源汽车推广示范城市（群）。截至2016年年底，浙江省共推广电动汽车4.6万辆。采用各类电动汽车充电负荷模型，预测2017年和2020年充电负荷。电动汽车充电负荷特性如图5-28所示。

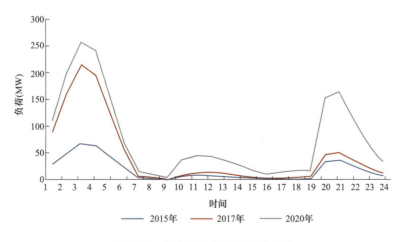

图 5-28 电动汽车典型日负荷曲线

117

电动汽车负荷对季节不敏感，仅在单日具有明显的波动特性。从图 5-28 可以看出，电动汽车集中充电时间区间分布在：①22:00～次日 5:00（公交车在夜间充电）；②8:00～14:00。

从图 5-29 可知，受现行峰谷电价引导，电动公交车、私家车主要在低谷时段充电，若考虑在 22:00 谷价起始时刻集中充电的极端情况，则 22:00～23:00 的充电负荷远远大于其他时刻，并与浙江省统调负荷 22:15 二次晚峰时间重叠。

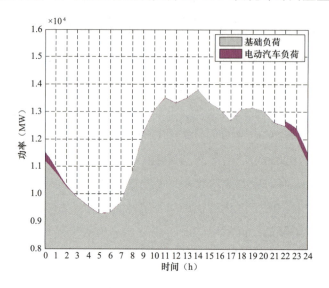

图 5-29　某区域电动汽车充电负荷与系统负荷关系

（2）港口岸电。

在浙江省内的沿海城市全面推广港口岸电，为停泊在港口的船舶供电，以及应用电动装卸工具，实现电能替代燃油。浙江省内的宁波舟山港 2015 年货物吞吐量位居全球第 1，集装箱吞吐量全球第 4，且位于 21 世纪海上丝绸之路，目标建成世界上最大的现代化港口，具有巨大的电能替代潜力。

如图 5-30 和图 5-31 所示，船舶岸电业大用户主要用电设备多为周期工作，出现双峰双谷，高峰一般出现在 9:00～10:00、15:00～17:00 之间。主要原因是夏季天气炎热，空调负荷和生产负荷叠加形成高峰，使得夏季用电高峰集中在中午、下午时段；用电低谷在 12:00～14:00 之间，主要夏季中午过于炎热，工人大多休息，只保证一些必要设备的运行。冬、夏季典型日负荷曲线大致相同，说明船舶岸电行业负荷特性受季节性变化很小，受工作时制影响较大。

### 3. 分类负荷预测举例

（1）商业、居住为主的综合利用岛、滨海旅游岛，控规和总规资料齐全，选取长崎岛、大洋山岛采用建筑负荷密度法预测远景负荷。

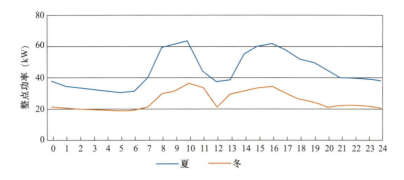

图 5-30　港口岸电夏季典型日和冬季典型日负荷曲线

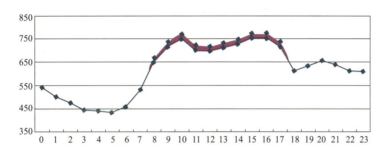

图 5-31　舟山港口岸电负荷对系统负荷的影响

1）长峙岛。

长峙岛属于新开发区域，是临城区的辐射地带，集居住、旅游观光为一体，近期绿城集团已在该区域内大面积动工，未来居住小区、校园配套等负荷较现状而言将出现猛增，该规划区的负荷增长符合 S 型曲线增长规律。2015 年，长峙岛最大负荷 6.42MW，根据各项目开发次序及施工负荷的变化规律对各性质负荷增长情况增加以下考虑：①住宅负荷：建成首年负荷为终期负荷的 5%，年均增长 30%直至饱和；②商业及酒店负荷：建成首年负荷为终期负荷的 20%，年均增长 20%直至饱和；③市政设施、学校、医院负荷：建成首年负荷为终期负荷的 40%，年均增长 20%直至饱和；④施工及临时性负荷：近 10 年内保持不变，随后逐年下降 20%直至消失；⑤2015 年，实际 10kV 负荷同时率为 0.75，同时率随地块数量及负荷种类的增加逐步减小。

预测长峙岛远景供电负荷为 84.372MW，长峙岛规划区总面积为 7.85km²，其中城市建设用地 5.61km²；计算得到规划区平均负荷密度为 10.75MW/km²，其中建设用地平均负荷密度为 15.04MW/km²，如图 5-32 所示。

2）大洋山岛。

大洋山岛有总体规划和控制性详细规划，发展定位比较明确，采用建筑负荷密度法进行预测。根据规划用地面积及对应的负荷密度指标计算得到：大洋山岛有用地规划的地区建筑负荷约为 25.9MW，最大负荷为 22.44MW，平均负荷密度为

6.45MW/km²，具体结果如表 5-4 所示。

| 项目名称 | 装接容量(kVA) | 预测负荷(kW) | 2015年 | 2016年 | 2017年 | 2018年 | 2019年 | 2020年 | 2021年 | 2022年 | 2023年 | 2024年 | 2025年 | 2026年 | 2027年 | 2028年 | 2029年 | 2030年 | 远景饱和年 |
|---|---|---|---|---|---|---|---|---|---|---|---|---|---|---|---|---|---|---|---|
| 香樟苑 | 14100 | 8108 | 242 | 315 | 409 | 532 | 691 | 899 | 1168 | 1519 | 1974 | 2566 | 3336 | 4337 | 5638 | 7330 | 8108 | 8108 | 8108 |
| 羽枝苑 | 3600 | 2070 | 102 | 133 | 172 | 224 | 291 | 379 | 492 | 640 | 832 | 1082 | 1406 | 1828 | 2070 | 2070 | 2070 | 2070 | 2070 |
| 长峙岛1#污水泵站 | 315 | 181 | 85 | 102 | 122 | 147 | 176 | 181 | 181 | 181 | 181 | 181 | 181 | 181 | 181 | 181 | 181 | 181 | 181 |
| 长峙岛2#污水泵站 | 200 | 115 | 68 | 82 | 115 | 115 | 115 | 115 | 115 | 115 | 115 | 115 | 115 | 115 | 115 | 115 | 115 | 115 | 115 |
| 浙江海洋学院 | 33000 | 11385 | 4215 | 5058 | 6070 | 7284 | 8740 | 10488 | 11385 | 11385 | 11385 | 11385 | 11385 | 11385 | 11385 | 11385 | 11385 | 11385 | 11385 |
| 番桃苑 | 9000 | 5175 | 132 | 172 | 223 | 290 | 377 | 490 | 637 | 828 | 1077 | 1400 | 1820 | 2366 | 3075 | 3998 | 5175 | 5175 | 5175 |
| 马峧拆迁安置区 | | 5022 | | 251 | 326 | 424 | 552 | 717 | 932 | 1212 | 1575 | 2048 | 2663 | 3461 | 4500 | 5022 | 5022 | 5022 | 5022 |
| 香芸苑一期（东部） | | 4218 | | 211 | 274 | 356 | 463 | 602 | 783 | 1018 | 1323 | 1720 | 2236 | 2907 | 3780 | 4218 | 4218 | 4218 | 4218 |
| 翠翠苑 | | 3010 | | | 150 | 196 | 254 | 331 | 430 | 559 | 726 | 944 | 1228 | 1596 | 2074 | 2697 | 3010 | 3010 | 3010 |
| 九年制学校 | | 493 | | | 197 | 237 | 284 | 341 | 409 | 491 | 493 | 493 | 493 | 493 | 493 | 493 | 493 | 493 | 493 |
| 山门安置区 | | 6014 | | 301 | 391 | 508 | 661 | 859 | 1116 | 1451 | 1887 | 2453 | 3189 | 4145 | 5389 | 6014 | 6014 | 6014 | 6014 |
| 青华国际学校 | | 1609 | | | 644 | 772 | 927 | 1112 | 1335 | 1602 | 1609 | 1609 | 1609 | 1609 | 1609 | 1609 | 1609 | 1609 | 1609 |
| 风华苑（北部） | | 2565 | | | 128 | 167 | 217 | 282 | 366 | 476 | 619 | 805 | 1046 | 1360 | 1768 | 2298 | 2565 | 2565 | 2565 |
| 箫景苑 | | 4432 | | | 222 | 288 | 375 | 487 | 633 | 823 | 1070 | 1391 | 1808 | 2350 | 3055 | 3972 | 4432 | 4432 | 4432 |
| 幼儿园 | | 159 | | | 64 | 76 | 92 | 110 | 132 | 159 | 159 | 159 | 159 | 159 | 159 | 159 | 159 | 159 | 159 |
| 镇中心1# | | 3591 | | | | | 718 | 862 | 1034 | 1241 | 1489 | 1787 | 2145 | 2573 | 3088 | 3591 | 3591 | 3591 | 3591 |
| 镇中心2# | | 6643 | | | | | 1329 | 1594 | 1913 | 2296 | 2755 | 3306 | 3967 | 4761 | 5713 | 6643 | 6643 | 6643 | 6643 |
| 香芸苑二期（西部） | | 2400 | | | | | 120 | 156 | 203 | 264 | 343 | 445 | 579 | 753 | 979 | 1272 | 1654 | 2150 | 2400 |
| 体育公园酒店 | | 1183 | | | | | | 237 | 284 | 341 | 409 | 491 | 589 | 706 | 848 | 1017 | 1183 | 1183 | 1183 |
| 风华苑南部 | | 2993 | | | | | | | 150 | 195 | 253 | 329 | 427 | 556 | 722 | 939 | 1221 | 1587 | 2993 |
| 住宅项目（北部） | | 6943 | | | | | | | | 347 | 451 | 587 | 763 | 991 | 1289 | 1676 | 2178 | 2832 | 6943 |
| 高层住宅 | | 2494 | | | | | | | | 125 | 162 | 211 | 274 | 356 | 463 | 602 | 782 | 1017 | 2494 |
| 别墅项目（西部） | | 2309 | | | | | | | | | 115 | 150 | 195 | 254 | 330 | 429 | 557 | 724 | 2309 |
| 长峙岛医院 | | 1438 | | | | | | | | | 575 | 690 | 828 | 994 | 1193 | 1431 | 1438 | 1438 | 1438 |
| 高层住宅 | | 4720 | | | | | | | | | 236 | 307 | 399 | 518 | 674 | 876 | 1139 | 1481 | 4720 |
| 文体中心 | | 910 | | | | | | | | | | 182 | 218 | 262 | 314 | 377 | 453 | 543 | 910 |
| 商业 | | 1684 | | | | | | | | | | 337 | 404 | 485 | 582 | 698 | 838 | 1005 | 1684 |
| 高层住宅 | | 3278 | | | | | | | | | | 164 | 213 | 277 | 360 | 468 | 608 | 791 | 3278 |
| 现有施工及其它临时性负荷 | 20120 | 3726 | 3726 | 3726 | 3726 | 3726 | 3726 | 3726 | 3726 | 3726 | 3726 | 3726 | 2385 | 1908 | 1526 | 1221 | 977 | | |
| 其它地块负荷 | | 45481 | | | | | | | | | | | 2274 | 2956 | 3843 | 4996 | 6495 | 8443 | 45481 |
| 合计 | 80335 | 140619 | 8570 | 10048 | 13063 | 15212 | 19940 | 23751 | 27146 | 30630 | 35104 | 40495 | 48193 | 56163 | 66353 | 77477 | 84557 | 88962 | 140619 |
| 同时率 | | | 0.75 | 0.75 | 0.75 | 0.75 | 0.75 | 0.75 | 0.75 | 0.75 | 0.75 | 0.75 | 0.75 | 0.75 | 0.75 | 0.7 | 0.65 | 0.6 | |
| 同时率后负荷 | | | 6428 | 7536 | 9797 | 11409 | 14955 | 17813 | 20359 | 22973 | 26328 | 30372 | 36145 | 42122 | 46447 | 54234 | 54962 | 57825 | 84372 |
| 年增长率 | | | | 17.3% | 30.0% | 16.5% | 31.1% | 19.1% | 14.3% | 12.8% | 14.6% | 15.4% | 11.6% | 16.5% | 10.3% | 16.8% | 1.3% | 5.2% | |

图 5-32　长峙岛远景负荷预测结果

表 5-4　　　　　　　　　　　　大洋山远景负荷预测结果

| 海岛名称 | 现状负荷 | | 远景负荷 | | | | | | | | |
|---|---|---|---|---|---|---|---|---|---|---|---|
| | | | 城镇公共 | | | 其他 | | 合计 | | | |
| | 最大负荷（MW） | 专线负荷（MW） | 建筑负荷（MW） | 最大负荷（MW） | 错峰结果 | 专线负荷（MW） | 农村负荷（MW） | 建筑负荷（MW） | 最大负荷（MW） | 用地面积（km²） | 负荷密度（MW/km²） |
| 大洋山岛 | 4.58 | 0 | 25.9 | 22.44 | 0.87 | 0 | 0 | 25.9 | 22.44 | 3.48 | 6.45 |

（2）工业、港口为主的港口物流岛、临港工业岛和现代渔业岛，控制性规划齐全，选取头门岛和茅埏岛，采用建筑负荷密度法预测远景负荷。

1）头门岛。

《临海市头门岛控制性详细规划》中对头门岛的土地利用进行了规划，远景年饱和负荷采用建筑负荷密度法进行预测。远景年头门岛区域饱和负荷为 76.12MW，负荷密度为 6.52MW/km²。头门岛远景负荷预测结果如表 5-5 所示。

表 5-5　　　　　　　　　　　　头门岛远景负荷预测结果

| 序号 | 用地名称 | 用地面积（km²） | 负荷密度（MW/km²） | 饱和负荷（MW） |
|---|---|---|---|---|
| 1 | 镇区建设用地 | 862.85 | 8.17 | 70512 |

续表

| 序号 | 用地名称 | 用地面积<br>（km²） | 负荷密度<br>（MW/km²） | 饱和负荷<br>（MW） |
|------|----------|----------|----------|----------|
| 2 | 铁路用地 | 9.79 | 5 | 490 |
| 3 | 港口用地 | 27.8 | 10 | 2780 |
| 4 | 其他建设用地 | 32.55 | 12 | 3906 |
| 5 | 西侧备用地 | 233.67 | 12 | 28040 |
| 合计 | 同时率取 0.72 | 1166.66 | 6.52 | 76.12 |

2）茅埏岛。

茅埏岛依托海岛丰富的滩涂资源，发展高效生态海水养殖和特色渔业休闲产业，结合湿地保护与旅游综合开发项目，建设国际休闲度假基地。结合乐清湾跨海大桥建设，完善基础设施，有序推进海岛供水、供电网络与大陆的联网、并网工程建设。茅埏岛总体结构规划为"两湾、一环、三点"。规划用地面积约为 6.24km²，其中建设用地面积约为 1.997km²，山地面积约为 4.243km²。《玉环县茅埏岛控制性详细规划》中对茅埏岛的土地利用进行了规划，远景年饱和负荷采用建筑负荷密度法进行网格化预测。远景年茅埏岛饱和负荷为 20.96MW，负荷密度为 11.67MW/km²。

（3）生态保护为主的清洁能源岛、海洋科教岛和海洋生态岛，选取南麂岛和雀儿岙岛，采用人均电量法预测远景负荷。

1）南麂岛。

南麂岛着重发展海岛生态旅游业，会陆续开展旅游配套设施进行建设（宾馆扩建工程、排挡一条街以及科教馆等项目），建成集生态旅游、休闲度假、科普教育等于一体的生态综合旅游区。南麂岛旅游产业等的持续发展，势必带动用电增长。目前南麂岛有宾馆 14 家，总共 1500 张床位（包括私人渔家乐），居民用电用户 700余户。宾馆以 700 间房间计算，宾馆限电负荷以空调负载为主，每间房间以 1kW 功率计算，则房间空调负荷约合 700kW，在此基础上乘以同时率系数 0.8，则宾馆的空调负荷最大约 560kW，加上冷冻厂负荷 150kW。可以得出，目前最大总用电负荷约为 444+560+150=1154kW。

南麂岛目前规划较为确定的工程项目分述如下：①宾馆扩建工程，南麂山庄一期扩建 300 张床位，二期 300 张床位，一期计划两年内完工；海洋宾馆扩建 100 张床位。②科教馆项目，将原学校改造成科普教育功能的科教馆。③排挡一条街，扩建原有排挡规模，可容纳 1500 人就餐。④新码头游客集散中心工程。⑤供水工程，此工程待启动。⑥电动汽车充换电设施，124 组电池。

上述工程项目是未来负荷的主要增长点，宾馆扩建一期总共 400 张床位，约

200 间房间，最大负荷约 160kW，计入二期扩建，总最大负荷约 280kW。一期工程以两年计，二期工程以五年计，宾馆扩建新增负荷是南麂岛主要的负荷增长点。

居民用电方面，以 700 户居民计算，平均每户增加负荷 1kW，在此基础上乘以同时率系数 0.8，居民用电增加负荷约 560kW，此计算结果是最终可能的新增负荷，居民用电负荷增长是一个随时间增长的过程，在此以每年 20% 增长率计算。计算得出远景年负荷在 2MW 左右。

2）雀儿岙岛。

雀儿岙岛规划，主要开展海岛风能、太阳能、海洋能等可再生能源开发利用。远景年常住人口用电和鱼汛期的渔民用电将是岛上的主要负荷，预计远景年人口 1000 人，预计远景年负荷在 1MW 左右。

**（二）电网发展需求**

以"大湾区"建设和海洋经济的发展为契机，以满足海岛开发和发展的用电需求为前提，以满足海岛用户的供电可靠性和供电质量为目标，以建设"供电更可靠、服务更优质、运营更高效、环境更友好的现代能源综合服务企业"的战略定位为动力，加快建设现代化的海岛配电网。具体来看，结合海岛用电负荷及用户情况，按照海岛类型提出差异化的规划目标如表 5-6 所示。

表 5-6　　　　　　　　　　　沿 海 岛 屿 规 划 目 标

| 岛屿类型 | | 供电可靠率（RS1） | 综合电压合格率 |
|---|---|---|---|
| 宜满足指标 | | | |
| 1 | A | 用户年平均停电时间小于 10min（＞99.998%） | 100% |
| 2 | B | 用户年平均停电时间小于 54min（＞99.990%） | |
| 3 | C | 用户年平均停电时间小于 3h（＞99.965%） | |
| 4 | D | 用户年平均停电时间小于 6.1h（＞99.930%） | |
| 应满足指标 | | | |
| 1 | 综合利用岛 | 用户年均停电时间不高于 3h（≥99.965%） | ≥99.95% |
| 2 | 滨海旅游岛 | | |
| 3 | 港口物流岛 | 用户年均停电时间不高于 6h（≥99.932%） | ≥99.90% |
| 4 | 临港工业岛 | | |
| 5 | 现代渔业岛 | | |
| 6 | 清洁能源岛 | 用户年均停电时间不高于 9h（≥99.897%） | ≥99.70% |
| 7 | 海洋科教岛 | | |
| 8 | 海洋生态岛 | | |

### 1. 总体发展目标

沿海岛屿总体发展目标如图 5-33 所示。

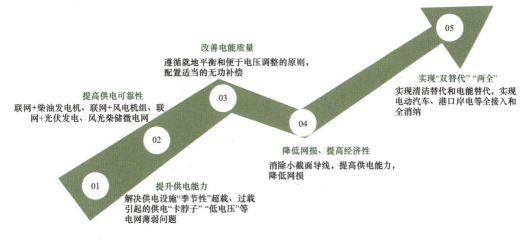

图 5-33　沿海岛屿总体发展目标

（1）提升供电能力。

优化海岛网架结构，提升供电能力和装备水平，重点解决供电设施"季节性"超载、过载引起的供电"卡脖子""低电压"等电网薄弱问题，建成结构合理、技术可靠、供电能力充裕的现代海岛电网，为海洋经济的发展提供电力保障。

（2）提高供电可靠性。

提高海岛上供电电源的容量，重要岛屿电源实现一供一备或者一供两备（如联网+柴油发电机、联网+风电机组、联网+光伏发电、风光柴储微电网等）。提高配电网装备水平，老旧设备逐步退出运行，选用高可靠性、耐腐蚀设备。

（3）改善电能质量。

根据海底电缆长度配置适当的无功补偿，加强无功补偿管理，遵循就地平衡和便于电压调整的原则，采用分散与集中相结合方式进行补偿。

（4）降低网损、提高经济性。

缩短中压和低压网供电半径，配电变压器采用"小容量、密布点"的原则。根据负荷增长情况逐步消除小截面导线，提高供电能力，降低网损。

（5）实现"双替代"和"两全"。

实现清洁替代和电能替代，实现电动汽车、港口岸电等多元化负荷全接入和风能、光伏、潮汐能、潮流能、生物质能、LNG 等各类清洁能源全消纳。

### 2. 2030 年发展目标

根据国网浙江电力配电网总体发展目标，结合本次调研情况，本报告制定了符合沿海岛屿实际情况的配电网发展目标。

（1）在供电质量方面，2030 年，户均停电达到 2.54h 以下，其中综合利用岛和滨海旅游岛 2.80h，港口物流岛、临港工业岛和现代渔业岛 4.12h，清洁能源岛、海洋科教岛和海洋生态岛 7.01h，供电可靠性显著提升。综合电压合格率综合利用岛和滨海旅游岛为 99.999%，其他类型岛屿 99.94%。

（2）在网架结构方面，2030 年，110kV 的电网主变 N–1 通过率 100%；线路的 N–1 通过率 100%。35kV 电网的主变 N–1 通过率 100%；线路的 N–1 通过率 100%。10kV 线路 N-1 通过率 99%。

（3）在配电自动化及通信网方面，配电自动化及配电通信网的覆盖率 2030 年均年的 100%。

（4）在新能源和分布式电源消纳方面，2030 年渗透率达到 4.2%，满足就地消纳的需求。

### 3. 分电压等级建设重点

（1）110～35kV 建设重点。

1）110kV 电网建设重点：①加快 110kV 变电站的布点建设，满足规划期间电网的负荷发展需求。②对现状重载主变，应通过新扩建及现有 110kV 变电站新出线对重载变电站进行负荷分流，缓解其供电压力。③着重高压变电站布点及目标网架的构建，优化高压变电站供电范围。通过新增 220kV 站点，优化 110kV 电网网架结构，提高 110kV 电网的供电可靠性。④为简化电压层级，避免重复降压，结合 110kV 变电站建设，35kV 公用变电站逐步退出运行。

2）35kV 电网建设重点：①考虑到 35kV 变电站的供电能力及现状变电站设备运行情况，35kV 变电站适时退出运行或进行升压改造，35kV 变电站负荷由 110kV 电网转供。②按全寿命周期管理要求，结合远景规划，对存在安全隐患、重过载设备进行改造，提升电网安全和供电可靠性。③海岛地区经技术经济比较、充分论证必要性和合理性后，经省电力公司一事一议严格审核后，才能新建 35kV 变电站。

对于 110、35kV 高压配电网，综合利用岛、滨海旅游岛，满足新增负荷的工程投资占比为 76.7%，网架结构加强的工程投资占比为 10.5%，解决设备重载过载的投资占比为 1.6%，消除安全隐患的工程投资占比为 2.3%。其他类型岛屿满足新增负荷的工程投资占比为 76.67%，网架结构加强的工程投资占比为 7.24%，解决设备重载过载的投资占比为 4.22%，消除安全隐患的投资占比为 3.29%。

（2）10kV 建设重点。

1）提高中压线路的供电能力。

重载问题事关配电网运行安全性，应在高峰负荷前解决。对于线路负载率超限线路分两种情况考虑：供电负荷大于 4000kW 的线路通过新建 10kV 线路转切负荷，主干截面偏小的通过线路改造以提高供电能力。对于重载的配变应进行配变布点增容改造。截至 2030 年，现状重载线路、配变全部解决，超前谋划有效控制新增重载配变数量。

2）优化中压电网网架规划，提高其供电可靠性。

建设改造中的网络接线模式、线路路径的选择应尽量考虑与目标网架的过渡和衔接，尽量减少重复建设和不必要的浪费，同时对复杂接线模式应予以简化。

3）优化线路配变装接容量。

衔接远景目标网架，确定配电线路合理范围，根据线路挂接容量、负载率、负荷特性，按照典型供电模式合理控制线路的装接容量，优化线路分段数量。

## 六、主要建议

### （一）因地制宜，开展综合能源服务

随着能源互联技术，分布式发电技术，能源系统监视、控制和管理技术，以及新的能源交易方式的快速发展，综合能源服务（集成的供电、供气、供暖、供冷、供氢等能源系统），特别是天然气冷热电三联供（LNG-CCHP）得到了广泛关注，国网浙江电力应借助沿海岛屿丰富的资源、广阔的增量市场，快速响应国家"构建清洁、高效、安全、可持续的现代能源体系"的战略，抓住供给侧改革的机遇，创新开展天然气冷热电三联供等综合能源服务，推动国网浙江电力由电能供应商向综合能源服务商的转变。

### （二）准确定位，标准化、差异化建设海岛电网

本报告结合海岛实际，通过科学分析推荐了差异化的负荷预测方法和电网建设原则，在海岛电网的规划建设中建议采用或根据实际进行补充。尤其在电力设施布局、设备选型方面，要重点考虑生态保护和防灾减灾的措施。

### （三）与时俱进，开展港口岸电接入的适应性研究

港口岸电接入电网，对电网正常运行、电能质量都会产生较大影响。因此，有条件建设港口岸电的岛屿，应提前谋划、提前布局，尽快开展海岛电网对港口岸电接入的适应性研究。

### （四）夯实基础，建立健全沿海岛屿信息数据库

沿海岛屿数量庞大、产业多元、政策信息多变。现有信息积累不足、准确度不高、更新欠及时，导致电网规划深度受限。建立健全沿海岛屿信息数据库，全面掌握海岛数据信息尤其是发展趋势、政策导向，有利于提高规划质量，更好地满足地区发展带来的用电需求。

# 第六章
# 乡村民宿冬季清洁供暖调查
## （2020 年 12 月）

在习近平主席"两山"理念的引领下，近年来浙江依托绿水青山和名胜古迹，民宿经济得以快速发展，2019 年年底全省民宿数量约占全国总规模的 1/8。然而浙江地处"冬冷夏热"地区，随着人民生活水平的提高，民宿对供暖的需求愈发旺盛。因此，研究适应浙江气候条件和民宿发展要求的科学供暖方式，促进民宿供暖清洁低碳、经济高效发展，为全国民宿冬季清洁供暖提供样板，是浙江清洁能源示范省建设的重要环节，是实现碳达峰、碳中和的必然要求。

## 一、民宿发展及供暖需求

### （一）浙江民宿发展情况

#### 1. 民宿的定义

根据《浙江省人民政府办公厅关于确定民宿范围和条件的指导意见》（浙政办发〔2016〕150 号），民宿（含提供住宿的农家乐，下同），是利用城乡居民自有住宅、集体用房或其他配套用房，结合当地人文、自然景观、生态、环境资源及农林牧渔业生产活动，为旅游者休闲度假、体验当地风俗文化提供住宿、餐饮等服务的处所。民宿的经营规模，单栋房屋客房数不超过 15 间，建筑层数不超过 4 层，且总建筑面积不超过 800m$^2$。

#### 2. 民宿的规模及经营情况

（1）民宿规模。

根据浙江省文化和旅游厅编写并出版的《浙江民宿蓝皮书 2018—2019》，全省民宿投资继续保持增长态势，2017～2019 年分别为 192.6、225.3、272.8 亿元，截至 2019 年年底，浙江省民宿共计 19818 家，客房总数 20.2 万间，总床位突破 30 万张，直接就业人数超 15 万人，总营收超 100 亿元。民宿产业已成为"诗画浙江"的"金字招牌"。

全省各地市的民宿分布情况如图 6-1 所示。

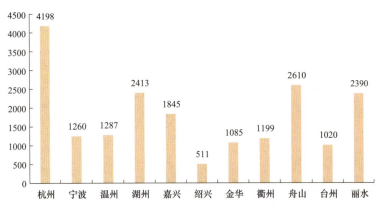

图 6-1 全省各市民宿数量（截至 2019 年年底）

由图 6-1 可以看出，杭州、舟山、湖州、丽水民宿数量远高于其他地市。杭州民宿得益于良好的区位优势、旅游产业基础、较大的政策扶持力度和国际旅游目的地的建设，成为民宿发展的先行地；湖州、丽水依赖生态发展的优势，特别是湖州德清、安吉、长兴分别打造高、中、低端民宿，适应各类消费者的要求；舟山主要依托海岛优势，淡旺季明显，大多数民宿都分布在普陀和嵊泗县。

（2）民宿经营收入情况。

根据《浙江民宿蓝皮书 2018—2019》的调研统计结果（有效样本量 8650 份），2017～2019 年，民宿三年总营收分别为 53.5 亿、77.4 亿、100.3 亿元，户均收益分别为 33.0 万、45.5 万、50.6 万元，平均房价分别为 229、257、279 元/间，平均入住率分别为 36.2%、35.0%、32.2%。

可以看出，随着民宿质量的提升，近三年民宿整体价格攀升了 22%。民宿经营收入明显上升，但是平均入住率明显下降，乡村旅游住宿业有效供给增加。

（3）消费群体。

根据美团、云掌柜、订单来了等数据分析，2018～2019 年，浙江省内客源排名前三的是杭州、宁波、金华，省外客源排名前三的省（市）是江苏、上海、广东，排名前三的城市是上海、南京、苏州，长三角和一线城市是浙江民宿的主要客源地。

"80 后""90 后"和"00 后"为民宿旅游的主要消费群体，消费关注点更多的在于性价比、体验感和民宿品质等因素。全省消费最多的民宿价格在 200～400 元区间内，占 50%左右；选择 200 元以下的占 30%左右，说明整体的消费水平以中低端为主。

3. 民宿产业的激励措施

（1）民宿评级情况。

2007 年 12 月开始，省农办会同省旅游局开始实施农家乐旅游服务质量星级划分与评定工作，评定依据农家乐特点和市场特性，从经营场地、接待设施、安全管理、食品卫生、环境保护等多个方面开展，将民宿（农家乐）划分为一～五星共 5 个等级。

自 2018 年 1 月以来，省文化和旅游厅开展等级民宿评定工作，按照浙江省《民宿基本要求与评价》（DB33/T 2048—2017）将民宿分为银宿、金宿、白金宿三个等级，先后评定了三批白金宿、金宿、银宿民宿共计 488 家，其中，白金宿 39 家、金宿 89 家、银宿 360 家。

（2）民宿补贴情况。

浙江省为推动民宿经济的快速发展，各地纷纷制定了差异化的经济和政策补贴措施，补贴主要针对星级民宿进行以奖代补的资金补贴，并对推动民宿发展的乡镇活动、社团组织进行经费补贴。

杭州西湖区对际投资单栋超过 200 万元的新建农村民宿示范点，按实际投资额的 30% 予以补助，最高限额 80 万元；在美丽乡村范围内的农村民宿（农家乐），正常经营 1 年（含）以上的一次性奖励 1 万元；对星级农村民宿一次性奖励 10 万、5 万、3 万元。

宁波发布《关于加快推进乡村旅游发展的若干意见》（甬政办发〔2015〕69 号），对通过验收评定的观景平台、等级客栈、休闲基地、旅游节事等乡村旅游新型业态项目给予 5 万～50 万元的补助。对农业、旅游等专业公司投资开发乡村民宿且新增床位在 10 张以上，或以行政村为单位整体新增民宿床位在 50 张以上的，给予每张床位 1000～2000 元的补助。

台州根据农家乐不同发展阶段需要，先后出台了系列专项扶持政策，并对农家乐特色村建设给予专项资金奖补。其中，天台县财政每年划出 300 万元用于农家乐专项扶持发展，椒江区对农家乐特色村规划每个给予 80% 的经费补助，黄岩区对农家乐经营户、服务组织和旅行社进行直接补助和奖励。

丽水高度重视民宿经济的发展，各县区均出台了对民宿的补贴政策。例如：莲都区和南城开发区对星级民宿分别给予 0.5 万元和 10 万元的一次性创建补助；普通民宿星级评定并经营 6 个月，根据卫生间干湿分离情况给予 3000 元或 5000 元一次性补贴；特色民宿星级评定并经营 6 个月后，接待游客达到 300 人次以上，给予客房建筑面积 500 元/m²、公共空间建筑面积 200 元/m² 一次性补助；节庆营销活动视影响力和实际效果给乡镇 3 万～8 万元补助。松阳县对民居改造为民宿的，按建筑面积现代建筑 60 元/m²、历史文化建筑 300 元/m² 给予补助；根据设施情况给予 1000～5000 元/间的一次性补助；对星级民宿分别给予一～五星级 5 万元的一次性创建补；民宿等级评定后，1 年内接待游客达到 500 人次且营业额达到 15 万元以上，按星级 0.51 万～6 万元的补助；此外对行政村民宿协会、旅行社均有一定补助。

湖州长兴对三、四、五星级特色民宿分别授牌并奖励 10 万、20 万、30 万元，省/市级的星级民宿的，给予 1 万～5 万元奖励；对乡镇民宿（农家乐）集聚区改造达到一定规模的给予 50 万元以上的奖励，建设民宿文化旅游村落（市集），给予 50 万～100 万元奖励，并在经营一年后奖励 10 万～30 万元。

### （二）浙江民宿对清洁供暖的需求

#### 1. 气候情况

浙江季风显著、四季分明，年气温适中，空气湿润，气候资源配制多样。年平均气温 15～18℃，极端最高气温 33～43℃，极端最低气温–2.2～–17.4℃；全省年平均雨量为 980～2000mm。浙江冬季气候特点是晴冷少雨、空气相对干燥。全省冬季平均气温 3～9℃，气温分布特点为由南向北递减，由东向西递减。

浙江近年来各月份温度分布情况如图 6-2 所示。据有关统计数据显示，近些年来，厄尔尼诺等气候现象频繁发生，南方很多地区的冬季经常出现低温雨雪冰冻天气，室内温度经常处于 0℃，极端气温甚至有很长一段时间在 0℃ 以下。以浙江杭州为例，虽然总体气温相对较高，但是冬季平均最低温度达到 2℃，最低气温达到–10℃。

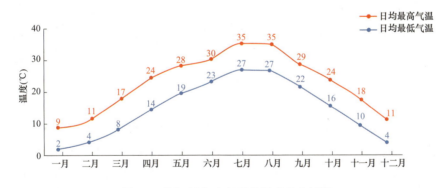

图 6-2　浙江近年来各月份温度分布情况

预防医学将人体"冷耐受"的下限温度定为 11℃，60 岁以上的老年人则为 14℃。同时，由于浙江雨水偏多，空气湿度大，湿度对于人体感受到的冷暖影响比较大，气象学普遍认为湿度每增加 10%，人体感受到的温度则降低 1℃。

由《二十一世纪经济报》发起的参与人约 10 万人的网络调查中，有八成以上的参与者支持南方冬季供暖。浙江地区冬季供暖需求是客观存在的，且这种需求随着生活品质提高将越来越强烈。

## 2. 乡村民宿供暖的迫切性

浙江依托绿水青山发展要求，大力发展全域旅游，积极培育旅游风情小镇，推进万村景区化建设，提升发展乡村旅游、民宿经济，全面建成"诗画浙江"中国最佳旅游目的地。发达的旅游业带动民宿经济的快速发展，各地纷纷打造"一村一品、一村一景、一村一韵"的魅力村庄和宜游宜养的森林景区，建设一批集餐饮、居住、娱乐、购物、体验、养生等多种功能于一体的农家乐综合体，浙江民宿几乎占全国民宿总数的 1/8。

浙江民宿多位于西部和北部，温度比浙江平均温度低很多，对冬季供暖的需求相对于城市地区更为迫切。同时，民宿产业对周边环境、住宿条件要求高。游客对民宿的舒适性要求，使得浙江冬季供暖需求量大幅提升。

调研发现，浙江民宿受季节影响显著。由于游客难以适应浙江地区"湿冷"气候，多数民宿在冬季客源大幅缩减，特别是中低端民宿，甚至出现"季节性民宿"现象。民宿冬季入住率大幅下降，直接影响了民宿的经济效益，很多民宿因此经营状况堪忧。

## 3. 民宿供暖的清洁高效要求

碳达峰、碳中和的必然要求。习近平主席在今年 9 月 22 日联合国大会上首次宣布努力争取 2060 年前实现碳中和、2030 年前实现碳达峰。《中共中央关于制定国民经济和社会发展第十四个五年规划的建议》明确提出"十四五"时期将推动能源清洁低碳安全高效利用，支持有条件的地方率先达到碳排放峰值。2020 年 12 月，中央经济工作会议对做好 2021 年碳达峰、碳中和工作作出明确部署。浙江民宿的体量大、供暖需求较高，采用清洁高效的供暖方式，是实现碳达峰、碳中和的必然要求。

乡村振兴战略落地的重要举措。浙江作为沿海发达地区，在全面建成小康社会的进程中走在了全国前列，在实施乡村振兴战略、加快农业农村现代化的新的历史征程中，继续走在全国前列。从"千村示范、万村整治"、建设美丽乡村到推进万村景区化建设，从持续开展"811"美丽浙江建设行动到积极建设可持续发展议程创新示范区，从"三改一拆""五水共治"到省第十四次党代会提出谋划"大花园"建设，浙江践行"绿水青山就是金山银山"重要思想的步伐愈发坚实，不断开创着生态文明建设新局面。努力成为实施乡村振兴战略的先行省和示范省，为全国的乡村振兴和农业农村现代化提供浙江经验。

清洁能源示范省建设的重要环节。浙江省 2014 年以来高质量开展国家级清洁能源示范省建设，多措并举，能源清洁低碳化水平在长三角地区最高。浙江省常规化石能源资源匮乏，但是太阳能、水能、风能、生物质能和地热能等储量丰富、开发水平较高，2019 年底清洁能源装机总量达到 3577 万 kW，年发电量 1037 亿 kWh。丰富的清洁能源的就地高效利用，为乡村地区的清洁供暖提供了可能。充分利用就地清洁能源，实现乡村地区的冬季清洁供暖，提高清洁能源比重，减少温室气体排放，是浙江建设清洁能源示范省和实现人民对美好生活向往的重要途径。

## 二、浙江乡村民宿供暖现状调查研究

### （一）乡村供暖抽样调查

#### 1. 抽样调研情况

（1）主要思路。

考虑到浙江乡村地区以电采暖为主，多元化采暖方式较少，年用电曲线的变化基本可以反映出用户是否使用电采暖，推断出用户是否采用清洁供暖方式。根据整个乡村所有用户的年用电曲线情况，推算出一个乡村的清洁供暖覆盖比例。

根据浙江地形地貌，可将浙江划分为浙北、浙南、浙西、浙东四个区块。其中，浙北主要包括杭州（不含桐庐、淳安、建德）、嘉兴、湖州，地形多为水网密集的冲积平原；浙南主要包括丽水、温州、台州，地形多为山区；浙西主要包括衢州、金华、杭州（仅含桐庐、淳安、建德），地形多为盆地；浙东主要包括绍兴、宁波、舟山，地形为沿海丘陵以及岛屿。

（2）调研方法。

根据浙江分区情况，根据经济发展水平，每个区按照经济发达、经济一般各随机选取 1 个乡村，全省调研 8 个乡村。从用电采集系统导出 8 个乡村 8172 个用户的 2019 年 12 个月月度用电量。考虑到部分数据为无效数据，对年用电小于 100kWh 和存在月度用电量为 0 的用户进行剔除，剔除后有效样本共 5790 个用户。选取各乡村用户数量如表 6-1 所示。

表 6-1　　　　　　　　　　各乡村调研样本数量分布

| | 乡村名称 | 取样样本数（个） | 有效样本数（个） |
|---|---|---|---|
| 浙北区块 | 杭州市临安区青山湖街道洪村村 | 707 | 517 |
| | 湖州市安吉县上墅乡龙王村 | 800 | 562 |
| 浙南区块 | 温州市瑞安市塘下镇新居村 | 1309 | 901 |
| | 丽水市云和县紧水滩镇石浦村 | 217 | 115 |
| 浙西区块 | 杭州市淳安县更楼街道张家村 | 418 | 344 |
| | 衢州市龙游县横山镇大平坂村 | 366 | 283 |
| 浙东区块 | 宁波市慈溪市观海卫镇山海村 | 2289 | 1883 |
| | 舟山市岱山县衢山镇四平村 | 1552 | 1185 |

### 2. 使用清洁供暖占比情况

采暖季相对于春秋季节，用电量增长一般为两方面原因：一是冬季供暖需求，空调、暖风机等的使用；二是春节返乡高峰，导致用电量短时激增。

因此，考虑避免春节返乡用电量增长情况，在判定乡村用户是否使用清洁供暖时，可确定估算原则为：采暖季用电增量比 $D_C$ 大于 1.1，则认为使用了清洁采暖。

$$D_C = S_{CA} / S_{SAA}$$

式中：$S_{CA}$ 为采暖季的月均用电量；$S_{SAA}$ 为春秋季月均用电量。

采用以上原则，对 8 个乡村的用户用电量进行测算，得出各村采用清洁供暖的用户数和占比如表 6-2 所示。

表 6-2　　　　　　　　　各乡村采用清洁供暖的用户数和占比

| 乡村名称 | | 经济水平 | 清洁供暖用户（个） | 占比（%） | 综合占比（%） |
|---|---|---|---|---|---|
| 浙北区块 | 洪村 | 发达 | 343 | 64.1 | 55.2 |
| | 龙王村 | 一般 | 270 | 47.0 | |
| 浙南区块 | 新居村 | 发达 | 391 | 41.4 | 43.2 |
| | 石浦村 | 一般 | 69 | 57.5 | |
| 浙西区块 | 张家村 | 发达 | 219 | 61.3 | 65.0 |
| | 大平坂村 | 一般 | 202 | 69.4 | |
| 浙东区块 | 山海村 | 发达 | 1135 | 58.7 | 50.9 |
| | 四平村 | 一般 | 1135 | 58.7 | |

可以看出，乡村清洁供暖占比受地域气候影响较大，浙西地区山地较多，温度比其他地方低很多，使用清洁供暖占比明显高于其他地区，达到 65%；浙北地区温度相对较低，使用清洁供暖比例达到 55.2%；浙东沿海地区温度也偏高，使用清洁供暖比例略低，为 50.9%；浙南地区温度相对更高，使用清洁供暖比例显著较低，仅为 43.2%。

### 3. 清洁采暖使用频度分析

根据各用户的冬季用电量增长情况，可大致判定其使用清洁采暖的频度。首先，在用户月度用电量归一化处理的基础上，根据用户采暖季用电增量比分布情况，确定用户清洁采暖频度划分依据。通过归一化处理以后，可以得出采暖季用电增量比处在不同区间的用户数量如图 6-3 所示。

由图 6-3 可以看出，采暖季用电增量比在 1.35 和 2.0 处出现较为明显的断层。据此可确定用户清洁采暖使用频度划分如下：

（1）采暖季用电增量比 $D_C \leqslant 1.35$，则视为较少使用；

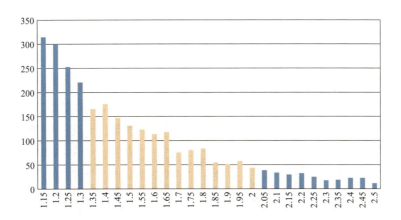

图 6-3　不同采暖季用电增量比的用户数量分布图

（2）1.35＜采暖季用电增量比 $D_C$ ≤2.0，视为一般使用；

（3）采暖季用电增量比 $D_C$ ＞2.0，视为频繁使用。

根据以上原则，计算各个用户采暖季用电增量比，可得出各乡村用户清洁采暖使用频度如表 6-3 所示。

表 6-3　　　　　　　　　　各乡村用户清洁采暖使用频度

|  | 乡村名称 | 经济水平 | 采暖户数 | 较少使用 | 一般使用 | 频繁使用 |
|---|---|---|---|---|---|---|
| 浙北区块 | 洪村 | 发达 | 343 | 129 | 149 | 65 |
|  | 龙王村 | 一般 | 270 | 98 | 93 | 79 |
| 浙南区块 | 新居村 | 发达 | 391 | 188 | 156 | 47 |
|  | 石浦村 | 一般 | 69 | 34 | 30 | 5 |
| 浙西区块 | 张家村 | 发达 | 219 | 66 | 111 | 42 |
|  | 大平坂村 | 一般 | 202 | 78 | 75 | 49 |
| 浙东区块 | 山海村 | 发达 | 1135 | 418 | 476 | 241 |
|  | 四平村 | 一般 | 469 | 244 | 169 | 56 |

各乡村不同清洁采暖使用频度的用户占比分布如图 6-4 所示。由图 6-4 可以看出：①用户清洁采暖使用频度和同区域乡村经济发展水平无较大关联，与地域特性关联较大；②浙南地区温度较高、采暖季短，低频度使用清洁采暖用户明显偏多；③浙西和浙北地区温度偏低，使用清洁采暖频度普遍较高。

**（二）民宿供暖抽样调查**

1. **主要思路和调研方法**

本书所述的民宿供暖主要包括房间供暖和热水供应，在本节调研中，主要以调

133

研房间供暖设备为主。乡村民宿清洁供暖分为空调采暖和其他供暖方式。通过调研其住房情况、设备成本、运行成本等情况，可以明确其供暖设备配置水平、供暖费用等情况。

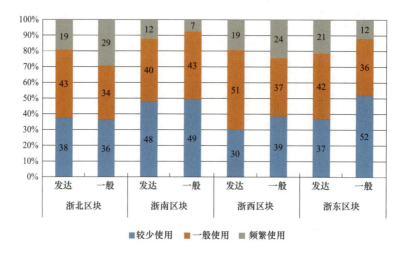

图 6-4　各区块用户采暖频度分布图

民宿分类方面，按照不同地理位置，分别在浙北、浙南、浙西、浙东选取样本；按照民宿类型，将民宿分为高端型和普通型；按照民宿消费群体，将民宿分为景区民宿和乡村民宿。

设备选取方面，空调采暖方式可分为单体空调和中央空调两种；其他供暖方式主要包括空气源热泵、地源热泵、水源热泵、天然气锅炉、沼气锅炉、生物质颗粒锅炉、太阳能直热、清洁燃煤等。

调研内容方面，电采暖主要调研民宿房间数量、空调数量、功率总和、2019 年各月份用电量情况；其他供暖方式主要调研民宿房间数量、采暖方式、设备的生产厂家、设备总功率、购置费用、年运行费用、2019 年各月份用电量情况。

### 2. 民宿电直热供暖方式

（1）调研基本情况。

本次共调研有效的空调民宿样本 297 个，部分配置暖风机、小太阳、地暖等辅助制热设备。

调研空调民宿分布情况如图 6-5 所示。从地理位置分布上来看，此次调研民宿样本中，浙北共 57 户，浙南共 86 户，浙西共 90 户，浙东共 64 户。从民宿类型上来看，调研的高端民宿共 67 个，普通民宿共 230 个。从民宿消费群体上将民宿分为景区民宿和乡村民宿，其中调研的景区民宿共 52 个，乡村民宿 246 个。

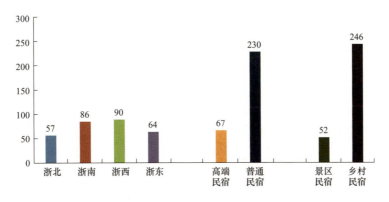

图 6-5 调研空调民宿分布情况

（2）设备配置情况。

1）总体情况。

调研的 297 个民宿，共有卧室和客厅 3884 间，平均每家民宿拥有卧室和客厅数量 13.1 个；安装空调 3701 个，户均空调 12.5 个，户均空调总功率达到 24.3kW。其中，264 个民宿采用单体空调，共计安装空调 3450 个，户均安装空调 13 个，户均空调总功率达到 22.4kW；33 个民宿采用中央空调，共计安装空调 251 个，户均安装空调 7.6 个，户均空调总功率达到 38.9kW。民宿空调数量及功率总体情况如表 6-4 所示。

表 6-4　　　　　　　　　　　　　民宿空调数量及功率总体情况

| | 户均房间数（个） | 户均空调数（个） | 户均功率（kW） | 每台空调功率（kW） | 每个房间功率（kW） | 空调/房间（个） |
|---|---|---|---|---|---|---|
| 单体空调 | 12.6 | 13.1 | 22.4 | 1.7 | 1.8 | 1.03 |
| 中央空调 | 16.5 | 7.6 | 38.9 | 5.1 | 2.4 | 0.46 |
| 总体情况 | 13.1 | 12.5 | 24.3 | 1.9 | 1.9 | 0.95 |

注　户均房间数量含客厅、娱乐场所等需要供暖的房间。

2）不同类型民宿对比。

高端民宿方面，高端民宿空调数量及功率情况如表 6-5 所示，平均每家民宿拥有卧室和客厅数量 19.7 个，户均空调数量 17.9 个，户均空调总功率达到 42.5kW，平均每个房间空调功率达到 2.2kW。

表 6-5　　　　　　　　　　　　　高端民宿空调数量及功率情况

| | 户均房间数（个） | 户均空调数（个） | 户均功率（kW） | 每台空调功率（kW） | 每个房间功率（kW） | 空调/房间（个） |
|---|---|---|---|---|---|---|
| 单体空调 | 19.8 | 21.1 | 40.2 | 1.9 | 2.0 | 1.07 |
| 中央空调 | 19.4 | 6.9 | 50.6 | 7.3 | 2.6 | 0.36 |
| 总体情况 | 19.7 | 17.9 | 42.5 | 2.4 | 2.2 | 0.91 |

普通民宿方面，普通民宿空调数量及功率情况如表 6-6 所示，平均每家民宿拥有卧室和客厅数量 11.2 个，户均空调数量 10.9 个，户均空调总功率达到 18.9kW，平均每个房间空调功率达到 1.7kW。

表 6-6　　　　　　　　　　　普通民宿空调数量及功率情况

| | 户均房间数（个） | 户均空调数（个） | 户均功率（kW） | 每台空调功率（kW） | 每个房间功率（kW） | 空调/房间（个） |
|---|---|---|---|---|---|---|
| 单体空调 | 10.9 | 11.1 | 18.1 | 1.6 | 1.7 | 1.02 |
| 中央空调 | 14.2 | 8.2 | 29.2 | 3.6 | 2.1 | 0.58 |
| 总体情况 | 11.2 | 10.9 | 18.9 | 1.7 | 1.7 | 0.97 |

对比高端民宿和普通民宿的空调保有量以及功率分布情况，如图 6-6 所示。根据图 6-6 可以看出：①高端民宿的空调房间比略小于普通民宿，分别为 0.91 和 0.97，主要是因为高端民宿的中央空调功率较大，供给房间数量较多；②高端民宿平均每个房间配置功耗较大，平均每台空调的功率大于普通民宿；③由于高端民宿空调配置功率大，且房间数量较多，户均空调功率显著高于普通民宿。

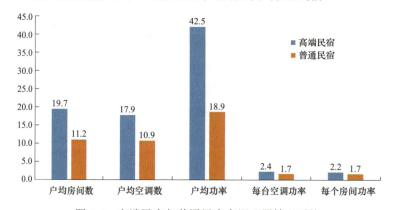

图 6-6　高端民宿与普通民宿空调配置情况对比

如图 6-7 所示，对比景区民宿和乡村民宿，景区民宿平均每家民宿拥有卧室和客厅数量 15.8 个，户均空调数量 14.4 个，户均空调总功率达到 31.4kW，平均每个房间空调功率达到 2.0kW；乡村民宿平均每家民宿拥有卧室和客厅数量 12.5 个，户均空调数量 12.1 个，户均空调总功率达到 22.8kW，平均每个房间空调功率达到 1.8kW。可以看出，景区民宿普遍采暖配置相比乡村民宿偏高，但是二者差距较小。

3）其他电直热采暖设备配置情况。

调研的 297 个有效样本中，72 户配置了其他电直热采暖设备，设备类型主要有暖风机、小太阳、油汀等，部分配置了地暖、空气源热泵等，户均配置设备功率达到 13kW，平均每个房间配置设备功率 0.9kW。

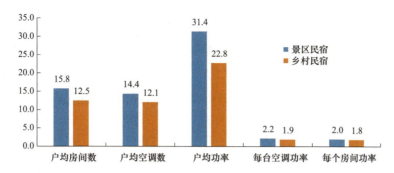

图 6-7 景区民宿与乡村民宿空调配置情况对比

（3）供暖费用分析。

根据民宿采暖季电量增加情况，可以粗略估算 2019 年用户清洁采暖费用情况。

乡村民宿供暖用电量=（供暖季负荷–春秋季节月平均负荷）×3

对比乡村清洁用电时，主要考虑计算以下两个指标：①增加费用占全年费用比例=供暖用电量/全年用电量；②采暖增加费用=供暖用电量/全年用电量×全年电费。民宿电价采用浙江省一般工商业电价，即 0.6964 元/kWh。据此测算，调研的 298 个民宿 2019 年户均供暖费用为 3527 元，平均每个房间需供暖费用 276 元。

对不同类型民宿的清洁供暖费用进行分别测算，测算结果如表 6-7 所示。

表 6-7　　　　　　　　　　各类民宿清洁供暖费用对比

| 乡村名称 | 户均采暖费用（元） | 每个房间费用（元） | 供暖费用占比（%） |
|---|---|---|---|
| 高端民宿 | 7250 | 474 | 14.2 |
| 普通民宿 | 2410 | 217 | 14.3 |
| 景区民宿 | 3021 | 257 | 13.2 |
| 乡村民宿 | 3618 | 279 | 14.4 |
| 合计 | 3527 | 276 | 14.2 |

可以看出，高端民宿户均采暖费用 7250 元，是普通民宿的 3 倍；每个房间采暖费用 474 元，普通民宿的 2.2 倍。景区民宿在户均空调数量、空调功率和每个房间的空调功率方面均比乡村民宿高，但是其采暖费用却比乡村民宿偏低，景区民宿采暖使用频率偏低。供暖费用占总用电费用比基本一致，大约为 14%，说明民宿供暖水平与民宿定位、消费群体关系不大。

### 3. 民宿其他清洁供暖方式

（1）调研情况。

调研其他采暖方式民宿分布情况如图 6-8 所示。本次共调研有效的其他清洁采暖方式民宿样本 45 个。从地理位置分布上来看，浙北共 18 户，浙南共 14 户，浙西共 7 户，浙东共 6 户。从民宿类型上来看，本次调研从民宿的定位上将民宿分为高端型和普通型，其中调研的高端民宿共 25 个，普通民宿共 20 个，相比空调采暖方式，采用其他清洁采暖方式的民宿中高端民宿比例明显攀升。从民宿消费群体上将民宿分为景区民宿和乡村民宿，其中调研的景区民宿共 18 个，乡村民宿27 个。

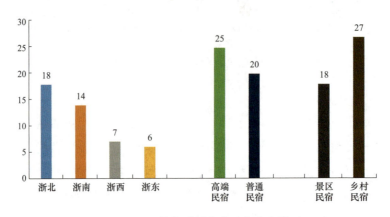

图 6-8　调研其他采暖方式民宿分布情况

（2）设备配置情况。

调研的 45 个民宿中，采用地源热泵的用户共 22 户，户均配置设备功率 31kW，平均每个房间配置功率为 2.7kW；采用空气源热泵的用户共 15 户，户均配置设备功率 17.5kW，平均每个房间配置功率为 1.5kW；采用水源热泵的用户共 5 户，户均配置设备功率 14.5kW，平均每个房间配置功率为 1.3kW；采用天然气锅炉的用户 1 户，配置设备功率 74kW，平均每个房间配置功率为 1.9kW；采用清洁燃煤的用户 1 户，配置设备功率 25kW，平均每个房间配置功率为 4.2kW。

空调采暖与其他清洁采暖装置配置对比图如图 6-9 所示。对比上述清洁采暖与电暖方式，地源热泵采暖方式的户均设备功率及平均房间采暖功率配置均高于电采暖；空气源热泵和水源热泵的户均设备功率及平均房间采暖功率显著小于电采暖；天然气锅炉和清洁燃煤取暖方式用户较少，不具备对比性。

调研的 45 个有效样本中，25 户配置了空调或电直热采暖设备，户均配置设备功率达到 20kW，平均每个房间配置设备功率 1.7kW。

（3）供暖费用分析。

各类民宿清洁供暖费用对比如表 6-8 所示。民宿采用其他清洁供暖方式，平均初装成本为 12 万元，每个房间平均 1.0 万元，平均 0.5 万元/kW，单位初装成本相对于电采暖较高；平均年运行成本约 6210 元，每个房间平均 489 元，平均 352 元/kW，每个房间的供暖费用约为空调采暖运行费用的 2 倍。

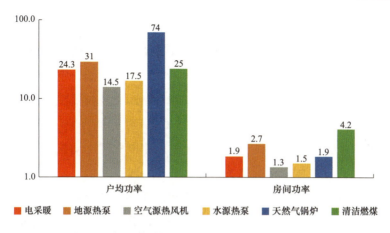

图 6-9　空调采暖与其他清洁采暖装置配置对比图

表 6-8　　　　　　　　　　各类民宿清洁供暖费用对比

| 类型 | | 户均费用 | 每个房间费用 | 成本/千瓦 |
|---|---|---|---|---|
| 高端民宿 | 初装成本（万元） | 17.2 | 1.17 | 0.55 |
| | 年运行成本（元） | 8445 | 511 | 214 |
| 普通民宿 | 初装成本（万元） | 5.6 | 0.81 | 0.45 |
| | 年运行成本（元） | 3417 | 468 | 525 |
| 景区民宿 | 初装成本（万元） | 14.8 | 1.3 | 0.44 |
| | 年运行成本（元） | 8494 | 610 | 218 |
| 乡村民宿 | 初装成本（万元） | 10.1 | 0.84 | 0.55 |
| | 年运行成本（元） | 4688 | 408 | 442 |
| 合计 | 初装成本（万元） | 12.0 | 1.0 | 0.50 |
| | 年运行成本（元） | 6210 | 489 | 352 |

　　高端民宿的户均初装成本是普通民宿的 3.1 倍，而平均每个房间初装成本仅为普通民宿的 1.4 倍，主要原因是高端民宿一般规模较大，房间数量较多；同样，高端民宿的户均运行成本是普通民宿的 2.5 倍，每个房间运行成本与普通民宿相差不多。

　　景区民宿初装成本户均安装成本和每个房间的安装成本大约是普通民宿的 1.5 倍，运行成本分别是 1.8 和 1.5 倍，主要原因是景区民宿相比普通乡村民宿而言，房间数量相差不多，而每个房间的功率配置较大，成本相对较高；同时，其他采暖方式往往处于常态运行，导致采暖运行成本相对较高。

### 4. 抽样调研结果分析

　　本章通过随机调研 297 个空调采暖民宿和 45 个其他采暖方式民宿，分析了各类采暖方式的设备配置情况和供暖费用，具体研究结论如下：

　　（1）高端民宿平均供暖房间多、单个房间配置功率大，户均空调采暖功率是普通民宿的 2.2 倍。

（2）使用空调采暖的民宿，高端民宿户均采暖费用是普通民宿的 3 倍，每个房间采暖功率是普通民宿的 2.2 倍。景区民宿在户均空调数量、空调功率和每个房间的空调功率方面均比乡村民宿高，但是其采暖费用却比乡村民宿偏低，景区民宿采暖使用频率偏低。

（3）使用空调采暖的各类民宿供暖费用占总用电费用比均在 14% 左右，说明民宿供暖水平与民宿定位、消费群体关系不大。

（4）高端民宿一般规模较大，户均初装成本是普通民宿的 3.1 倍，而平均每个房间初装成本是其 1.4 倍，户均运行成本是普通民宿的 2.5 倍，每个房间运行成本相差不多。

### （三）民宿供暖实地调研

#### 1. 实地调研概况

为全面深入调研全省民宿供暖情况实际开展情况，课题组选取全省不同地区的典型民宿，对其基本情况、经营状况、供暖设备、运行费用和供暖诉求等方面进行深入调研。

调研综合考虑浙江各片区的差异性，分别在浙北、浙南、浙西、浙东各区块选取高、中、低端类型的民宿进行实地走访，各区块选取调研对象如表 6-9 所示。

表 6-9　　　　　　　　　　浙江各区块乡村选取情况

| 所属分区 | 地市 | 县 | 民宿名称 |
| --- | --- | --- | --- |
| 浙北区块 | 湖州 | 安吉、德清、长兴 | 竹溪原舍、小燕子农家乐、帘青民宿等 |
| 浙南区块 | 丽水 | 缙云、松阳 | 原舍揽树、开心麻花、云端觅境、云影心谷等 |
| 浙西区块 | 衢州 | 柯城、开化 | 抱山书院、汉唐香府、缘舍等 |
| 浙东区块 | 宁波 | 余姚、鄞州 | 树蛙部落、香草山等 |

#### 2. 供暖设备的选取

通过对上述地区的全面调研，浙江民宿在供暖设备的选取方面，各地差异较大。民宿经营者在设备选取时，多是从初装成本和运行费用的经济性方面出发，对用能清洁性和能源利用效率关注不大。

（1）热水设备。

浙江省民宿的热水设备主要包括以下四种：空气源热泵、生物质颗粒锅炉、简单多能互补和电热水器。

1）空气源热泵在民宿的普及率极高，调研样本中约 70% 以上的民宿均选择了空气源热水器。

2）生物质颗粒锅炉仅在湖州长兴地区发现，当前政府对生物质颗粒锅炉政策尚不明确，多数地方政府对生物质颗粒锅炉有限制使用的情况。

3）简单多能互补一般是采用太阳能热水器作为主热源，在客人集中洗浴阶段，经常出现热水不足的情况，因此民宿都采用空气源热泵或"空气源热泵+电直热"方式进行补热。

4）电热水器在少数民宿中使用，由于其运行费用较高，同时需要提前启动预热，客人使用不方便，因此民宿基本使用量较少。

（2）房间供暖设备。

浙江省民宿在房间供暖设备的选取方面，相对比较丰富，主要包括以下五种类型：普通空调、空气源热泵热风机、空气源热泵热水器、电直热采暖设备、地（水）源热泵。

1）普通空调作为夏季制冷的主要设备，市场占有率、客户接受水平极高，因此往往作为冬季的主要供暖设备，减少了供暖的初始成本，在民宿普及率极高，调研的多数民宿均采用该类供暖方式。但是空调作为供暖设备，能效低、能耗高，运行成本高，不适宜作为主要供暖设备。

2）空气源热风机和空气源热水器在中、高端民宿中使用较为广泛，其较高的能效和较好的舒适性，对民宿整体提升显著。

3）电直热采暖设备在浙江西部地区使用广泛，西部山区温度较低，空调制热慢、制热效果差，往往采用电直热采暖设备进行补充。

4）地（水）源热泵目前在全省使用较少，其安装工艺复杂，初装造价高，但是其舒适性好，运行费用低，往往在规模较大、定位高端的民宿中使用；同时，水源热泵取水困难，需取得政府许可，使用更为受限。

## 3. 浙江典型供暖模式调研分析

浙江民宿在设备选取的时候，往往没有统筹的规划设计和推荐的典型模式，因此选用设备时随机性较强，导致整体经济性难以保障，部分民宿还存在后续改造升级的情况，造成不必要的投资浪费。通过对各区域民宿的实地调研，省内民宿供暖体系基本可以分为五种类型。

（1）空气源热泵热水、"普通空调+"供暖模式。

模式简介：该类模式为浙江省内最为常见的供暖模式。一般采用空气源热泵热水机作为热水的主要能源来源；普通空调作为供暖的主要来源，必要时辅以其他供暖设备。

在房间供暖方面，由于仅使用普通空调作为唯一的制热模式，而空调多采用电直热方式供暖，存在制热慢、制热功率不足的问题，导致在冬季温度较低时，供暖效果较差，客人体验较差。所以，在浙西山区，民宿往往采用踢脚线电暖器、电油汀、小太阳等直热电暖气作为补充。在供热水方面，采用空气源热泵方式，由于浙江冬季整体温度较高，热水供应量一般较为充足。

典型案例：调研过程中，湖州长兴紫茗山庄、丽水缙云开心麻花、丽水松阳云影心谷、衢州开化汉唐香府、衢州开化缘舍等众多民宿均采用该模式，下面以云影心谷为代表进行介绍。

云影心谷位于丽水松阳县四都乡，为当地老房改造，投入1800万元，定位为高端民宿，房间价格均在800元以上，节假日在1000元以上。民宿平均入住率50%左右，年营业额300万～400万元。

云影心谷民宿及空气源热泵配置情况如图6-10所示。该民宿拥有15个房间，装设21台空调以供应民宿房间及公共空间冷热需求，配置4套18kW空气源热泵提供热水。夏季电费11000元/月，冬季电费约25000元/月，春、秋季6000元/月。年电费约15万元，占营业额比例4%～5%，整体能耗较高。

图6-10 云影心谷民宿及空气源热泵配置情况

效果评价：①购置成本较低；②采用了空气源热泵，供热水运行费用低，但是由于空调和直热电暖气运行费用较高，整体运行费用偏高，调研过程中民宿经营者普遍反映冬季供暖费用过高；③制热性能不足，用户体验较差。

（2）"普通空调"供暖、多能互补供热水模式。

模式简介：该类模式一般采用普通空调作为供暖的主要来源，太阳能热水器作为热水主要能源来源，用水高峰时采用电加热、空气源热水器等作为辅助加热设备。

典型案例：尧韵山庄及设备铭牌如图6-11所示，尧韵山庄位于湖州市长兴县顾诸村，为农民自用房装修，定位为低端农家乐，房费约160元/（天·人）（含食宿），主要客源为上海、江苏、浙江中老年人。入住率达到90%左右，年营业额约200万元。

图6-11　尧韵山庄及设备铭牌

该民宿拥有18个客房、2个自住房，装设23台壁挂式空调、3个立柜式空调和2个中央空调以供应民宿房间及公共空间冷热需求，配置太阳能热水装置以及空气源热泵、电加热提供热水，年电费约12万元，占营业额比例6%，整体能耗较高。

效果评价：①购置成本较低；②浙江光伏资源不足，太阳能供热水有限，且民宿用热水较为集中，用水量大，根据北方供暖情况，基本上靠空气源热泵、电加热供热水；③制热性能不足，用户体验较差；④运行基本上以高品位的电能为主，能效差；⑤多能系统的配置合理性难以得到有效保障。

（3）"普通空调"供暖、生物质颗粒锅炉热水模式。

模式简介：该类模式一般采用普通空调作为供暖的主要来源，生物质颗粒锅炉热水作为主要能源来源，整体模式比较简单。

典型案例：元第清风位于湖州市长兴县顾诸村，为农民自用房装修，定位为低端农家乐，房费约130元/（天·人）（含食宿），主要客源为上海、江苏、浙江中、老年人。入住率达到75%左右，年营业额约180万元。

该民宿拥有20多间客房，配置1套生物质颗粒锅炉，可完全满足客房热水需求，每年冬季消耗7~8t/月生物质颗粒燃料。生物质颗粒燃料锅炉购置价格约5万元，储水罐1万元；生物质颗粒价格略有波动，约为1150元/t（购置价格750元、运费400元）。

效果评价：①在热水供应方面，大幅削减了运行成本；②生物质颗粒是可再生能源，整体较为清洁；③当地政府对生物质颗粒处于限制发展阶段，新增设备较为困难；

④占地较大，需要专门的场所存放锅炉和生物质颗粒；⑤存在一定的安全隐患。

（4）空气源热泵热水机三联供模式。

模式简介：该模式采用空气源热泵作为供冷、供暖的唯一来源。配置地暖作为冬季供暖末端，配置出风口作为夏季制冷末端。

典型案例：竹溪原舍位于湖州市长兴县顾诸村，为农民自用房改造，定位为高端民宿，房费为800～1000元/天。入住率达到60%左右，冬季基本客满，年营业额约160万元。

该民宿拥有8间客房，配置空气源热泵供应制冷、供暖和热水，投资约20万元。夏季电费为3000～4000元/月，冬季电费约为8000元/月，年电费约4.5万元。供能费用约占营业额2.8%，供能成本低。

效果评价：①整体设备初始投入相对合理；②运行费用低，年运行费用远小于电直热采暖方式；③整体舒适度较高，冬季基本客满，大幅提升民宿收益。

（5）地源热泵供暖、空气源热泵供热水模式。

模式简介：该模式采用地源热泵作为冬季供暖、夏季制冷的能源来源，采用空气源热泵作为热水的能源来源。配置地暖作为冬季供暖末端，配置出风口作为夏季制冷末端。

典型案例：原舍揽树实景及恒温泳池如图6-12所示，原舍揽树位于丽水松阳县四都乡，为大规模老旧民房改造，定位为高端民宿，房费为1480～2280元/间。整体入住率约为60%，旺季入住率90%，淡季入住率30%。

图6-12 原舍揽树实景及恒温泳池

该民宿拥有 33 个房间，配置地源热泵作为制冷、供暖主要能源来源，配置空气源热泵作为热水来源。每月最高电费 5 万多，正常 2～3 万（房间大、公共区域多，含室外恒温泳池）。能源成本约占运营成本 5%，约占营收 1%，能源成本极低。

效果评价：①设备初始投入高；②运行费用极低，供能成本与营收比例约为电力作为主要能源来源方式的 1/5；③整体舒适度较高，大幅提升民宿品质。

### 4. 浙江乡村民宿清洁供暖的地域特性

虽然各地民宿的供暖方式差别较大，但是通过对浙江各区域民宿的调研，可以看出，受气候分布等诸多因素的影响，民宿的清洁供暖方式选取，呈现出明显的地域特性，各地均有独特的供暖方式。以下是各个区域供暖的偏好情况。

（1）浙江东部：空气源热泵三联供。浙江东部地区温度相对较高，空气源热泵能效较高，配置大容量的空气源热泵热水机，可有效满足供暖、制冷和热水需求，大幅节省了多种设备同时安装的购置成本，提升了空气源热泵的利用效率，降低了购置和运行成本。

（2）浙江北部：空调/空气源热泵制热。浙江北部地区空气较为寒冷，湿度相对较低，空气源热泵性能尚可。但是，由于冬季供暖温度提升需求较大，采用空调制热能力略显不足，因此部分民宿考虑了空气源热泵，提升供暖能力。同时，热水需求量大，部分民宿考虑采用多种能源互补的方式提供足够的热水。

（3）浙江南部：空调制热。浙江南部气温相对较高，供暖周期较短，同时冬季对温度提升需求相对较小。因此，多数民宿仅使用空调制热，基本能满足客人的热需求，避免了因供暖导致的设备投资增加的问题。

（4）浙江西部：空调+直热电暖气。浙江西部以山区为主，是浙江地区冬季温度最低的地方，空气源热泵在该区域能效相对较低。因此，为提升供暖能力，多数民宿采用空调制热，并用制热电暖气快速提升室内温度的手段。该种方式相对简单粗暴，没有充分考虑能源的高效利用，导致了运行费用大幅提升。

### （四）民宿供暖存在问题

通过对民宿的全面调研，可以看出浙江长期坚持绿水青山发展路线，浙江民宿供暖以电为主，已基本做到清洁化，但是仍存在以下几点比较严峻的问题：

（1）民宿供暖多从经济实用出发，对能效的考虑不足，与国家碳达峰、碳中和及浙江清洁能源示范省建设要求不符。当前民宿需要从简单的"清洁"供暖向"清洁、高效、舒适"供暖方式转型，推动民宿经济高质量发展。

（2）大范围采用普通空调供暖，用户体验较差，使得民宿客源流失严重。调研中多数民宿冬季客源大幅缩减，特别是中低端民宿，甚至出现"季节性民宿"现象。

（3）供暖设备选取时，更多的关注初装成本，鲜少考虑运行成本。由于民宿供暖设备利用小时数较高，使得在全寿命周期角度上，整体供暖费用未得到优化。

（4）部分地区大规模采用电直热供暖方式，设备功率远大于夏季制冷负荷，导致民宿集中区域冬季供暖负荷陡增（如衢州柯城七里乡），出现配电线路和变压器容量不足的情况。

## 三、北方清洁供暖的实践研究

### （一）北方清洁供暖开展情况

#### 1. 北方清洁供暖的总体要求

2017 年，清洁取暖上升为国家战略，成为党中央、国务院关注的重大民生工程之一。国家发改委、财政部、住建部等部门陆续出台了产业发展规划、财政奖补资金等支持政策，综合利用行政手段、财税政策、价格保障、绿色金融、市场机制等手段，推动清洁供暖产业加快发展。

根据国家发改委等十部门制定的《北方地区冬季清洁取暖规划（2017—2021年）》，到 2021 年，北方地区清洁取暖率达到 70%，替代散烧煤（含低效小锅炉用煤）1.5 亿 t。供暖系统平均综合能耗降低至 15 千克标煤/m² 以下。热网系统失水率、综合热损失明显降低。新增用户全部使用高效末端散热设备，既有用户逐步开展高效末端散热设备改造。北方城镇地区既有节能居住建筑占比达到 80%。

"2+26"重点城市作为京津冀大气污染传输通道城市，且所在省份经济实力相对较强，有必要、有能力率先实现清洁取暖。在"2+26"重点城市形成天然气与电供暖等替代散烧煤的清洁取暖基本格局，对于减轻京津冀及周边地区大气污染具有重要意义。2021 年，城市城区全部实现清洁取暖，35 蒸吨以下燃煤锅炉全部拆除；县城和城乡结合部清洁取暖率达到 80%以上，20 蒸吨以下燃煤锅炉全部拆除；农村地区清洁取暖率 60%以上。其他地区按照由城市到农村分类全面推进的总体思路，加快提高非重点地区清洁取暖比重。

#### 2. 北方清洁供暖激励政策

2017 年 5 月，财政部、住房城乡建设部、环境部和国家能源局四部委联合《关于开展中央财政支持北方地区冬季清洁取暖试点工作的通知》（财建〔2017〕238 号），明确中央财政支持北方地区冬季清洁取暖试点工作。重点支持京津冀边地区大气污染传输通道"2+26"城市，并通过竞争性评审确定首批 12 个试点城市，试点示范期为 3 年，直辖市每年安排 10 亿元，省会城市每年安排 7 亿元，地级城市每年安排5 亿元。

2018 年 7 月，财政部、生态环境部、住房和城乡建设部、国家能源局四部委又联合发布《关于扩大中央财政支持北方地区冬季清洁取暖城市试点的通知》（财建〔2018〕397 号）。试点范围扩展至京津冀及周边地区大气污染防治传输通道"2+26"城市、张家口市和汾渭平原城市。如表 6-10 所示，针对第二批 23 个试点城市，中央财政每年安排不同标准的定额奖补资金。2017～2018 年，中央财政奖补贴资金投入合计达 199.2 亿元，地方补贴资金投入合计为 509 亿元，是中央财政资金投入的 2.8 倍。北方清洁取暖试点城市中央财政补贴情况如表 6-10 所示。

表 6-10　　　　　　　　北方清洁取暖试点城市中央财政补贴情况

| 批次 | 公示时间 | 试点城市 | 补贴金额 |
|------|----------|----------|----------|
| 第一批 | 2017 年 6 月 | 【直辖市】天津 | 各 10 亿元/年 |
| | | 【省会城市】石家庄、太原、济南、郑州 | 各 7 亿元/年 |
| | | 【地级市】唐山、保定、廊坊、开封、鹤壁、新乡 | 各 5 亿元/年 |
| 第二批 | 2018 年 8 月 | 【"2+26"城市】邯郸、邢台、张家口、沧州、阳泉、长治、晋城、淄博、济宁、滨州、德州、聊城、菏泽、安阳、焦作、濮阳 | 各 5 亿元/年 |
| | | 【汾渭平原城市】吕梁、晋中、临汾、运城、洛阳、西安、咸阳 | 各 3 亿元/年 |
| 第三批 | 2019 年 7 月 | 【汾渭平原城市】铜川、渭南、宝鸡 | 各 3 亿元/年 |
| | | 【其他城市】定州、辛集、济源、杨凌示范区 | 各 1 亿元/年 |

从 2017 年起，国家多个部门还相继出台了《关于推进北方采暖地区城镇清洁供暖的指导意见》（城建〔2017〕196 号）、《关于印发北方地区清洁供暖价格政策意见的通知》（发改价格〔2017〕1684 号）等多个政策文件，分别从试点示范、规划引导、价格制定、绩效考核等角度，指导和支持相关地区冬季清洁取暖工作的推进。

### 3. 北方清洁供暖的主要举措

当前，北方清洁供暖采用的主要清洁热源替代方式以"煤改气""煤改电"为主，其他形式如"煤改热""煤改生物质"等仅有少量试点。

（1）煤改电。

供暖路径：根据对相关试点城市调研来看，目前北方"煤改电"类型清洁供暖主要包括电直热转换形式和户用取暖热泵形式。电直热转换形式包括直热式电加热和蓄热式电加热两种。直热式主要采用碳晶板、家用电锅炉、发热电缆、碳纤维取暖器、石墨烯取暖器、远红外取暖器和直热式电墙壁画等十几项技术；蓄热式电加热主要包括蓄热式电暖气、箱变热库和蓄热式电锅炉等技术。户用取暖热泵包括空气源热泵热风机、空气源热泵热水机、地源热泵等技术。

补贴政策：试点城市在电网建设、设备购置和运行使用 3 个方面进行了资金补贴。电网建设方面，部分城市如北京、天津等均给予了一定比例或标准的补贴，折算后补贴成本 1000～6000 元/户。设备购置方面，根据当地财政能力和采暖方式不同，补贴标准相差很大，在 500～27000 元/户之间，采用空气源热泵和电蓄热的每户投资 6000～20000 元，政府补贴 80% 左右；采用碳晶板等直热方式的每户设备投资 3000 元以下，政府全额或部分补贴。运行使用方面，省市两级电价补贴一般为 0.2 元/kWh，每户每个供暖季补贴 900～2000 元之间。

（2）煤改气。

供暖路径："煤改气"设备相对单一，绝大多数选择燃气壁挂炉形式供暖。

补贴政策：试点城市在气网建设、设备购置和运行使用 3 个方面进行了资金补贴。气网建设方面，北京、天津等均出台了天然气管网建设补贴政策，折算后补贴标准 1000～4000 元/户，少数城市管网费用全部由燃气公司或用户自行承担。设备购置方面，北京、天津等城市以冷凝式燃气壁挂炉为主且满足一级能效，补贴标准超过 6000 元/户，河北等地要求满足二级能效，补贴不超过 2700 元/户。运行使用方面，煤改气运行费用高，大多数城市均予以补贴，北京最高 900 元/户，天津等按照 1 元/m³ 起价补贴，每户最高 900～1200 元。总体来说，煤改气投资成本 8000～10000 元/户，政府一般承担 2/3 左右。

### 4. 北方清洁供暖工作成效

根据公开资料整理，截至 2018 年年底，京津冀及周边地区、汾渭平原共完成清洁取暖改造 1372.65 万户。

截至 2018 年年底，北方 7 市清洁取暖改造完成情况如表 6-11 所示。从工作进度来看，2018 年，北京市在完成 312 个村 1.0 万户清改造任务的基础上，超额完成了山区 163 个村 574 万户配套电网改逐全市平原地区基本实现"无煤化"。从计划任务来看，河北省的工作量最大同时河北也是完成规模最大的省份，清洁取暖改造规模约占重点省市规模的 30%。从完成情况来看，河南达到 60%，天津、河北完成 50% 左右，其中天津、河北、陕西、山西清洁取暖以"煤改气"为主要方式，河南以"煤改热"或"煤改热"为主。

**表 6-11　　北方 7 市清洁取暖改造完成情况（截至 2018 年年底）**

| 地区 | 计划任务 | 完成情况（万户） | | |
| --- | --- | --- | --- | --- |
| | | 煤改气 | 煤改电/热泵 | 合计 |
| 北京 | 72 | 17.5 | 68.4 | 85.9 |
| 天津 | 120 | 40.5 | 19.7 | 60.2 |
| 河北 | 1133 | 448.3 | 56.2 | 504.5 |
| 山西 | 611 | 76.6 | 15.5 | 92.1 |
| 山东 | 594 | 92.8 | 88.4 | 181.2 |

续表

| 地区 | 计划任务 | 完成情况（万户） | | |
| --- | --- | --- | --- | --- |
| | | 煤改气 | 煤改电/热泵 | 合计 |
| 河南 | 503 | 15.1 | 287.1 | 302.2 |
| 陕西 | 362 | 133.3 | 13.2 | 146.6 |
| 合计 | 3395 | 824.1 | 548.5 | 1372.7 |

根据北方地区冬季清洁取暖中期评估结果，截至 2018 年年底，北方地区冬季清洁取暖率达到了 50.7%，相比 2016 年提高了 12.5 个百分点，其中城镇地区清洁取暖率为 68.5%、农村地区清洁取暖率为 24%。其中"2+26"城市总的清洁取暖率达到 72%，城市城区清洁取暖率达到 96%，县城和城乡结合部清洁取暖率为 75%，农村地区清洁取暖率为 43%。

### （二）北方农村清洁供暖经验

北方农村清洁供暖推进过程中，涌现出大量的供暖技术路径，"煤改电""煤改气"大规模推广应用；同时，各地也纷纷开展供暖模式创新，建设了大量的试点工程。在近两年清洁供暖探索实践中，挖掘出一批优秀的典型经验，也发现了一批"想当然"的供暖措施在实施过程中存在大量问题。

#### 1. 北方农村清洁供暖发现的问题

在近几年的农村清洁取暖改造工作中，出现了一系列不经济、不环保的案例，导致了资源供需失衡、政府财政吃紧、农民满意率低等问题。

（1）盲目跟进"煤改气"。

"煤改气"一般采用的设备为燃气壁挂炉，需要天然气管网建设，目前多数农村地区天然气输配管网并不成熟，投资力度较大。即使未来规划多数镇区将通天然气管道，该类采暖方式仍存在以下问题：一是燃气在北方农村地区应用普遍存在安全隐患，安全距离不足、安装不规范、安全意识不足等问题严重；二是农村取暖整体使用较少，管道负荷率低，造成燃气公司普遍亏损严重；三是气源不稳定，天然气价格波动较大。

政府在付出巨额基础设施投资后，仍有资金空缺，转向农户收取"燃气开口费"，增加农民的经济负担。绝大部分进行"煤改气"的地区，在政府补贴一部分用气费用之后，居民的取暖支出仍有较大幅度上升。一些地区燃气产量并不丰富，对外依存度高出全国平均水平 20%～35%，当地仍旧选择跟进"煤改气"，缺乏科学规划。

（2）直接/蓄热式电加热取暖。

直接电加热本应是一种辅助性取暖措施，一些地区却将其作为主要取暖方模推广。直接电加热式采暖技术类型繁多，北方主要应用的包括碳晶板、家用电锅炉、发热电缆、碳纤维取暖器、石墨烯取暖器、远红外取暖器、直热式电墙壁画等十几项技术。该类产品耗电量极大，对电网要求高（每个农户配置 9～18kW），即使在政府补贴情况下运行费用仍然很高；同时该类产品结构简单，技术门槛低，大量劣质产品流入市场，安全隐患大。

此外，蓄热式电加热可采用低谷电进行储能，但是由于其仍然是将高品位电能直接转化为低品位热能，省钱并不节能；同时，全天供暖负荷基本集中在晚上，需要配置更大的配电容量（每个农户配置 10kW）。因此，直接电加热和蓄热式电加热在农村地区推广均应慎重。

（3）分散农户集中取暖。

农村地区住宅分布较为分散，集中取暖节点多，对管网铺设要求高。整个供暖系统的组成部件多，从源到末端路径长，因此出现各种故障的概率相应较高；集中供暖的末端可调节性较差，无法兼容农村住宅"部分空间、部分时间"的供暖特点。

即使采用了较为高效的热源（如集中空气源热泵或地源热泵），但没有统筹考虑农宅实际取暖需求及末端动态特性，热用户侧的取暖费用没有真正降低。除非本地有免费或者极低成本的热源，不宜在农村缺乏谨慎的思考而盲目发展集中供暖。

（4）"清洁型煤"取暖。

"清洁型煤"按照目前的散户利用模式很难做到清洁，特别是清洁型燃煤生产厂家良莠不齐、质量堪忧。煤的高效清洁利用应走向大型化、集中化、高参数化。清洁型煤价格并不便宜，超出农民的心理期待价位，需要政府给用户进行燃煤补贴，额外增加了财政压力。

（5）简单的多能互补。

太阳能多能互补，一般指太阳能集热器与电能、天然气等其他能源进行多能互补，在太阳能不足时，消耗电能（电加热、热泵等）或者天然气作为辅助热源保证系统供暖。在北方未能大规模推广的原因是：一是试点城市冬季雾霾严重，光照条件较差，系统运行效率较低，实际运行基本靠辅助热源提供热能；二是多能互补系统较为复杂，控制难度高；三是系统运行维护量大，在农村缺乏专业运维人员，一旦出现爆管等故障短时难以处理。

在北方清洁供暖实践中，往往没有经过科学的计算和优化，很多工程细节不到位，造成太阳能保证率偏低、系统热损失大、运行维护不及时等。甚至不少地方的多能互补系统里的太阳能设备退化成为一个招牌，初始投资增加，但真正发挥取暖作用的是电辅热等辅助热源。

### 2. 北方农村清洁供暖的典型经验

在北方农村清洁供暖中也探索出一批极其契合农村发展特点、满足农民用能需求的供暖方式，经论证后可在农村地区大规模推广应用。

（1）空气源热泵。

空气源热泵能效系数（COP）能达到 3 左右，其运行耗电量仅为电加热设备的 1/3。再结合分时间、分空间的行为节能运行，整体运行费用很低。同时对配电容量需求较小，无需专门进行电网容量升级，非常适合广大农村地区的实际情况和需求。

为解决空气源热泵性能受温度和湿度影响较大的问题，北方试点城市近两年逐步推广应用低温空气源热泵热风机，2019 年推广量超过 100 万台。低温空气源热泵热水机与空气源热泵相当，但其与散热器或地暖水系统连接，在北方需要全天开启以防冻管，更适合房间多、需要连续运行的宾馆。

（2）生物质颗粒取暖。

生物质颗粒取暖不仅可以有效解决农村清洁取暖问题，减少了生物质废弃和野外焚烧带来的污染，且有效降低农民的取暖成本。常用的包括热水型生物质颗粒取暖和热风型生物质颗粒取暖。热水型生物质颗粒取暖可一键操作，实现燃料的自动控制入炉、分阶段燃烧、火焰温度控制等，保证了燃料的清洁高效燃烧，同时燃料价格低廉，1t 仅 1000 元左右；热风型生物质颗粒取暖设备对燃料要求较高，一般只能用于单个房间取暖。

但其在实际应用中也存在以下障碍：炉具设备良莠不齐，国家及地方对生物质环保要求未给出明确意见，部分农村在环保要求时仍然控制生物质锅炉的使用。

（3）围护结构节能改造。

农村住宅的围护结构的节能改造，可大幅提升供暖的节能水平，有效降低节能费用。因此，北方地区试点城市在农村围护结构方面开展了大量工作。

考虑到农村地区经济水平以及减少对已有美丽乡村外观改造的破坏，对于绝大多数既有农宅来讲，围护结构节能改造应采用经济型保温综合改造方案。以山东省商河县改造实测数据为例，通过选择经济型保温改造方案，每户成本可以控制在 4000 元以内，平均每户供暖节能 30% 左右。

**（三）北方清洁供暖的启示**

通过北方农村清洁供暖的实践，当前的政策导向已从"煤改电""煤改气"到"四宜"原则（宜电则电、宜气则气、宜煤则煤、宜热则热），从多能互补到因地制宜。在浙江地区推行清洁供暖升级时，应充分吸收北方供暖的先进经验，绕开北方供暖探索发现的"弯路"，探索高能效、低成本清洁供暖路径，高质量提升浙江乡村民宿清洁供暖水平，推动国家碳达峰、碳中和和清洁能源示范省建设的高效落地。

**1. 加强统筹，科学论证，避免出现"一刀切"政策**

不同农村地区气候条件、资源禀赋和经济水平不同，如何因地制宜为农村地区提供清洁高效、经济可靠的供暖方式，需要政府、企业和研究机构联合组织攻关团队，针对差异化的供暖路径、鼓励政策，提出切实可行的实施方案，强化技术经济必选和前期试点示范，避免出现"一刀切"的情况。

### 2. 合理引导，精准补贴，引导农村供暖可持续发展

北方供暖实施过程中，各级政府花费大量财政经费补贴清洁供暖设备等，很多地方甚至出现超额补贴情况，用户往往选择一次性直接收益最高的设备。而在后续运行时，往往因为运行费用过高，导致供暖设备使用效率低甚至弃用等。因此，需要地方政府进行充分论证，采用"补初装不补运行"等策略，对高能效设备和建筑节能改造进行补贴，引导用户使用低运行成本、高能效、可持续的取暖设备。

### 3. 就地取材，因地制宜，建立现代农村供暖能源体系

农村地区具有大量的光伏、生物质等就地能源资源，根据资源分布情况，选取合理的能源资源化方式，开展农村清洁供暖，是推动农村能源革命的必然要求。可在农村地区建设太阳能发电，一定程度上供应电采暖电力需求，减小电网增容改造压力；采用生物质颗粒供暖，提升农村清洁供暖经济性，有效减少农林固体剩余物碳排放。

## 四、民宿清洁供暖的浙江模式

### （一）浙江清洁供暖资源调查分析

#### 1. 太阳能资源

浙江省各地年太阳总辐射为 $4091\sim4604MJ/m^2$。在太阳能资源空间分布上呈现两个特点：北多南少；同纬度地区沿海或者平原多，山区丘陵少。浙江省太阳总辐射可划分为 3 个区：Ⅰ区为浙东北地区，主要包括杭州东部、湖州大部、嘉兴和舟山，该区年平均总辐射为 $4402MJ/m^2$，是浙江省太阳辐射高值区；Ⅱ区为浙西北地区，主要包括湖州西南部、杭州西部和衢州地区，年平均总辐射为 $4303MJ/m^2$；Ⅲ区主要集中在浙中南一带，年平均总辐射为 $4273MJ/m^2$，是浙江省太阳辐射低值区。

总结：太阳能热水器的应用是浙江省太阳能热利用的重要途径之一，但是浙江省太阳能资源属于第四类——不丰富区域。在浙江省采用太阳能供暖及其多能互补方式，可适用于单户家庭，但对于热水需求较多的民宿等，应慎重考虑。

#### 2. 地热资源概况

据浙江省地质矿产研究所统计，全省地热（温泉）异常点有 81 处，其中，已开发的地热（温泉）4 处，取得了较好的经济效益；地热突发增温点多处，有的温度还很高，具有进一步寻找高温泉点的价值。从全省地热（温泉）点分布地域来看，大致可划分为 4 个地热（温泉）带，即浙东沿海地热（温泉）带、浙中地热（温泉）带、浙西地热（温泉）带和浙北地热（温泉）带。

按地热资源温度分级标准，省内现已查明不小于 25℃ 地热点计有 17 处，其中

绝大部分地热点热水温度在 25~62℃之间，属低温地热资源。

总结：浙江省地源资源较为丰富，尤以浙北地区、宁波盆地及东南沿海地区为最佳。在本地区其他能源资源相对比较匮乏情况下，地源热泵系统是非常适用的，建议在浙江桐乡、杭州、嘉兴、海宁、嘉善以及宁波地区，有条件的可考虑地源热泵供暖方式。

### 3. 水资源概况

浙江地处亚热带季风气候区，降水充沛，年均降水量为 1600mm 左右，是我国降水较丰富的地区之一。省水利厅发布了 2018 年《浙江省水资源公报》，全省地表水资源量 848.64 亿 $m^3$，全省地下水资源量 213.92 亿 $m^3$（地下水与地表水资源不重复计算量 17.90 亿 $m^3$）。全省水资源总量 866.54 亿 $m^3$。

全省水资源时空分布不均、年际变化较大。一年之中，降水主要集中在梅汛期和台汛期，约占年度降水总量的 70%，且年内最大月份降水量是最小月份的 5 倍，从空间上看，降水总的分布趋势是自西向东、自南向北递减，山区大于平原，沿海、山地大于内陆盆地，衢州多年平均降水量是嘉兴的 1.5 倍。

水资源空间分布也不均，钱塘江中下游的浙北苕溪、杭嘉湖平原、曹娥江和甬江一带水资源量只占全省的 1/5，浙西南瓯江、飞云江、鳌江一带水资源量占全省的近一半。

总结：浙江杭州的千岛湖、青山湖、钱塘江、新安东阳江等地表水体中蕴含着大量的低温冷热源；地下水水温夏季约为 20℃、冬季约为 15℃，也是优质的天然冷热源。因此在靠近江、河、湖、海等大量自然水体的地方，在环保的前提下，利用这些自然水体作为热泵的低温热源是可行的。

### （二）常用供暖设备及适应性分析

#### 1. 直热类电采暖设备

直热类电采暖通过电热元件将电能直接转换为热能，并以对流或辐射散热的方式直接供暖。根据发热元件的不同，主要有直热电锅炉（电阻、半导体、电磁等）、直热电暖气、发热（合金、碳纤维）电缆、电热膜、石墨烯及碳晶电热板等。

（1）直热电锅炉。

工作原理：电磁锅炉工作原理及设备内部结构图如图 6-13 所示。利用发热元件，将电能直接转换为热能，加热循环水，并通过散热末端（暖气片）散热供暖，根据发热元件不同，包括以下 3 种：①电热管（电阻）锅炉利用电阻发热原理，将电能转换为热能直接加热循环水；②半导体锅炉采用半导体陶瓷片作为发热元件，促使电子在强磁场条件下产生磁撞，使电能以面状形式于工质的分子键结合转化为热能；③电磁（涡流）锅炉利用电磁感应原理，将电能转换为热能的加热器。

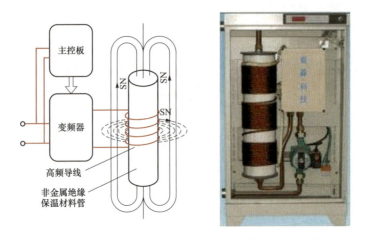

图 6-13　电磁锅炉工作原理及设备内部结构图

技术特点：①清洁高效，升温快；②初始建设成本较低；③体积小，改造施工方便，可直接利用原有锅炉散热管网和散热片；④能效比低，不节能；⑤采暖运行费用高；⑥对电网依赖度高，抗停电风险能力差。

适用范围：不受地域限制，尤其适合东北、西北等极寒地区。

（2）直热电暖器。

工作原理：利用电能直接转换为热能，并直接辐射或对流供暖的小型采暖设备，包括踢脚线电暖器、电油汀、小太阳等。直热电暖器示例如图 6-14 所示。

图 6-14　直热电暖器示例

技术特点：①安装灵活，使用方便；②购置成本低；③能效低，运行费用高。

适用范围：适用于较小房间、临时性采暖需求或需要补充供暖功率的房间。

（3）发热（合金、碳纤维）电缆。

工作原理：利用合金电阻丝或者碳纤维制成电缆，利用电阻丝或碳纤维将电能直接转换为热能供暖，通常以地暖形式施工安装。发热电缆及安装示意图如图 6-15 所示。

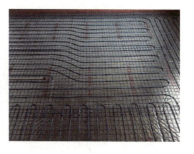

图 6-15　发热电缆及安装示意图

技术特点：①辐射散热，采暖效率高；②地暖安装，采暖效果好，具有一定蓄热性能；③安全环保，使用寿命长；④温度提升相对较慢；⑤采暖耗电量及费用较高。

适用范围：公共建筑、居民建筑采暖均适用，适用于对采暖费用敏感性较低的高端民宿。

（4）电热膜。

工作原理：电热膜由可导电的特制油墨、金属载流条经加工在绝缘聚酯薄膜之间制成。通电后，碳分子之间发生剧烈摩擦和碰撞，产生热量并以远红外辐射和对流的形式对外传递热量供暖。电热膜结构及安装示意图如图 6-16 所示。

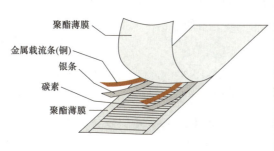

图 6-16　电热膜结构及安装示意图

技术特点：①电热转换效率高，升温速度快；②地暖安装形式，采暖效果好；③能耗大，采暖费用较高。

适用范围：公共建筑、居民建筑采暖均适用，适用于对采暖费用敏感性较低的高端民宿。

（5）石墨烯及碳晶电热板。

工作原理：在电场的作用下，碳分子之间发生剧烈的摩擦和撞击，产生热能，通过远红外涂层将热能转换为辐射能，以远红外辐射（主要）和对流（次要）的形式对外传递。石墨烯及碳晶发热板安装示意图如图 6-17 所示。

图 6-17　石墨烯及碳晶发热板安装示意图

技术特点：①远红外辐射传热能够直接加热人体，不加热空气，从而提升采暖能量利用效率；②升温迅速、温暖舒适、安装成本适中；③使用寿命长、益于身体健康、控制灵活；④表面温度过高，不能覆盖衣物等。

适用范围：农村公共空间、民宿酒店、住宅等各类场所，尤其适合临时性采暖场所。

### 2. 蓄热类电采暖设备

蓄热类电采暖设备具有能量时移特性，能够结合峰谷电价政策，充分利用夜间谷电供暖，降低采暖费用。根据蓄热介质的不同，可分为固体蓄热、相变蓄热、水蓄热。蓄热类设备对于电功率的需求约为非蓄热类设备的 2 倍。

（1）固体蓄热电锅炉。

工作原理：固体蓄热电锅炉原理图如图 6-18 所示，固体蓄热电锅炉包括电加热装置与固体蓄热材料，电加热装置利用夜间低谷电加热供暖，并通过蓄热载体（镁砖）将多余热量以显热形式储存，白天在用电高峰时段，通过蓄热设备放热供暖。固体蓄热加热循环管道循环水，并通过地暖或者暖气片散热。

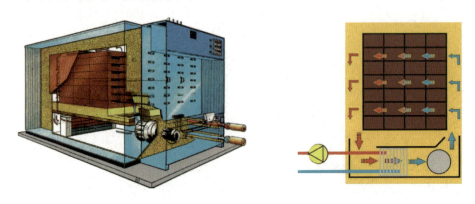

图 6-18　固体蓄热电锅炉原理图

技术特点：①运行成本低，相对直热式电锅炉节约电费 20%～40%，能够削峰填谷，有助于电网稳定；②安全高效，清洁环保；③初始投资较大，设备占空间较大；④电功率需求较大。

适用范围：小范围集中供暖，农村公共设施采暖，如村委会、图书馆等。

（2）固体蓄热电暖器。

工作原理：夜间谷电时段加热蓄热砖（镁砖），白天峰电时段优先利用蓄热砖中储存的热量供暖，热量不足可再次启动加热管补热。热量一般通过空气对流直接散热供暖。固体蓄热电暖器结构示意图如图 6-19 所示。

技术特点：①采暖费用低；②削峰填谷，提升电网利用率；③可灵活配置采暖区域、时段，采暖效果好；④运维方便、无噪声、无污染、安全环保；⑤重量大，小体积无法满足大房间连续供暖；⑥房间温升速度慢。

适用范围：适用于小户型、分散式采暖。

（3）水蓄热电锅炉/空气源热泵。

图 6-19  固体蓄热电暖器结构示意图

工作原理：夜间谷电时段，利用电锅炉或者热泵类热源加热水，为房屋供暖，并将多余热量通过水温的提升，以显热将热量存储在水中。为提升蓄热量，需配置储水罐。白天峰电时段，利用储水罐中的热水循环，提供供暖热量。水蓄热直热电锅炉及蓄热水罐如图 6-20 所示。

图 6-20  水蓄热直热电锅炉及蓄热水罐

技术特点：①充分利用谷电，采暖费用低；②购置成本低，安装方便；③蓄水罐体积大、占地面积大；④蓄热放热均匀性差，放热初期温度高，末期温度低。

适用范围：需具备蓄热水罐安装空间，适宜农村居民、民宿采暖。

（4）相变蓄热电锅炉/空气源热泵。

工作原理：相变蓄热原理图如图 6-21 所示，利用相变材料物理状态变化时，会吸收（释放）大量热的材料相变特性，在用电谷段，结合加热设备错峰用电，降低采暖成本。需配合热源出水温度选配合适相变温度的装置。

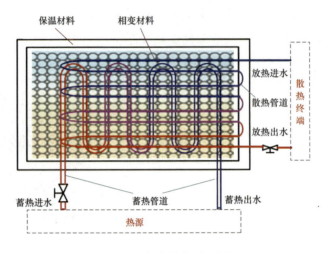

图 6-21　相变蓄热原理图

技术特点：①相比固体、水蓄热装置，蓄热能力强，蓄热容量大；②放热过程温度均匀；③购置成本高，普通居民采暖适用低温型相变蓄热材料。

适用范围：适用于居民住宅、图书馆、学校等场所。

### 3. 热泵类供暖设备

热泵类电采暖可以利用少量电能，通过热泵系统将热量从低位热源传送到高位，以满足供暖需求。根据地位热源的不同，主要有空气源热泵、地（水）源热泵等。

（1）空气源热泵。

工作原理：以逆卡诺循环为原理，制冷剂从室外低温空气吸收热量蒸发气化，在房间内凝结成液体释放热量，循环往复完成热泵循环。室内通过循环水或者风机盘管进行供暖散热。根据不同特性，包括普通空气源热泵、超低温空气源热泵、高温出水型空气源热泵、热风型户式空气源热泵等。空气源热泵示意图如图 6-22 所示。

空气源热泵结霜特性：该种供暖方式的区域性特征明显，对外界环境温度依赖性较大，在低温环境温度下，制热性能受冬季室外环境温度及相对湿度影响较大，制热能力及供热水的出水温度都会降低，导致系统所需热泵的数量及运行能耗都会有所增加。

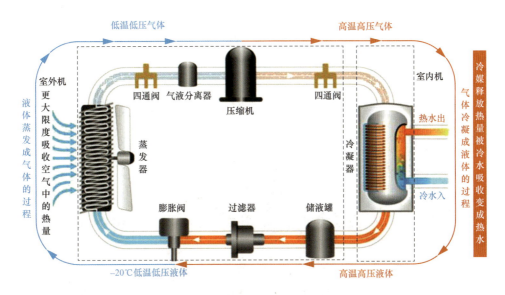

图 6-22 空气源热泵示意图

技术特点：①高效节能，能效比可达 2.0～4.0，运行成本低；②安全舒适，运行稳定，绿色环保；③安装施工及运维简单；④建设成本较高；⑤受地域气候限制，极寒环境下制热效率降低。

适用范围：适用于非高寒气温地区；低于–10℃不推荐使用普通空气源热泵，可考虑超低温空气源热泵。

（2）地（水）源热泵。

工作原理：同样采用逆卡诺循环为原理，制冷剂从浅层地表土壤或浅层地表水中吸收热量蒸发气化，经压缩机压缩做功，实现低品位热能向高品位热能转移，在房间内凝结成液体释放热量，循环往复完成热泵循环。地（水）源热泵示意图如图 6-23 所示。

技术特点：①高效节能，能效比可达 3.5～5.0，节能 40%～60%，采暖成本低；②安全稳定，舒适度高；③绿色环保，可再生循环利用；④冬夏复用，夏天制冷，冬天供暖；⑤易受地理条件限制，土建量大；⑥安装复杂，初始投资高。

适用范围：适用于地质条件好、建筑密度低、有自家院落的农户，或者办公区、工业园区集中供暖（冷）场所，制冷制热综合使用为宜。

### 4. 其他供暖设备

（1）生物质颗粒锅炉。

工作原理：生物质锅炉是指利用燃烧生物质颗粒供暖的设备，而生物质颗粒则是由秸秆废弃物进行加工而成，所以成本低，锅炉的运行成本也就较低。生物质锅炉的运行费用是目前锅炉产品中最低的，因为使用的燃料为木质等材料，它属于新型环保燃料，也是一种可再生资源，所以还具有环保的优势。生物质颗粒锅炉原理及实物图如图 6-24 所示。

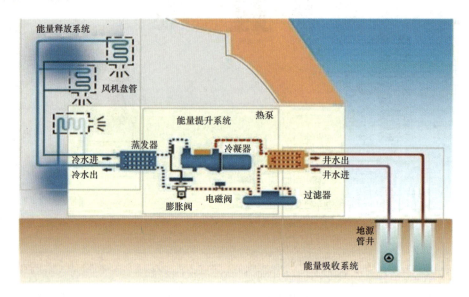

图 6-23　地（水）源热泵示意图

图 6-24　生物质颗粒锅炉原理及实物图

技术特点：①运行成本低；②热效率高；③占空间较大，需要生物质颗粒储存空间。

适用范围：适用于农村地区的酒店、农家乐等。

（2）燃气壁挂炉。

工作原理：燃气壁挂炉以燃烧天然气产生热水作为热源，室内通过暖气片或地板辐射方式供暖。燃气壁挂炉原理及实物图如图 6-25 所示。

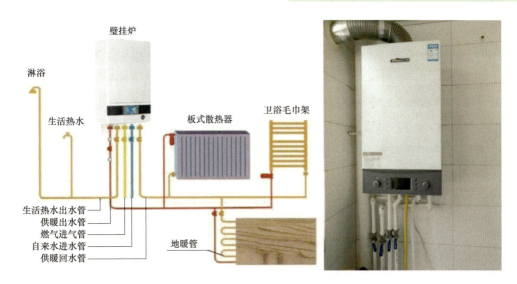

图 6-25　燃气壁挂炉原理及实物图

　　技术特点：①结构相对简单；②清洁、高效、节能；③供暖时间可自由设定，供暖温度可在一定范围内调控；④室内温度分布均匀，舒适度好；⑤成本较高，升温速度相对较慢，噪声比较大。

　　适用范围：具有燃气管道敷设、燃气供应充足的城镇。

　　（3）太阳能多能互补。

　　工作原理：太阳能多能互补是指太阳能集热器与电能、天然气等其他能源进行多能互补的形式，通过太阳能集热器将太阳能收集并储存于保温水箱进行供暖。在太阳能无法保证时，消耗电能（电加热、热泵等）或者天然气作为辅助热源保障系统的供暖。太阳能集热器如图 6-26 所示。

　　技术特点：①太阳能光热系统无能源消耗；②受光照影响大，在光照不足的地区，基本靠辅助热源提供热量；③系统运

图 6-26　太阳能集热器

行维护量大，在缺乏运维人员的农村地区，爆管等故障短时难以修复。

　　适用范围：适用于农村地区的民宿、农家乐等，不建议大范围推广。

### 5. 供暖设备在浙江的适用性分析

　　通过上述常用供暖设备的工作原理、技术特点和适用范围分析，结合北方清洁供暖工作实践以及浙江供暖现状、资源分布和气候条件等因素，对供暖设备在浙江的适用性分析如下：

（1）适宜大范围推广空气源热泵。近些年，浙江冬季平均最低温度2℃左右，适宜空气源热泵的运行，特别是东部和南部地区，更宜采用高能效的空气源热泵，提升能源使用成本。

（2）直热式电采暖设备在浙江普及较广，但是其采用高品位的能源且运行费用过高，同时制热效果舒适度均略显不足，仅适宜作为辅助性供暖设备。

（3）生物质颗粒供暖清洁能效高、运行费用低，同时又推动了农村生物废弃物的就地处理，适宜在农村地区使用，但是需要政府对生物质颗粒供暖给出明确指导意见。

（4）蓄热式电采暖设备造价相对高，对电网容量配置需求极高，农村地区使用容易导致电网供电能力不足，更适宜在城镇区域短时供暖。同时，浙江峰谷电价差相对较小，其经济价值难以有效彰显。

（5）集中式供暖和燃气供暖对管道要求均较高，在分散分布、负荷较低的农村地区使用经济性较差，特别是集中式供暖维护起来相对麻烦。

（6）太阳能多能互补模式等创新采暖方式在浙江的推广应用应慎重，应用前需要经过经济性、环保性测算，并充分考虑其适用区域，避免不必要的投资浪费。

### （三）适用于浙江民宿的清洁供暖典型模式研究

#### 1. 典型清洁供暖模式的构建

（1）浙江民宿清洁供暖的主要技术原则。

综合浙江地区冬季供暖现状和北方清洁供暖典型经验，浙江民宿在清洁供暖模式构建时，应遵循以下技术原则：

1）民宿供暖设备选取应从全寿命周期经济性出发，兼顾初装成本和运行成本；

2）民宿供暖应从当前仅考虑清洁能源的基础上，考虑能源利用效率，尽量减少电直热等高能耗设备的选取；

3）浙江冬季持续时间较短，应尽量考虑冬季供暖与夏季供冷相结合，提升设备利用效率；

4）应结合当前民宿供暖模式和改造困难程度，考虑各类民宿对改造费用的承受能力；

5）应考虑电网等公共基础设施的承载水平。

（2）清洁供暖典型模式。

基于以上原则和浙江气候、资源分布情况，从地域分布和民宿等级场景出发，提出了适合浙江民宿供暖方案。

1）模式A：空气源热泵三联供系统。

方案描述：采用空气源热泵实现夏天制冷、冬天制热并且提供生活热水的三联供系统，设备的利用率大大提高。夏季利用风机盘管送冷风，冬季通过空气源热泵制备出的热水进入地板辐射管道或散热器供应暖气。

方案特点：①安装方便，不影响建筑整体外观；②设备维护简单；③可以实现局部时间、局部空间快速启停，房间供暖升温快；④空气源热泵系统受外界天气影响较大，随着温度降低，系统能效比下降；⑤冬季需要除霜。

2）模式 B：空调+生物质颗粒锅炉系统。

方案描述：夏天用空调实现制冷，冬季采用生物质颗粒锅炉提供热水，通过地板辐射或散热器进行房间供暖，并提供生活热水的需求。

方案特点：①整体投资成本低；②生物质燃料使用成本远远低于燃气、燃油、电等能源；③非供暖期，锅炉只用于提供热水的情况下，热负荷减少，锅炉效率下降；④设备及燃料的存储占地面积大，民宿可利用空间减少。

3）模式 C：空调+直热式电供暖+空气能热水器。

方案描述：空调用于夏天的制冷，直热式电供暖用于冬天供暖，生活热水由空气能热水器提供。该方案是基于既有民宿空调的冬天制热效果不理想，辅助采用直热式电采暖，运行费用大大提高。只适用于既有民宿和低端民宿，新建或改建民宿不建议使用。

方案特点：①供暖可实现分户分室控制，可控性强；②加热速度快；③运行成本高，能源使用效率低。

4）模式 D：空调+空气能热水器。

方案描述：采用空调夏季送冷风，冬季送热风，空气能热水器提供生活热水。该方案是目前民宿普遍采用的方式。

方案特点：①可实现分户分室控制，节约能源；②空调在冬季制冷效果不理想，制热效果差；③室内温度分布不均匀，上高下低，有吹风感且使室内空气干燥，舒适性差；④开启配备辅助电加热来制热，运行成本增加。

5）模式 E：地源（水源）热泵三联供系统。

方案描述：采用地源（水源）热泵实现夏天制冷、冬天制热并且提供生活热水的三联供系统，设备的利用率大大提高。夏季利用风机盘管送冷风，冬季通过地源（水源）热泵制备的热水进入地板辐射或散热器，实现对房间的供暖。因地源热泵实施时需要在建筑周围打井，建议在民宿建设设计阶段同步考虑最佳。

方案特点：①地源（水源）温度恒定，不受外界环境的影响，热泵能效高；②性能稳定，运行费用低；③利用可再生能源，减少能源消耗；④系统投资成本高；⑤施工工艺要求高；⑥后期运维复杂。

因水源热泵的施工比地源热泵简单，建设投资成本比地源偏低。民宿临近大型水库或河流，且当地政府的政策许可可采用水源热泵。再者对于有砂层、卵石、砾石层等含水层的地质，且当地政策允许开采地下水情况下，也可采用水源热泵。

6）模式F：空调+光热+生物质颗粒锅炉系统。

方案描述：夏天用空调实现制冷，冬季采用太阳能光热+生物质颗粒锅炉提供热水，通过地板辐射或散热器进行房间供暖，并提供生活热水的需求。白天阳光强烈时，直接采用太阳能热量取暖；当蓄热水箱内热量不足时，生物质锅炉自动开启供热。

方案特点：①运行费用低；②生物质燃料使用成本远远低于燃气、燃油、电等能源；③可根据用户自身的采暖需求合理调整，实现供热控制的高效智能化，运行可靠；④设备及燃料的存储占地面积大，民宿可利用空间减少；⑤光热系统需要的大量屋顶资源且屋顶为平顶。

（3）末端装置配置。

采暖系统的末端装置可以是地板辐射采暖、散热器采暖和风机盘管三种方式。末端组合方式如表6-12所示。

地板辐射采暖：主要有两大类，即热水地板辐射供暖和电热（发热电缆、电热膜、碳晶类）地板辐射供暖。使用地板辐射供暖舒适、卫生、节能，且不占用有效面积。热水地面辐射供暖以低温热水作热媒，通过埋设于地板内的管材加热，实现大面积均匀地向室内人体、家具及四周维护结构进行辐射换热，辅以对流换热来达到加热室内空气，从而使其表面温度提高，造就一种符合人体舒适要求的室内热环境。

散热器采暖：以热源热水作为循环热媒通过散热器等作为终端散热设备的采暖方式。取暖供热速度快，但会占用部分墙面。散热器表面温度较高，易产生散热不均匀。

风机盘管：风机盘管机组主要由低噪声电机、盘管等组成。风机将室内空气或室外混合空气通过表冷器进行冷却或加热后送入室内，使室内气温降低或升高，以满足人们的舒适性要求。风机盘管可以采用开停式控制，转速可以三挡调速，也可以无级调速。

从舒适性和节能角度出发，地板辐射采暖最佳，散热器采暖、风机盘管次之。

表6-12　　　　　　　　　　末 端 组 合 方 式

| 组合方案 | 热源 | 末端设备 |
| --- | --- | --- |
| 1 | 空气源热泵 | 地板辐射 |
| 2 | | 散热器 |
| 3 | 生物质锅炉 | 地板辐射 |
| 4 | | 散热器 |
| 5 | 电采暖 | 地板辐射 |
| 6 | 中央空调 | 风机盘管 |

## 2. 典型模式的经济性分析

综合考虑民宿夏天制冷、冬天采暖以及全年热水的需求配置各种模式。基于空调和热泵类运行的制冷效率区别并不大，在此对制冷的年运行费用不进行测算。

边界条件：以 400m² 民宿为例进行设计、对比。民宿内部功能包括接待大厅、厨房、餐厅、客房等功能区，暂估客房 6 间。实际采暖面积约 280m²，按照 105W/m² 采暖功率配置，则需要配置总功率约 29kW。按制热期 3 个月，平均每天运行时间 16h，一般工商业电价 0.6964 元/kW 测算。寿命期按 20 年计算。

模式 A：空气源热泵受外界天气影响较大，会存在冷热量衰减。冬季需要除霜，经修正计算后可得其系统制冷能效比平均分别取 3.5，制热系统平均能效比取 2.6。热泵在过渡季和制热季制热水的系统能效比分别按 3.2 和 2.6 计算。初始投资成本含机房设备为 6.8 万元、末端为风机盘管 1.4 万元、地板辐射 3.9 万元，安装部分 5.7 万元。

模式 B：空调可选用多联机或分体式空调，投资成本上将存在较大的区别。采用三台柜式 3 匹变频空调（按 5000 元/台）和六台壁挂式 1.5 匹变频空调（按 1500 元/台），生物质颗粒锅炉的效率为 85%，热水用水定额每人每天 150L，平均热水用量约为 1.5m³/天，生物质价格 1000 元/t，末端地板辐射采暖成本 3.6 万元。

模式 C：由于直热电暖器设备类型多样，其成本差异较大。每个房间配置各配置一个 2.2kW 的电取暖（按 1500 元/台），大厅、餐厅各配置 2 台 2.2kW，按总功率 22kW 计算，一台 2 匹空气能热水器（按 5000 元/台），实施费 1.5 万元（含水泵、水箱、管道、辅材以及安装费）。

模式 D：空调可选用多联机或分体式空调，投资成本上将存在较大的区别。同模式 C。采用多联机空调，初始投资 10 万元。

模式 E：取地/水源热泵制冷系统能效比为 4.18/4.3，制热系统能效比为 3.53/3.6。地/水源热泵在过渡季和制热季制热水的系统能效比分别按 3.6 和 3.5 计算。初始投资成本含机房设备为 9.3 万元、末端为风机盘管 1.4 万元、地板辐射 3.9 万元，安装部分 5.7 万元，还需要室外打井的费用 6 万元。

模式 F：空调可选用多联机或分体式空调，投资成本上将存在较大的区别。同模式 B。生物质颗粒锅炉的效率为 85%，热水用水定额每人每天 150L，平均热水用量约为 1.5m³/天，生物质价格 1000 元/t，末端地板辐射采暖成本 3.6 万元。光热系统的安装面积为 50m²，建设投资成本 2 万元。

各个方案的建设投资成本和供暖的年运行费用估算如表 6-13 所示。

表 6-13　　　　　　　　　投资成本及运行费用估算　　　　　　　　单位：万元

| 模式 | 方案描述 | 投资成本 | 年运行费用 | 年均费用 |
|---|---|---|---|---|
| A | 空气源热泵三联供 | 17.8 | 1.41 | 2.30 |
| B | 空调+生物质颗粒锅炉 | 9.5（分体式） | 1.56 | 2.03 |

续表

| 模式 | 方案描述 | 投资成本 | 年运行费用 | 年均费用 |
|---|---|---|---|---|
| C | 空调+直热式电供暖+空气源热水器 | 5.9（分体式） | 2.73 | 3.02 |
| D | 空调+空气源热水器 | 4.4（分体式） | 1.85 | 2.07 |
| | | 12（多联机） | | 2.45 |
| E | 地源（水源）热泵 | 26.3（地源） | 0.98 | 2.29 |
| | | 23.3（水源） | | 2.14 |
| F | 空调+光热+生物质颗粒锅炉系统 | 11.5（分体式） | 1.14 | 1.72 |

从初始投资成本来看，地源（水源）热泵初装成本明显高于其他供暖方式，而采用空调和空气源热泵整体投资费用最低。但是，从运行成本来看，地源（水源）热泵供暖方式显著低于其他供暖方式，而浙江西部地区当前采用的"空调+直热式电供暖+空气源热水器"供暖方式年运行费用很高。从全寿命周期的经济性来看，"空调+光热+生物质颗粒锅炉"反而最低。

### 3. 民宿清洁供暖推荐方案

（1）浙江民宿供暖场景分析。

根据现状调研情况可以看出，浙江不同区域、不同等级的民宿，其在供暖设备选择上，存在明显的差异。因此在民宿供暖的选取上，应考虑地域分布和民宿等级两个维度。

地域分布：按地域分布可分为浙东、浙北、浙南和浙西四个区块。浙江东部地区温度相对较高，供暖温差小；浙江南部气温相对较高，供暖周期较短，同时冬季对温度提升需求相对较小；浙江北部地区和西部地区空气较为寒冷，供暖需求量较大。关于其供暖特点，前文已进行详细的说明，此处不再赘述。

民宿等级：按照民宿等级可分为高端民宿、中档民宿和低端民宿。其中，低端民宿一般为农家乐。高端民宿：一般定价400元/天以上，客户群体约占总量20%，年轻人占比较高。该类民宿一般比较关注整体品质，注重供暖舒适性。对用能成本考虑较少，用能持续时间和功率配置均较大。中档民宿：一般定价200～400元/天，客户群体约占50%，该类民宿兼顾舒适性和经济性。低端民宿：一般定价200元/天以下，客户群体约占30%，中老年人占比较高。该类民宿对经济性考虑较多，用能持续时间相对较短。

（2）方案推荐。

根据所在区域和自身等级，民宿经营者可结合自身经济条件，参考表6-14选择适用的清洁供暖模式。

表 6-14 各种场景下民宿的清洁供暖模式推荐表

| | 东部 | 南部 | 西部 | 北部 |
|---|---|---|---|---|
| 高端民宿 | A、E | A、E | A、C、E | A、E |
| 中档民宿 | A、D | A、D | A、C、D | A、D |
| 低端民宿 | A、B、D、F | A、B、D、F | A、B、C、D、F | A、B、D、F |

其中，空气源热泵三联供系统（模式 A）具有综合费用低、适用能耗高、用户体验好的特点，在浙江全域均可适用；空调+生物质颗粒锅炉系统（模式 B）、空调+光热+生物质颗粒锅炉系统（模式 F）需要储备场地，一般用于低端民宿；空调+直热式电供暖+空气能热水器（模式 C）主要是为了解决冬季供暖不足的问题，其能效低，一般不建议适用，可在浙江西部地区解决供暖难的问题；空调+空气能热水器（模式 D）在浙江应用普遍，但其能效较差、舒适性不足，不建议在高端民宿中使用；地源（水源）热泵三联供系统（模式 E）初始投资成本较高，舒适性好，建议在自然资源较好的高端民宿中使用。

### （四）多能利用与新型能源利用技术

#### 1. 多种能源综合利用技术

通过多种能源的综合利用，大幅减少民宿对外来能源的依赖程度，一方面可有效降低民宿经营者的冬季清洁供暖的负担，另一方面也有效地促进农村能源的就地消纳，这是实现碳达峰、碳中和的必然要求。根据浙江农村各类资源分布情况以及民宿供暖实际情况，浙江适宜综合利用太阳能和生物质能，作为民宿的能源来源。

（1）太阳能供暖技术。

太阳能采暖是将太阳能集热系统收集到的太阳能热量应用于采暖需求，按照收集太阳能方法的不同分为主动式太阳能采暖系统和被动式太阳能采暖系统。被动式太阳能采暖系统通过对建筑物结构合理的布局，改造窗户、墙、屋顶以及地面尽可能吸收储存太阳能，如特朗勃墙。主动式太阳能采暖系统一般通过风机或者水泵来驱动传热介质将太阳能收集的热量输送到需要采暖需求的地方，循环工质主要有空气和热水等。由于太阳能辐射的不稳定性，以及夜晚无太阳辐射，系统中一般会有辅助能源系统作为备用。本书主要介绍两种适用于浙江的主动式太阳能采暖系统。

光伏+电直热/空气源热泵辅热技术：该方案利用居民住宅屋顶安装分布式光伏发电系统，一方面在采暖季直接提供电采暖用电；另一方面可通过光伏发电补贴与上网卖电收益抵消电采暖费用支出。

光热+电直热/空气源热泵辅热+蓄热技术：该方案充分利用太阳能光热转换，白天光照充足时利用太阳能集热器加热循环水供暖；夜间或阴天时，利用电直热/空气源热泵设备直接加热循环水供暖。通过降低采暖电能消耗，实现节能及节约采暖费用的目的。此外，通过合理配置蓄热设备，缓冲制热供给与采暖需求，一方面储存白天光热供暖时段多余热量，另一方面谷电时段储存热量，用于峰电、无光热时段供暖，能够进一步降低采暖费用。

（2）生物质—太阳能联合供暖技术。

关于采用生物质能供暖前文已有述及，且在浙江已有案例，其重要性和存在的问题也已明确。本书介绍当前学者比较关注的生物质—太阳能联合供暖技术。

生物质—太阳能联合供暖系统是将生物质燃料作为辅助热源，在阳光充足时发挥太阳能的作用，太阳能提供热量，生物质锅炉不运行；而在气候不好的时候生物质炉弥补太阳能供热的不足，两者切换使用降低了运行成本，提高了生物质炉的使用寿命，无需为了增加集热器面积而增加初投资，降低成本。

该项技术已在北方地区进行了试点试验，太阳能与生物质能联合供暖下房间各时段平均温度维持在 17.3～17.5℃且波动不超过 ±0.5℃。相比电加热作为辅助热源，可以明显看出生物质锅炉在稳定性上的明显优势。同时，对比各种辅助热源的经济效益，生物质燃料在农村使用的经济性明显优于热泵系统、电加热系统。

### 2. 新型能源利用技术

为了提升能源利用效率、解决部分能源供热不适应问题，当前国内研发出多样化的新型能源利用技术，结合浙江供暖现状和供暖需求分析，本书主要介绍当前比较具备发展潜力的、解决浙江实际问题的光伏光热一体化技术和低温空气源热泵热风机技术。

（1）光伏光热一体化技术。

光伏光热一体化是采用太阳能光电、光热多能板，将太阳能电池组件与太阳能集热器结合起来，形成同时具有发电和产生热水功能的装置。民宿在住宅屋面上安装太阳能光电光热多能板，同时安装保温蓄热水箱，系统通过太阳能集热连接管路的循环，将热水储存在保温水箱里，通过智能化设备将热水输送到各个用户终端，满足日常供暖所用。

光伏光热一体化装置运行原理图如图 6-27 所示。光伏发电在利用太阳能转化为电能时，太阳能电池组件会产生大量的热能，会降低组件发电效率，而光伏光热一体化技术正是利用太阳能电池组件产生的热能，在输出电力同时提供热水或供暖在得到温度较高的热水的同时，使系统具有较高的整体效率，有效提升太阳能系统的全年节能减排效益。

（2）低温空气源热泵热风机技术。

空气源热泵在低温状态下，运行效率大幅减小，浙江东部和北部地区，冬季最低温度会达到 0℃以下，采用空气源热泵技术在部分时间制热效果不明显。

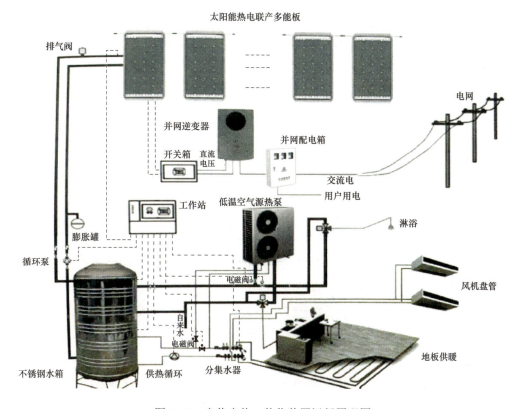

太阳能热电联产多能板

排气阀

并网逆变器

并网配电箱

电网

开关箱　直流电压

交流电

用户用电

工作站　低温空气源热泵

淋浴

膨胀罐

循环泵

电磁阀

风机盘管

自来水

电磁阀

不锈钢水箱　供热循环　分集水器

地板供暖

图 6-27　光伏光热一体化装置运行原理图

近年来，我国在低温空气源热泵热风机方面的技术发展迅速，处于国际领先地位，通过新的压缩机技术、变频技术和新的系统形式，已经把低温空气源热泵热风机的适用范围扩展到−30℃的室外低温环境地区。通过实际测试结果，低温空气源热泵热风机在额定制热（室外 7℃）工况下 COP 可达到 3.1，比普通空气源热泵相比提高5%～10%；室外温度为−20℃时 COP 可达到 1.95，制热量提高 50%～100%，比普通空气源热泵相比提高 20%。

低温空气源热泵热风机的设备形式与家用分体式空调类似，可实现"一室一机"，独立调节、间歇运行，符合民宿"部分空间、部分时间"的供暖需求，能够最大限度地实现行为节能，降低取暖能耗。

**（五）浙江建筑保温情况及提升措施**

1. 浙江建筑保温基本情况介绍

（1）建筑保温现状情况。

浙江省地处夏热冬冷地区，建筑必须满足夏季防热、遮阳、通风降温要求，冬季应兼顾防寒。住宅的能源消耗主要是夏季制冷，安装的窗户要尽量减少由太阳辐射得到热量，而对其保温隔热性的要求相对比较低。

　　窗户使用的材料依地区而有所不同。总的来说，过去多用木窗，现在基本上采用铝合金窗或者钢窗，一些新建住宅也开始使用 PVC 塑料窗。住宅建筑一般采用 5mm 厚玻璃的单玻璃窗，保温性能极其有限。为了避免西晒，有些建筑采取外遮阳，取得一定隔热效果，但是多数的外观形式有待改进。在未设计外遮阳的住宅中，仅有的内遮阳隔热效果不够显著。从以上的现状可以看出，无论是旧的还是新建的住宅对节能窗户及其节能措施都有迫切的需要。

　　（2）建筑保温相关要求。

　　据统计，目前浙江地区与民用建筑节能相关的就有 3 部设计规范、11 部设计标准、1 份规定文件、30 部标准图集。其中，《浙江省居住建筑节能设计标准》（DB33/1015—2015）中，对不同朝向外窗的平均窗墙面积比、外窗的综合遮阳系数限值规定，针对不同窗墙面积比，规定了外窗的传热系数的限值。规定了建筑的气密性等级以及气密性能分级指标。标准还规定了在保证相同的室内环境参数条件下，与未采取节能措施前相比，全省公共建筑综合全年采暖、通风、空气调节和照明的总能耗应减少 50%。《夏热冬冷地区居住建筑节能设计标准》（JGJ 134—2010）中对建筑主要围护结构（外墙、屋顶）传热系数 $K$ 值、热惰性指标 $D$ 值的限值，以及外围护结构的热工性能指标都做了相应的规定。《浙江省绿色建筑设计标准》（DB33/1092—2016）规定了建筑屋面和外墙应采取适宜有效的保温隔热措施；应采用适宜技术降低建筑围护结构的传热系数，特别是外墙和外窗的传热系数。

### 2. 建筑保温提升的主要措施

　　建筑保温性能对室内热湿环境和供暖热负荷有很大影响。改善围护结构保温性能和气密性，可有效地降低供暖设计热负荷，减少设备运行能耗和运行费用。常见的建筑保温包括以下 3 类：

　　（1）屋顶：常见的有种植或架空隔热。屋顶宜采用平、坡屋顶结合的形式，采用浅色饰面或建筑用反射隔热涂料，减少外表面对太阳辐射热的吸收；屋顶也可以设置花架，种植绿色植物。采用岩棉板保温层代替常规的沥青珍珠岩或水泥珍珠岩做法，另外诸如膨胀型泡沫聚苯板等高效保温材料已经开始应用于屋面。

　　（2）外墙：外墙保温采用自保温、外保温、内保温和复合保温等形式，宜优先采用自保温系统。建筑外墙饰面采用浅色饰面或建筑用反射隔热涂料等措施实现复合保温；可设置外保温，外保温层厚度不应大于 20mm。建筑外墙墙体应优先使用保温效果良好的材料，如蒸压加气混凝土砌块和陶粒复合混凝土砌块。外墙内保温采用无机轻集料保温砂浆。

　　外墙保温层的厚度依当地气候和基层墙体材料的要求而定，可根据当地建筑节能标准要求的外墙传热系数限值计算得出的。合适的外墙外保温层厚度可以提高建筑围护结构的保温隔热性能，降低建筑能耗。

（3）门窗：门窗采用导热系数小的 PVC 塑料窗，窗户的开启方式采用平开窗，窗缝贴密封条，加强窗户的气密性；安装室内外遮阳系统，提高窗户的遮阳性能。采用隔热、保温的中空玻璃，实现保温。通过玻璃贴膜来限制直射太阳辐射进入室内。

### 3. 浙江民宿建筑保温提升措施

结合所调查的浙江省乡村居住建筑保温现状、气候条件、生活习惯、改造可行性等因素，对民宿建筑的节能改造提出以下建议：

对于新建建筑，可采取以下保温措施：整体的综合考虑建筑的保温，合理布置房屋位置、朝向，满足功能要求的前提下采用体型系数小的方案；对围护结构（外墙、屋面和门窗）采用整体保温设计，墙体方面采用新型、轻质、环保的保温材料，门窗方面建议采用气密性更好的 PVC 双层玻璃，屋面采用现浇坡结构,防水性能好,隔层具有放置杂物、起到隔热保温双重作用。

对于既有建筑，可采取以下保温措施：外墙采用建筑用反射隔热涂料进行保温；对窗框进行断热处理，通过在高热导性的铝合金中插入低热导性的隔热物得到优良的隔热性，从而降低能量的损失。同时，选用导热系数较小的塑料窗框以减少通过窗框部分的热耗。此外，可以安装室内外遮阳系统，采用玻璃贴膜夏季可以阻挡太阳直射热量进入室内，冬季可以减少热量散失；采用屋面绿化，减少屋面的传热，达到保温效果。

## 五、主要建议

针对浙江乡村民宿清洁供暖，从政府相关部门、民宿经营者和电网公司三个角度提出相关建议：

### （一）对政府相关部门的建议

#### 1. 进一步探索适用浙江的民宿清洁供暖模式

北方地区在清洁供暖推进过程中，发现了很多不适用、不经济的供暖方式，造成了大量的投资浪费，为避免盲目推进清洁供暖，有必要为民宿推荐科学经济、高效清洁的供暖模式，指导民宿清洁供暖科学健康发展。建议政府委托相关学会和研究机构，持续开展乡村清洁供暖的相关调查研究工作，对研究成果进行进一步优化提升，明确农村清洁供暖的浙江方案，为浙江大规模清洁供暖的铺开夯实基础。

#### 2. 有序开展农村清洁高效供暖试点及推广工作

夏热冬冷地区，特别是长三角地区的清洁供暖问题近期得到了社会的广泛关注。建议由政府相关部门主导，企业、科研机构、高等院校以及相关专业学会共同参与，提前高质量开展技术研发和试点示范工作；建立"省-市-县-乡"四级联动机制，采用编制新技术、新设备指导手册等手段，加大清洁供暖的鼓励、宣传、引导和指导；鼓励第三方咨询服务机构发展，以市场化方式探索浙江民宿清洁供暖路径。

### 3. 将能源清洁高效利用纳入星级评定

当前，省农业农村厅对民宿评定主要参考行业标准《旅游民宿基本要求与评价》（LB/T 065—2019），省文化和旅游厅主要参考浙江省地方标准《民宿基本要求与评价》（DB33/T 2048—2017），二者评价时均未考虑能源利用的清洁高效情况。建议政府相关部门在评价民宿时，增加对其能源清洁化水平和设备能效等因素的考虑，将能效提升作为考核加分项，推动民宿能源消费结构转型。

### 4. 出台民宿清洁供暖相关鼓励政策

民宿清洁高效供暖是推动浙江"碳中和"、打造美丽乡村的重要环节。民宿清洁供暖改造时，会增加初始成本投入，民宿经营者（特别是低端民宿）动力不强，目前北方地区已开展了三年相关工作，政府财政予以大量资金补贴。因此，建议政府提前摸底，探索出台清洁供暖设备初装补贴、阶梯式电价补贴等一系列补贴机制，加快浙江民宿清洁供暖进程。

### 5. 推动民宿进行差异化的建筑节能改造

建筑节能改造可有效减少能源消耗，提升能源利用效率，是实现碳达峰、碳中和发展的重要途径。通过北方清洁供暖实际案例分析，建筑节能可减少能耗30%左右。而浙江民宿往往只考虑建筑形态的美观，对基本不考虑建筑的节能性。建议政府通过前期介入和适当补贴的方式，根据浙江各区域的温度差异性，制定相关不同区域建筑节能的差异化标准，引导民宿建筑向节能型建筑发展。

### 6. 构建多能融合和先进智能的农村能源利用方式

浙江农村地区蕴含着大量的生物质能、太阳能、水能等资源，应充分利用就地能源资源，大力发展"互联网+"智慧能源，推进农村能源消费升级，探索建设农村能源革命示范窗口，在农村地区率先实现"碳中和"。建议政府在开展乡村能源规划编制时，应结合乡村民宿和民居的发展情况，统筹考虑多种清洁能源互补与综合利用方式以及智慧能源技术，并研究相关支持政策。

### 7. 明确生物质颗粒燃料在农村地区的适用性

生物质颗粒取暖不仅可以有效解决农村清洁取暖问题，减少了生物质废弃和野外焚烧带来的污染，且有效降低农民的取暖成本。当前国家及地方对生物质环保要求未给出明确意见，导致部分农村地区严格限制生物质颗粒锅炉的发展。建议政府相关部门组织相关专家，论证生物质颗粒的环保性能以及在浙江的应用路径，明确生物质颗粒在农村地区的应用场景。

### （二）对民宿经营者的建议

#### 1. 提升民宿冬季供暖水平

浙江农村地区冬季温度偏低、湿度大，大城市游客往往难以适应，导致民宿冬季游客显著减少，使得民宿收益大幅降低，很多民宿因此倒闭或出现"季节性民宿"的情况。建议民宿经营者关注冬季游客对供暖的需求，全面提升民宿内部供暖水平，提升供暖的舒适性，并将高质量的供暖水平作为民宿吸纳游客的亮点，提升民宿经营水平。

#### 2. 关注制冷供暖设备的全寿命周期成本

多数民宿经营者在建设民宿的时候，对制冷供暖设备了解和关注较少，过度关注设备的初装成本，往往简单地采用传统的空调、电地暖、暖风机等电直热设备，大幅增加了制冷供暖成本的同时，降低了客人的体验。建议民宿经营者充分考虑民宿定位、周边条件、全寿命周期成本等问题，对比多元化制冷供暖设备，提升建筑节能水平，有效降低用能成本。

#### 3. 在民宿集聚区推行"能耗绿码"

在湖州安吉横山坞村民宿集聚区，十余家民宿共同推出"能耗绿码"，游客的一些减少空调使用、随手关灯等习惯都会记录作为能耗绿码积分，积分达到一定水平可以获得房费折扣、兑换礼物等特权。"能耗绿码"的推广有效提升了游客的参与度，降低了民宿能源消耗。建议民宿集聚区由民宿协会或统一管理者牵头，构建适用的"能源绿码"，降低能源消耗水平。

### （三）对电网公司的建议

#### 1. 提升民宿聚集区的电网供电能力

随着民宿供暖水平以及游客热需求的提升，未来浙江民宿冬季客流量明显攀升的情况下，冬季用电负荷将远超过夏季用电负荷。建议电网公司关注民宿集聚区发展情况，积极对接，适度超前建设电网，确保民宿供暖季充裕的电力供应水平。

#### 2. 转变民宿电能替代推介模式

当前电网公司已开展大量面向工商业和居民的电能替代工作，预计"十四五"期间替代电量将达到 481 亿 kWh。然而，当前推动电能替代多是关注电力设备替代燃油、燃煤等设备，对替代设备能效的考虑偏少。建议电网公司依托供电所和综合能源服务公司，加强人员培训，在用电申请前主动介入，普及全寿命周期成本概念，推介高能效供暖产品。

### 3. 依托民宿开展合同能源管理业务

当前多数民宿制冷供暖运行成本较高，民宿业主主动升级设备意识不强。通过与民宿业主签订合同，主动改造制冷供暖设备，并从节省的运行成本中获取利润，同时有效民宿集聚区冬季供暖的电力需求，减少电网扩容改造支出。建议电网公司制定合理的合同能源管理策略，针对高能耗民宿，主动开展合同能源管理业务，拓展公司盈利渠道的同时，有效减少电网投资。

# 第三篇
# 乡村新型电网

# 第七章
# 新型城镇和美丽乡村配电网
# 发展模式研究
## （2015 年 3 月）

本研究通过调研城镇与乡村的产业发展及主要用电特征，制定了新型城镇与美丽乡村分类体系，并针对不同产业发展特征及电力需求特点，制订了不同的技术路线，采用回归分析法、人均用电量法以及基于全样本空间的类比预测法对不同类型与发展阶段城镇、乡村进行电力需求预测。同时，结合配电网现状，从城乡经济社会发展与电力需求、城乡居民生活、农业生产供电保障能力方面对新型城镇化与美丽乡村建设提出的要求进行了分析，提出了适应新型城镇化与美丽乡村建设的电网发展思路及目标。在此基础上，针对城镇与乡村自身发展特点及需求，深化研究具体技术标准条款和技术要求，形成新型城镇与美丽乡村配电网典型供电模式技术规范。最后，对新型城镇与美丽乡村配电网智能化水平开展深入研究。

## 一、新型城镇与美丽乡村分类体系

### （一）新型城镇分类

为更好地统筹城乡发展、建设社会主义新城乡、走新型城市化道路，2007 年 8 月，浙江省政府出台了《关于加快推进中心镇培育工程的若干意见》，全面启动了中心镇培育工程。

中心镇一般是指城镇体系中介于城市与一般小城镇之间、区位较优、实力较强、潜力较大，既能有效承接周围大中城市辐射，又能带动周边城镇和城乡发展的城镇。通过大力发展中心镇，可以减轻人口流向大城市的压力，并带动周边城乡地区发展，最终实现城乡一体化。

实施"中心镇培育工程"以来，浙江省涌现出一批人口多、规模大、经济实力强、设施功能全、具有小城市形态的特大镇。这些镇在浙江省推进新型城市化、建设社会主义新城乡、促进城乡一体化发展中发挥了重要的作用。2010 年，浙江省委、省政府根据"特大镇"转型发展的强烈需求，审时度势作出了开展小城市培育试点的重大决策，在 200 个省级中心镇中择优选择了 27 个小城市培育试点镇。2014 年，为扩大试点效应，又择优选择了 9 个省级中心镇和 7 个省级重点生态功能区的县城作为小城市培育试点。

基于调研城镇的产业发展及主要用电特征，同时参考《小城镇典型供电模式》（国家电网农〔2010〕1591 号），将城镇分为工业主导型、商业主导型、旅游主导型、特色农业型和综合型五类，分类标准见表 7-1。

表 7-1　城镇产业类型分类及特征一览表

| 产业类型 | 分类标准 | |
| --- | --- | --- |
| | 用电量 | GDP |
| 工业主导型 | 第二产业用电量占总用电量比重超过 60%，第二产业、第三产业用电量之比大于 3 | 第二产业 GDP 占总 GDP 比重超过 45% |
| 商业主导型 | 第三产业用电超过 40% | 第三产业 GDP 占总 GDP 比重超过 60% |
| 旅游主导型 | 第三产业用电量和居民用电量之和占总用电量之比达到 60%，居民用电量占总用电量之比达到 20% | 第三产业 GDP 占总 GDP 比重超过 45% |
| 农业主导型 | 第一产业用电量占总用电量比重超过 20%，或第一产业用电量占总用电量之比最大 | 第一产业 GDP 占总 GDP 比重超过 10% |
| 综合型 | 第二产业、第三产业用电量和居民用电量之和占总用电量之比超过 80% | 第二产业 GDP 与第三产业 GDP 之和超过 70%，第二产业 GDP 和第三产业 GDP 接近 |

同时结合城镇定位及实际发展情况、人均 GDP、人均用电量水平分为Ⅰ、Ⅱ、Ⅲ三个层次，具体划分标准如表 7-2 所示。

表 7-2　城镇发展层次分类及特征一览表

| 城镇分类 | | 分类标准 | | 分类说明 |
| --- | --- | --- | --- | --- |
| | | 人均 GDP（元） | 人均用电量（kWh） | |
| 工业主导型 | Ⅰ类 | 95000 以上 | 9500 以上 | 人均 GDP 达到 95000 元，或人均用电量达到 9500kWh，以及所有列入浙江省小城市试点的城镇 |
| | Ⅱ类 | 60000～95000 | 5000～9500 | 人均 GDP 在 60000～95000 元，或人均用电量在 5000～9500kWh，以及所有列入浙江省中心镇的城镇 |
| | Ⅲ类 | 60000 以下 | 5000 以下 | 人均 GDP 不足 60000 元，或人均用电量不足 5000kWh 的城镇 |
| 商业主导型 | Ⅰ类 | 95000 以上 | 8000 以上 | 人均 GDP 达到 95000 元，或人均用电量达到 8000kWh，以及所有列入浙江省小城市试点的城镇 |

续表

| 城镇分类 | | 分类标准 | | 分类说明 |
|---|---|---|---|---|
| | | 人均 GDP（元） | 人均用电量（kWh） | |
| 商业主导型 | II 类 | 85000～95000 | 4500～8000 | 人均 GDP 在 85000～95000 元，或人均用电量在 4500～8000kWh，以及所有列入浙江省中心镇的城镇 |
| | III 类 | 85000 以下 | 4500 以下 | 人均 GDP 不足 85000 元，或人均用电量不足 4500kWh 的城镇 |
| 旅游主导型 | I 类 | 65000 以上 | 4500 以上 | 人均 GDP 达到 65000 元，或人均用电量达到 4500kWh，以及所有列入浙江省小城市试点的城镇 |
| | II 类 | 30000～65000 | 2000～4500 | 人均 GDP 在 30000～65000 元，或人均用电量在 2000～4500kWh，以及所有列入浙江省中心镇的城镇 |
| | III 类 | 30000 以下 | 2000 以下 | 人均 GDP 不足 30000 元，或人均用电量不足 2000kWh 的城镇 |
| 农业主导型 | I 类 | 50000 以上 | 4000 以上 | 人均 GDP 达到 50000 元，或人均用电量达到 4000kWh，以及所有列入浙江省小城市试点的城镇 |
| | II 类 | 25000～50000 | 2000～4000 | 人均 GDP 在 25000～50000 元，或人均用电量在 2000～4000kWh，以及所有列入浙江省中心镇的城镇 |
| | III 类 | 25000 以下 | 2000 以下 | 人均 GDP 不足 25000 元，或人均用电量不足 2000kWh 的城镇 |
| 综合型 | I 类 | 80000 以上 | 8000 以上 | 人均 GDP 达到 80000 元，或人均用电量达到 8000kWh，以及所有列入浙江省小城市试点的城镇 |
| | II 类 | 55000～80000 | 4000～8000 | 人均 GDP 在 55000～80000 元，或人均用电量在 4000～8000kWh，以及所有列入浙江省中心镇的城镇 |
| | III 类 | 55000 以下 | 4000 以下 | 人均 GDP 不足 55000 元，或人均用电量不足 4000kWh 的城镇 |

### （二）美丽乡村分类

2013 年，农业部为加快推进美丽乡村建设，启动了美丽乡村创建活动，确定北京市韩村、河村等 1100 个乡村为全国"美丽乡村"创建试点乡村，浙江省 40 个乡村榜上有名，居全国前列。

按照建设模式可将美丽乡村分为产业发展型、休闲旅游型、高效农业型和宜居综合型四类，分类标准见表 7-3。

表 7-3　　　　　　　　　　美丽乡村建设模式分类及特征一览表

| 发展类型 | 发展特点 |
|---|---|
| 产业发展型模式 | 在城镇工业发展的带动下，村庄采取乡村工业的集群化发展，通过整合城乡当地资源要素，鼓励企业投资城乡，大力发展现代乡村工业，注重产业配套衔接，形成"一乡一业""一村一品"块状集结的乡村工业集群 |

续表

| 发展类型 | 发展特点 |
| --- | --- |
| 休闲旅游型模式 | 在自然条件优越，水资源和森林资源丰富的村庄以及具有古村落、古建筑、古民居等特殊人文景观的村庄，发展乡村旅游，住宿、餐饮、休闲娱乐等，其特点是乡村旅游资源和非物质文化资源丰富，设施完善齐备，交通便捷，距离城市较近，适合休闲度假 |
| 高效农业型模式 | 以发展高效农业作物生产为主，实现农业生产聚集、农业规模经营，农田水利等农业基础设施相对完善，农产品商品化率和农业机械化水平高，人均耕地资源丰富 |
| 宜居综合型模式 | 在人数较多、规模较大、居住较集中、乡村产业发展不突出的村镇，重点解决城乡居住条件差、基础设施建设滞后、环境污染严重等问题，打造适宜居住、环境优美的村庄 |

同时根据乡村定位将其分为Ⅰ类、Ⅱ类两个层次，具体情况见表7-4。

表7-4　　　　　　　　　　　　美丽乡村发展层次分类

| 城镇类型 | | 分类标准 |
| --- | --- | --- |
| 产业发展型 | Ⅰ类 | 入围国家级和浙江省"美丽乡村"创建试点的乡村 |
| | Ⅱ类 | 其他乡村 |
| 休闲旅游型 | Ⅰ类 | 入围国家级和浙江省"美丽乡村"创建试点的乡村 |
| | Ⅱ类 | 其他乡村 |
| 高效农业型 | Ⅰ类 | 入围国家级和浙江省"美丽乡村"创建试点的乡村 |
| | Ⅱ类 | 其他乡村 |
| 宜居综合型 | Ⅰ类 | 入围国家级和浙江省"美丽乡村"创建试点的乡村 |
| | Ⅱ类 | 其他乡村 |

## 二、新型城镇与美丽乡村建设下的电力需求预测

### （一）新型城镇与美丽乡村电力需求预测技术路线

电力需求预测是通过历史信息预测未来一定时期的电力需求。多年来已经逐步形成了诸多较为成熟的预测方法。主要有两类，一是经典预测方法，包括时间序列法、回归分析法、相关分析法等；二是新兴预测理论，包括灰色系统理论、模糊预测、专家系统、支持向量机等。

新型城镇与美丽乡村的电力需求主要具有如下特点：不同产业发展特征的新型城镇与美丽乡村电力需求差异明显；相似产业特征但不同发达程度新型城镇与美丽乡村，其电力需求也存在较大差异；部分新型城镇与美丽乡村电力需求接近饱和，部分处于高速增长中。

上述特征决定了不同新型城镇与美丽乡村用电负荷的预测很难采用一套通用的标准，例如人均用电量和负荷密度指标。但是用电指标准确性又直接决定了电网规划方案的指导意义，因此，传统负荷预测在城乡结构剧烈变化的新形势下的适用性和准确性问题已经成为影响科学配电网规划的主要因素之一。

因此，在选择电力需求预测方法时，除采用回归法和人均用电量法这两种经典的预测方法外，还结合新型城镇与美丽乡村电力需求特征，提出基于全样本空间的类比预测法。该方法避免了确定人均用电量和负荷密度指标的困难，将负荷预测从单一维度扩展到多维空间，适用于目前的城镇化过程中电力数据和经济社会发展信息交汇大数据环境。另外，根据预测对象范围的不同，制订了不同的技术路线。

### 1. 基于全样本空间的类比预测法

基于全样本空间的类比预测法计算流程图如图 7-1 所示，基于全样本空间的类比预测法主要流程如下：

**步骤 1**　建立包括不同城镇化进程、不同社会经济发展水平、不同用电结构的国内外样本城镇多维度空间：选取不同的城镇或类似行政单位作为参考样本，样本具有地域和年份两个属性。例如样本"乌镇 2012"表示 2012 年的乌镇样本。每个样本都具有 5 个维度指标，包括人均用电量、人均 GDP、第三产业用电量占总用电量比重、居民生活用电量占总用电量比重、单位 GDP 电耗，通过这 5 个指标可以全面地对用电结构和用电水平进行度量。样本空间容量越大越好，并且为增强参考性，应包括国外的样本。样本构造注意以下两点：①国内样本尽量包括发达城镇"十一五"至今数据。②国外样本由于较近年份数据获取难度大，并且相对于国内发展水平超前较多。因此，应包括较早年份数据，例如"硅谷 1995"。

**步骤 2**　采用距离比较算法给出与目标城镇相似度最高的样本：采用归一化之后的空间距离作为评价指标，遍历样本空间中的所有样本，找出与目标城镇 2014 年的 5 个指标综合相似度最高的样本，称为最匹配样本。

**步骤 3**　采用最匹配样本之后增长趋势作为目标城镇未来增长的参考：选择最匹配样本作为目标城镇的未来电力需求增长参考。例如，若与目标城镇相似度最高的为"德国 Meissen2000"，则 Meissen 地区 2000 年后的用电增速可以作为目标城镇 2014 年后增速的参考。

### 2. 典型新型城镇与美丽乡村电力需求预测技术路线：组合预测

电力需求预测技术路线如图 7-2 所示。为充分利用各个方法的预测结果，现采用组合预测法对用电量和负荷进行综合预测。组合预测法是将几种单项预测法所得的预测结果，选取适当的权重进行加权平均的一种预测方法。组合预测最重要的问题是各种单项预测法权重 $\{l_i\}$，$i=1,2,\cdots,m$ 的确定。本书用残差均方根来反映了预测模型对历史数据的拟合程度。第 $i$ 种预测方法的残差 $S_i$ 可表示为

$$S_i = \sqrt{\dfrac{\sum\limits_{j=1}^{m}(X_{ij}-x_j)^2}{m}}$$

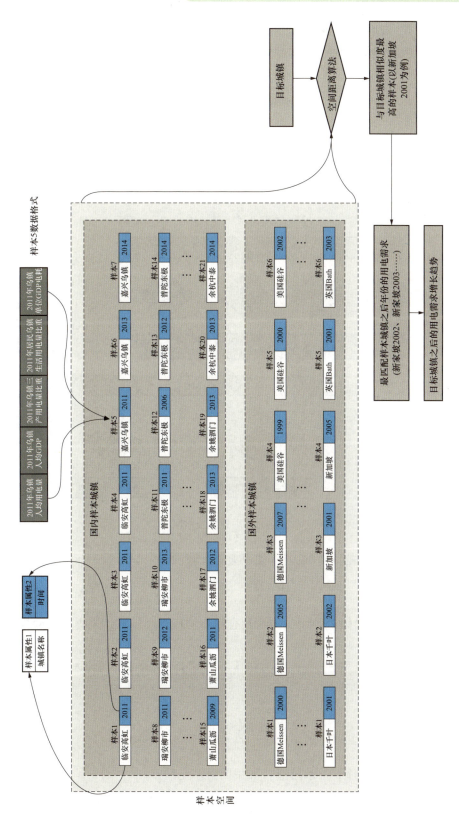

图 7-1 基于全样本空间的类比预测法计算流程图

式中，$X_{ij}$ 表示采用第 $i$ 种预测方法得到的第 $j$ 年的预测数据；$x_j$ 表示第 $j$ 年的实际数据；$m$ 表示历史数据的总年份。

为避免人为协调目标时产生的主观性差异，采用基于残差均方根的客观赋权方法。设序列 $\{S_i\}$，$i=1$，$2$，$\cdots$，$n$ 表示每种预测方法的残差均方根，则第 $i$ 种预测方法的权重为

$$l_i = \frac{\dfrac{1}{S_i}}{\displaystyle\sum_{i=1}^{n} \dfrac{1}{S_i}}$$

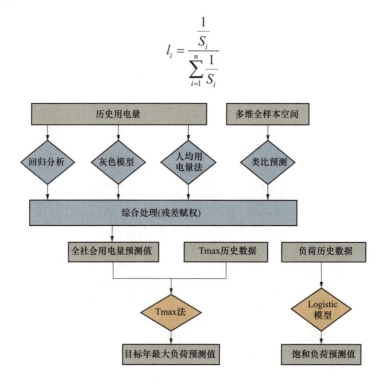

图 7-2　电力需求预测技术路线

基于残差均方根的赋权方法具有如下显著优势：

（1）满足约束 $\displaystyle\sum_{1}^{n} l_j = 1$。

（2）保证预测结果偏差越大的方法具有较小的权重，预测结果对历史数据拟合效果好的方法有较大的权重。

在确定权重之后，组合预测在第 $j$ 时刻（$j=m+1$，$m+2$，$\cdots$，$M$）的预测值，可表示为

$$X_j = \sum_{j=m+1}^{M} l_i X_{ij}$$

### 3. 整体电力需求预测技术路线：相关因素多元回归

由于浙江省城镇数量较多，且每个城镇的电力需求差异极大，因此在进行浙江

省县域整体电力需求预测时，采用对所有县分别进行电力需求预测然后求和的方法是不现实的，项目组提出采用全省县域历史年用电量，然后通过多元回归模型进行趋势外推的预测方法。县域整体电力需求预测技术路线如图 7-3 所示。具体技术路线包括如下两个步骤：

**步骤 1：** 相关性分析和排序。根据浙江省历史年县域用电量、第一产业增加值、第二产业增加值、第三产业增加值、县域人口总量、城镇化水平等指标统计值；对县域用电量与各产业增加值，以及人口和城镇化水平做相关性分析，根据相关系数大小进行排序。

**步骤 2：** 多元回归得到电力需求预测值。根据相关性排序，依次选择 3、4、5 个或者更多的相关因素进行多元回归，根据得到的模型计算多个电力需求预测值，在预测值中确定高、中、低方案。

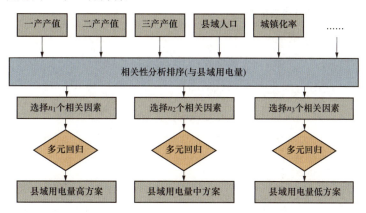

图 7-3　县域整体电力需求预测技术路线

### 4. 城乡和城镇家庭居民生活电力需求预测技术路线

家庭生活用电由于统计口径问题，难以得到具有参考性的历史数据。项目组采用基于家用电器数量和用电习惯的生活用电预测方法，城乡家庭生活电力需求预测技术路线如图 7-4 所示。具体技术路线包括如下两个步骤：

**步骤 1：** 相关调研。对浙江省不同经济发展水平和产业结构特征的城乡家庭开展生活用电相关调研，得到各类型城镇家庭的常用家用电器数量及家用电器使用习惯，对家用电器使用习惯进行数学建模，得到各类家电在不同季节不同时段的开机概率。

**步骤 2：** 生活电力需求预测。将全年进行时段分割，每个时段称为时间分辨率，遍历全年时间分辨率内，根据家电数量以及开机概率计算得到该类家电开机台数，结合家电常见功率，计算得到该类电器用电量，考虑其他家电，得到户均生活用电量以及各季节生活用电典型负荷曲线。

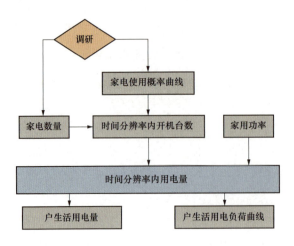

图 7-4　城乡家庭生活电力需求预测技术路线

### （二）新型城镇电力需求预测

#### 1. 调研城镇具体情况

本次共调研城镇 57 个，根据产业结构、人均 GDP、居民收入、用电情况等方面的调研资料，选出一部分典型城镇，用于本书的分析研究，见表 7-5。

表 7-5　　　　　　　　　　　典型城镇情况一览表

| 类型 | 城镇名称 | | |
|---|---|---|---|
| | Ⅰ类 | Ⅱ类 | Ⅲ类 |
| 工业主导型 | 杭州瓜沥镇 | 衢州贺村镇 | 绍兴崧厦镇 |
| 旅游主导型 | 杭州千岛湖镇 | 嘉兴乌镇 | 湖州莫干山镇 |
| 农业主导型 | 湖州道场镇 | 舟山虾峙镇 | 衢州芳村镇 |
| 商业主导型 | 金华佛堂镇 | 嘉兴濮院镇 | 舟山高亭镇 |
| 综合型 | 杭州塘栖镇 | 绍兴钱清镇 | 台州金清镇 |

#### 2. 不同产业结构的城镇电力需求分析

城镇产业结构布局对其电力需求具有重要影响。根据典型城镇的调研数据，不同产业结构典型城镇年人均用电量的平均值从大到小依次为工业主导型、综合型、旅游主导型、商业主导型以及农业主导型。2014 年，所调研工业主导型典型城镇年人均用电量的平均值为 7126kWh，分别为综合型、旅游主导型、商业主导型以及农业主导型城镇的 1.08 倍、1.93 倍、2.28 倍、5.22 倍。经负荷预测分析，到 2020 年，综合型城镇年人均用电量的平均值将达到 12589kWh，分别为工业主导型、旅游主导型、商业主导型、农业主导型的 1.49 倍、1.73 倍、2.16 倍、7.75 倍。

2015～2020 年，旅游主导型、综合型、商业主导型、农业主导型、工业主导型城镇的年人均用电量的平均值的年均增长率分别为 10.12%、11.30%、10.96%、2.94%

和 2.86%，其中综合型城镇增速最快，工业主导型和农业主导型城镇增速最慢，详情见表 7-6。

表 7-6　　　　　　　　　　　典型城镇电力需求变化情况一览表

| 城镇类型 | 2014 年人均用电量（kWh） | 2015～2020 年人均用电量的年均增长率（%） | 2020 年人均用电量（kWh） | 相对 2014 年年人均用电量增长幅度（%） |
|---|---|---|---|---|
| 工业主导型 | | | | |
| 瓜沥镇 | 15525 | 2.54 | 18044 | 16.23 |
| 贺村镇 | 4284 | 2.94 | 5098 | 19.00 |
| 崧厦镇 | 1569 | 5.56 | 2172 | 38.38 |
| 平均值 | 7126 | 2.86 | 8438 | 18.41 |
| 旅游主导型 | | | | |
| 千岛湖镇 | 7710 | 11.36 | 14703 | 90.70 |
| 乌镇 | 3492 | 11.89 | 6227 | 96.18 |
| 莫干山镇 | 687 | 2.66 | 804 | 17.03 |
| 平均值 | 3693 | 10.12 | 7245 | 78.32 |
| 农业主导型 | | | | |
| 道场镇 | 2945 | 0.49 | 3032 | 2.95 |
| 虾峙镇 | 764 | 8.26 | 1230 | 60.96 |
| 芳村镇 | 386 | 7.90 | 609 | 57.81 |
| 平均值 | 1365 | 2.94 | 1624 | 18.97 |
| 商业主导型 | | | | |
| 佛堂镇 | 3589 | 10.55 | 6551 | 82.52 |
| 濮院镇 | 2973 | 17.14 | 7682 | 158.38 |
| 高亭镇 | 2792 | 2.42 | 3223 | 15.44 |
| 平均值 | 3118 | 10.96 | 5818 | 86.59 |
| 综合型 | | | | |
| 塘栖镇 | 9800 | 15.06 | 22735 | 131.99 |
| 钱清镇 | 7097 | 8.01 | 11267 | 58.75 |
| 金清镇 | 2969 | 4.03 | 3764 | 26.77 |
| 平均值 | 6622 | 11.30 | 12589 | 90.11 |

由表 7-6 可以看出，2014 年工业主导型城镇人均用电量最高，综合型城镇人均用电量在工业主导型之后。2020 年，工业主导型城镇人均用电量被综合型城镇反超，在所有的五类城镇中位居第二。从人均用电量增速的角度对比五类城镇，除工业主导型和农业主导型城镇的增速在 3%以下，旅游主导型、商业主导型和综合型城镇

增速均在 10% 以上，预测结果与浙江省第三产业 GDP 占整体 GDP 比重逐年增加这一事实相符合。

### 3. 不同发展水平的城镇电力需求分析

（1）Ⅰ类城镇电力需求分析。

项目组对瓜沥镇、普陀山镇、道场镇、佛堂镇和塘栖镇 5 个Ⅰ类典型城镇的电力需求进行了分析，它们分别属于工业主导型、旅游主导型、农业主导型、商业主导型和综合型，具体情况如表 7-7 所示。

表 7-7　　　　　　　　　　　　Ⅰ类城镇电力需求预测　　　　　　　　单位：万 kWh

| 城镇 | 类型 | 方法 | 权重 | 全社会总用电量预测值 | | | | | |
| --- | --- | --- | --- | --- | --- | --- | --- | --- | --- |
| | | | | 2015 年 | 2016 年 | 2017 年 | 2018 年 | 2019 年 | 2020 年 |
| 瓜沥镇 | 工业主导型 | 灰色模型法 | 0.10 | 390433 | 461022 | 544374 | 642795 | 759011 | 896238 |
| | | 人均用电量法 | 0.08 | 347755 | 375696 | 402517 | 428218 | 452799 | 476261 |
| | | 回归法 | 0.08 | 330863 | 358587 | 386310 | 414034 | 441757 | 469481 |
| | | 全样本空间法 | 0.74 | 330914 | 379436 | 406304 | 435073 | 465880 | 498868 |
| | | 综合预测值 | | 338201 | 385666 | 418276 | 453722 | 492380 | 534680 |
| 千岛湖镇 | 旅游主导型 | 灰色模型法 | 0.24 | 76202 | 84925 | 94646 | 105480 | 117555 | 131012 |
| | | 人均用电量法 | 0.28 | 73435 | 79585 | 85912 | 92413 | 99090 | 105943 |
| | | 回归法 | 0.30 | 71172 | 76209 | 81246 | 86283 | 91320 | 96357 |
| | | 全样本空间法 | 0.18 | 61239 | 60480 | 72757 | 79524 | 77327 | 80257 |
| | | 综合预测值 | | 71236 | 76433 | 84265 | 91423 | 97316 | 104514 |
| 道场镇 | 农业主导型 | 灰色模型法 | 0.36 | 6822 | 6928 | 7034 | 7143 | 7253 | 7365 |
| | | 人均用电量法 | 0.32 | 6793 | 6888 | 6983 | 7079 | 7175 | 7272 |
| | | 回归法 | 0.31 | 6786 | 6877 | 6968 | 7058 | 7149 | 7240 |
| | | 全样本空间法 | 0.00 | 7043 | 7114 | 7186 | 7259 | 7407 | 7596 |
| | | 综合预测值 | | 6802 | 6899 | 6997 | 7096 | 7195 | 7296 |
| 佛堂镇 | 商业主导型 | 灰色模型法 | 0.23 | 77127 | 86768 | 97615 | 109817 | 123545 | 138990 |
| | | 人均用电量法 | 0.25 | 78963 | 86935 | 95232 | 103852 | 112796 | 122064 |
| | | 回归法 | 0.45 | 73969 | 79798 | 85627 | 91456 | 97286 | 103115 |
| | | 全样本空间法 | 0.07 | 68228 | 79432 | 90190 | 102830 | 112288 | 122519 |
| | | 综合预测值 | | 75512 | 83149 | 91115 | 99613 | 108314 | 117552 |
| 塘栖镇 | 综合型 | 灰色模型法 | 0.28 | 190042 | 214795 | 242772 | 274393 | 310133 | 350529 |
| | | 人均用电量法 | 0.29 | 203585 | 228568 | 254858 | 282456 | 311361 | 341574 |
| | | 回归法 | 0.35 | 183496 | 199544 | 215591 | 231638 | 247686 | 263733 |
| | | 全样本空间法 | 0.08 | 21745 | 24029 | 26314 | 28598 | 30882 | 33167 |
| | | 综合预测值 | | 178579 | 198625 | 219963 | 242712 | 267004 | 292991 |

Ⅰ类城镇电力需求发展趋势如图 7-5 所示。根据各城镇调研数据显示，瓜沥镇等 5 个典型Ⅰ类城镇 2014 年底社会总用电量平均值约为 119480 万 kWh，其中瓜沥镇最高，为 331145 万 kWh。根据负荷预测分析结果可知，2015～2020 年，Ⅰ类典型城镇的社会总用电量年均增长率介于 1.24%～14.03%之间，其中农业主导型城镇增长率最低，为 1.24%。其余四种类型的城镇年均增长率均高于 8%。到 2020 年，Ⅰ类典型城镇的用电量介于 7296 万～534680 万 kWh 之间，相对 2014 年，年用电量增长的比率介于 7.69%～119.81%之间，其中农业主导型城镇最小，相比 2014 年仅增长 7.69%。Ⅰ类典型城镇年用电量平均值将达到 211407 万 kWh，相对 2014 年增幅将到达 76.94%。

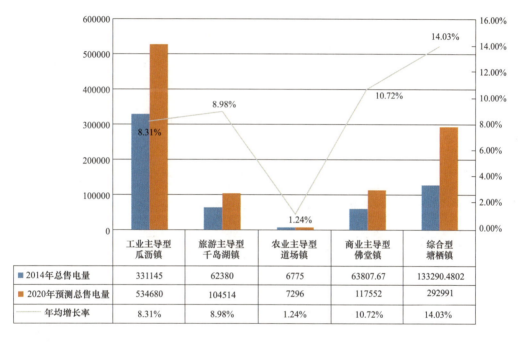

| | 工业主导型<br>瓜沥镇 | 旅游主导型<br>千岛湖镇 | 农业主导型<br>道场镇 | 商业主导型<br>佛堂镇 | 综合型<br>塘栖镇 |
|---|---|---|---|---|---|
| ■ 2014年总售电量 | 331145 | 62380 | 6775 | 63807.67 | 133290.4802 |
| ■ 2020年预测总售电量 | 534680 | 104514 | 7296 | 117552 | 292991 |
| 年均增长率 | 8.31% | 8.98% | 1.24% | 10.72% | 14.03% |

图 7-5　Ⅰ类城镇电力需求发展趋势

选取的 5 个Ⅰ类城镇以工业主导型城镇用电量为最大，并且远远高于其他类型的城镇。其原因一方面是浙江省经济、工业发达，因此发达的工业主导型城镇用电量会明显高于其他城镇；另一方面原因是 2013 年萧山区人民政府将原瓜沥、坎山、党山镇合并为新瓜沥镇，其用电量以及 GDP 等经济社会指标都远高于其他城镇。而农业主导型的城镇其总用电量以及年均增幅都是Ⅰ类城镇中较小的，这也与浙江省第一产业 GDP 占总 GDP 比重较小这一事实相符。

（2）Ⅱ类城镇电力需求分析。

通过调研分析，对贺村镇、千岛湖镇、虾峙镇、濮院镇和钱清镇 5 个Ⅱ类典型城镇的电力需求进行了分析，它们分别属于工业主导型、旅游主导型、农业主导型、商业主导型和综合型。具体情况如表 7-8 所示。

表 7-8　　　　　　　　　　Ⅱ类城镇电力需求预测　　　　　　　　单位：万 kWh

| 城镇 | 类型 | 方法 | 权重 | 全社会总用电量预测值 | | | | | |
|------|------|------|------|------|------|------|------|------|------|
| | | | | 2015 年 | 2016 年 | 2017 年 | 2018 年 | 2019 年 | 2020 年 |
| 贺村镇 | 工业主导型 | 灰色模型法 | 0.26 | 44815 | 49564 | 54816 | 60625 | 67049 | 74155 |
| | | 人均用电量法 | 0.27 | 42879 | 46153 | 49528 | 53004 | 56580 | 60257 |
| | | 回归法 | 0.27 | 41421 | 44052 | 46683 | 49314 | 51945 | 54576 |
| | | 全样本空间法 | 0.20 | 37497 | 38368 | 39037 | 48847 | 49800 | 53595 |
| | | 综合预测值 | | 41898 | 44894 | 48006 | 53140 | 56667 | 60974 |
| 乌镇 | 旅游主导型 | 灰色模型法 | 0.33 | 23124 | 25273 | 27623 | 30191 | 32998 | 36066 |
| | | 人均用电量法 | 0.28 | 21730 | 23023 | 24316 | 25609 | 26902 | 28195 |
| | | 回归法 | 0.28 | 21747 | 23035 | 24323 | 25611 | 26899 | 28187 |
| | | 全样本空间法 | 0.11 | 21115 | 21398 | 21132 | 25422 | 27786 | 28130 |
| | | 综合预测值 | | 22128 | 23590 | 25058 | 27108 | 29022 | 30796 |
| 虾峙镇 | 农业主导型 | 灰色模型法 | 0.22 | 1965 | 2128 | 2305 | 2496 | 2703 | 2927 |
| | | 人均用电量法 | 0.18 | 1851 | 1952 | 2053 | 2154 | 2255 | 2356 |
| | | 回归法 | 0.18 | 1854 | 1953 | 2052 | 2152 | 2251 | 2350 |
| | | 全样本空间法 | 0.42 | 1977 | 2132 | 2300 | 2480 | 2675 | 2884 |
| | | 综合预测值 | | 1930 | 2067 | 2212 | 2366 | 2530 | 2703 |
| 濮院镇 | 商业主导型 | 灰色模型法 | 0.23 | 54443 | 63651 | 74417 | 87003 | 101717 | 118921 |
| | | 人均用电量法 | 0.20 | 46931 | 51021 | 55147 | 59309 | 63507 | 67741 |
| | | 回归法 | 0.20 | 46815 | 50744 | 54673 | 58602 | 62531 | 66460 |
| | | 全样本空间法 | 0.38 | 55233 | 65221 | 77015 | 90942 | 107387 | 126806 |
| | | 综合预测值 | | 51755 | 59206 | 67702 | 77424 | 88590 | 101453 |
| 钱清镇 | 综合型 | 灰色模型法 | 0.16 | 142526 | 161088 | 182069 | 205781 | 232582 | 262874 |
| | | 人均用电量法 | 0.28 | 137037 | 150528 | 164649 | 179400 | 194780 | 210791 |
| | | 回归法 | 0.43 | 129717 | 139397 | 149077 | 158756 | 168436 | 178116 |
| | | 全样本空间法 | 0.13 | 126694 | 126967 | 131728 | 130094 | 131838 | 132840 |
| | | 综合预测值 | | 133373 | 144264 | 156309 | 168110 | 181022 | 194562 |

Ⅱ类城镇电力需求发展趋势如图 7-6 所示。根据各城镇调研数据显示，贺村镇等 5 个典型Ⅱ类城镇 2014 年底社会总用电量平均值约为 44626 万 kWh，其中钱清镇社会总用电量最高，为 120130 万 kWh。根据当地经济社会发展规划及负荷预测分析结果可知，2015～2020 年，Ⅱ类典型城镇的社会总用电量年均增长率介于 6.57%～15.01%之间，其中农业主导型城镇增长率最低，为 6.57%。其余类型的城镇

年均增长率均高于 7%；到 2020 年，Ⅱ类典型城镇的用电量介于 2703 万～194562 万 kWh 之间，相对 2014 年，年用电量增长的比率介于 46.48%～131.43%之间，除农业主导型城镇增长 46.48%以外，其余类型城镇增长均在 50%以上；Ⅱ类典型城镇年用电量平均值将达到 78098 万 kWh，相对 2014 年增幅将到达 75.00%。

图 7-6　Ⅱ类城镇电力需求发展趋势

Ⅱ类城镇中，综合型、旅游主导型和商业主导型城镇预测用电量以及年均增长率较大。在此类型的 5 个典型城镇中，2014 年第三产业 GDP 占比为 40%，高于Ⅰ类的 27.07%，说明在此类型的城镇中，第三产业发展速度高于第二产业。而农业主导型城镇的用电量在该类型城镇中依然很低。

（3）Ⅲ类城镇电力需求分析。

通过调研分析，对崧厦镇、乌镇、芳村镇、高亭镇和金清镇 5 个Ⅲ类典型城镇的电力需求进行了分析，它们分别属于工业主导型、旅游主导型、农业主导型、商业主导型和综合型。具体情况如表 7-9 所示。

表 7-9　　　　　　　　　　　　Ⅲ类城镇电力需求预测　　　　　　　　　　　单位：万 kWh

| 城镇 | 类型 | 方法 | 权重 | 全社会总用电量预测值 | | | | | |
| --- | --- | --- | --- | --- | --- | --- | --- | --- | --- |
| | | | | 2015 年 | 2016 年 | 2017 年 | 2018 年 | 2019 年 | 2020 年 |
| 崧厦镇 | 工业主导型 | 灰色模型法 | 0.63 | 21954 | 23899 | 26017 | 28323 | 30833 | 33565 |
| | | 人均用电量法 | 0.16 | 21137 | 22570 | 24046 | 25565 | 27127 | 28733 |

续表

| 城镇 | 类型 | 方法 | 权重 | 全社会总用电量预测值 | | | | | |
|------|------|------|------|------|------|------|------|------|------|
| | | | | 2015 年 | 2016 年 | 2017 年 | 2018 年 | 2019 年 | 2020 年 |
| 崧厦镇 | 工业主导型 | 回归法 | 0.11 | 20693 | 21872 | 23051 | 24231 | 25410 | 26589 |
| | | 全样本空间法 | 0.10 | 22991 | 24852 | 26929 | 29246 | 31839 | 34739 |
| | | 综合预测值 | | 21794 | 23566 | 25476 | 27535 | 29758 | 32160 |
| 莫干山镇 | 旅游主导型 | 灰色模型法 | 0.03 | 900 | 956 | 1014 | 1077 | 1143 | 1213 |
| | | 人均用电量法 | 0.31 | 889 | 940 | 995 | 1053 | 1114 | 1178 |
| | | 回归法 | 0.32 | 868 | 906 | 943 | 981 | 1019 | 1056 |
| | | 全样本空间法 | 0.34 | 876 | 919 | 962 | 1006 | 1051 | 1097 |
| | | 综合预测值 | | 878 | 922 | 968 | 1015 | 1063 | 1113 |
| 芳村镇 | 农业主导型 | 灰色模型法 | 0.91 | 1185 | 1280 | 1382 | 1492 | 1612 | 1741 |
| | | 人均用电量法 | 0.04 | 1130 | 1192 | 1253 | 1315 | 1377 | 1438 |
| | | 回归法 | 0.03 | 1129 | 1190 | 1250 | 1311 | 1372 | 1432 |
| | | 全样本空间法 | 0.02 | 1157 | 1220 | 1284 | 1347 | 1410 | 1473 |
| | | 综合预测值 | | 1180 | 1272 | 1371 | 1477 | 1592 | 1715 |
| 高亭镇 | 商业主导型 | 灰色模型法 | 0.23 | 22104 | 23389 | 24749 | 26188 | 27710 | 29321 |
| | | 人均用电量法 | 0.23 | 23169 | 24576 | 26015 | 27485 | 28987 | 30521 |
| | | 回归法 | 0.24 | 22346 | 23477 | 24608 | 25738 | 26869 | 28000 |
| | | 全样本空间法 | 0.29 | 23465 | 25571 | 26679 | 30371 | 34574 | 34955 |
| | | 综合预测值 | | 22811 | 24329 | 25578 | 27614 | 29827 | 30942 |
| 金清镇 | 综合型 | 灰色模型法 | 0.30 | 33940 | 34930 | 35949 | 36997 | 38076 | 39187 |
| | | 人均用电量法 | 0.36 | 33708 | 34531 | 35347 | 36158 | 36962 | 37760 |
| | | 回归法 | 0.34 | 33818 | 34692 | 35566 | 36440 | 37314 | 38188 |
| | | 全样本空间法 | 0.01 | 33011 | 34361 | 35042 | 36335 | 37624 | 38305 |
| | | 综合预测值 | | 33806 | 34701 | 35595 | 36502 | 37416 | 38330 |

　　III类城镇电力需求发展趋势如图 7-7 所示。根据各城镇调研数据显示，崧厦镇等 5 个典型III类城镇 2014 年底社会总用电量平均值约为 15860 万 kWh，其中金清镇社会总用电量最高，为 32365 万 kWh。根据当地经济社会发展规划及负荷预测分析结果可知，2015～2020 年，III类典型城镇的社会总用电量年均增长率介于 2.86%～8.10%之间，其中综合型和旅游型城镇增长率较低，分别为 2.86%和 3.73%。其余类型的城镇年均增长率均高于 7%；到 2020 年，III类典型城镇的用电量介于 1113 万～38330 万 kWh 之间，相对 2014 年，年用电量增长的比率介于 18.43%～59.53%之间，

除综合型城镇和旅游主导型城镇增长 18.43%和 24.60%以外，其余类型城镇增长均在 50%以上；Ⅲ类典型城镇年用电量平均值将达到 20852 万 kWh，相对 2014 年增幅将到达 31.48%。

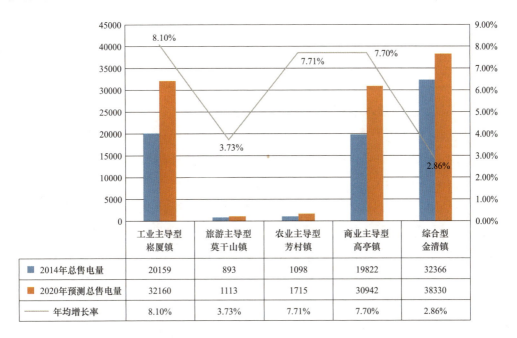

| | 工业主导型<br>崧厦镇 | 旅游主导型<br>莫干山镇 | 农业主导型<br>芳村镇 | 商业主导型<br>高亭镇 | 综合型<br>金清镇 |
|---|---|---|---|---|---|
| 2014年总售电量 | 20159 | 893 | 1098 | 19822 | 32366 |
| 2020年预测总售电量 | 32160 | 1113 | 1715 | 30942 | 38330 |
| 年均增长率 | 8.10% | 3.73% | 7.71% | 7.70% | 2.86% |

图 7-7   Ⅲ类城镇电力需求发展趋势

此类型的城镇的明显特点是农业主导型城镇虽然用电量较少，但其用电增速却不低，说明Ⅲ类城镇的发展潜力较大，未来仍有较大的提升空间。

**（三）美丽乡村电力需求预测**

### 1. 不同产业结构的村庄电力需求分析

产业结构对村庄居民生活电力需求具有直接影响，具体情况与城镇类似。经过对具有不同产业结构特征的村庄居民生活用电情况的研究分析可知，产业发展型村庄年户均用电量为 3064kWh，略高于其他类型的村庄；产业发展型、休闲旅游型、宜居综合型村庄户均最大负荷超过 5kW；各类型村庄户均配变容量与户均最大负荷的比值有一定差距，但差距并未过大，说明目前的公用配变容量若仅用于居民生活，基本能够满足居民生活电力需求。休闲旅游型村庄的配电台区最大负荷率较高，但平均负载率相对较低，季节性负荷和日负荷波动较明显；高效农业型村庄的配电台区最大负载率和平均负载率均较低，农业生产用电季节性变化特征突出，因此季节性负荷波动较大；宜居综合型村庄的配电台区用电负荷相对平稳，季节性负荷和日负荷略有波动，但不突出，详情见表 7-10。

表 7-10　　　　　　　　　　　2014 年不同产业特征村庄用电负荷特点

| 类型 | 年户均用电量（kWh） | 户均配变容量（kVA） | 配变最大负载率（%） | 配变平均负载率（%） | 年最大负荷与最小负荷比值的最大值 | 户均最大负荷（kW） | 户平均负荷（kW） |
|---|---|---|---|---|---|---|---|
| 产业发展型 | 3064 | 6.58 | 63.74 | 33.14 | 11.45 | 6.46 | 5.34 |
| 休闲旅游型 | 2590 | 5.13 | 62.63 | 19.87 | 4.76 | 5.59 | 3.42 |
| 高效农业型 | 2103 | 3.88 | 57.22 | 27.26 | 4.00 | 4.14 | 3.74 |
| 宜居综合型 | 2985 | 5.69 | 61.46 | 30.08 | 2.98 | 6.39 | 5.03 |

## 2. 不同经济发展水平村庄电力需求分析

村庄居民户的电力需求与其经济发展水平正相关。经过对不同经济发展水平村庄居民生活用电情况的研究分析可知，发达村庄年户均用电量约为 4031kWh，为一般发达村庄的 1.65 倍，为欠发达村庄的 3.21 倍；发达村庄的户均最大负荷约为 6.63kW，为一般发达村庄的 1.7 倍，为欠发达村庄的 3.2 倍；发达村庄的户均配变容量约为 9.65kVA，为一般发达村庄的 1.5 倍，为欠发达村庄的 2.1 倍。发达村庄配电台区年最大负载率接近 70%，户均最大负荷为 6.63kW，户平均负荷 4.37kW，户均配变容量与户均最大负荷比值为 1.18；一般发达村庄最大负载率接近 60%，户均年用电量达到 2443kWh，户均最大负荷为 3.91kW，户平均负荷 3.20kW，户均配变容量与户均最大负荷比值为 1.37；欠发达村庄配电台区最大负载率（50%左右）和平均负载率（不足 30%）较低，户均最大负荷为 2.07kW，户平均负荷 1.58kW，户均配变容量与户均最大负荷比值为 1.78，各类村庄季节性负荷波动明显，具体见表 7-11。研究发现，村庄配电网建设水平和电力需求的关系与经济发展规律类似，具有马太效应，发达村庄居民综合素质相对较高，电力需求大，配电网建设水平高，经济效益显著，这些因素良性互动，促进发达村庄更好更快的发展，欠发达村庄则相反。但是，通过国家宏观发展政策的调控，如人居环境改善等工程的实施，浙江省发挥经济发达的优势，能够提升一般发达和欠发达村庄包括电网建设水平及整体环境，进而为电力需求的提升创造条件。

表 7-11　　　　　　　　　　　2013 年不同发展水平村庄用电负荷特点

| 村庄发展水平 | 年户均用电量（kWh） | 户均配变容量（kVA） | 最大负载率（%） | 年平均负载率（%） | 最大负荷与最小负荷比值的最大值 | 不同季节最大负荷与最小负荷比值 | 户均最大负荷（kW） | 户平均负荷（kW） |
|---|---|---|---|---|---|---|---|---|
| 发达村庄 | 4031 | 7.82 | 68.73 | 30.96 | 6.27 | 9.99 | 6.63 | 4.37 |
| 一般发达村庄 | 2443 | 5.36 | 57.45 | 26.16 | 5.41 | 9.23 | 3.91 | 3.20 |
| 欠发达村庄 | 1256 | 3.68 | 49.45 | 25.80 | 8.25 | 11.37 | 2.07 | 1.58 |

## 3. 典型村庄电力需求分析

为进一步掌握居民户实际用电情况，在浙江分别选择了产业发展型、休闲旅游型、高效农业型和宜居综合型典型村庄，进行电力需求的实例分析，除休闲旅游型典型村庄的配电村用电负荷超过6kW外，其余类型村庄户均最大负荷在3～4kW内，与当前浙江省户均配变容量 3.57kVA 的配置基本匹配。从村用电负荷结构看，高效农业型、宜居综合型村庄居民生活类用电负荷高于工业生产、加工类负荷，居民生活用电负荷占比超过 40%；休闲旅游型、产业发展型村庄居民生活类用电负荷低于农业生产、加工类负荷，尤其是产业发展型村庄居民生活用电负荷占比相对较低，占比 31.4%。若扣除农业生产、加工类负荷的影响，各类型村庄居民生活最大用电负荷在 1.5～3.5kW 之间，见表 7-12。

表 7-12　　　　　　　　典型村居民生活、农业生产用电负荷情况

| 典型村所属类型 | 村最大负荷（kW） | 户均最大负荷（kW/户） | 生产用电最大负荷（kW） | 居民生活用电最大负荷（kW） | 户均居民生活用电最大负荷（kW/户） | 户均居民生活用电负荷占比（%） |
|---|---|---|---|---|---|---|
| 产业发展型 | 256 | 4.81 | 170.2 | 86.7 | 2.87 | 31.4 |
| 休闲旅游型 | 409 | 6.71 | 252.4 | 156.6 | 3.32 | 34.5 |
| 高效农业型 | 149 | 3.11 | 77.5 | 71.5 | 1.5 | 41.5 |
| 宜居综合型 | 333 | 3.87 | 193 | 140 | 2.24 | 58 |

### （四）居民生活电力需求预测

#### 1. 典型城镇居民生活电力需求分析

随着新型城镇化及美丽乡村建设工作逐步推进，城乡居民生活环境将逐步改善，生活水平将不断提高，居民生活电力需求快速提升。为掌握城镇居民生活用电情况，本项目使用灰色模型法、回归法对表 7～9 共 15 个典型城镇的居民生活用电情况进行了预测和分析，并采用组合预测得到最终预测结果，结果如图 7-8～图 7-10 所示。

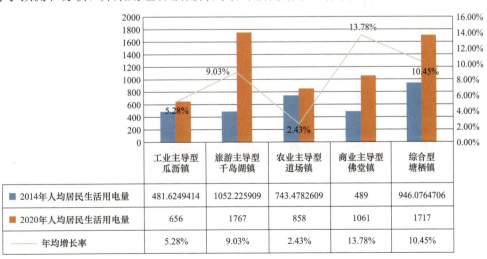

| | 工业主导型瓜沥镇 | 旅游主导型千岛湖镇 | 农业主导型道场镇 | 商业主导型佛堂镇 | 综合型塘栖镇 |
|---|---|---|---|---|---|
| 2014年人均居民生活用电量 | 481.6249414 | 1052.225909 | 743.4782609 | 489 | 946.0764706 |
| 2020年人均居民生活用电量 | 656 | 1767 | 858 | 1061 | 1717 |
| 年均增长率 | 5.28% | 9.03% | 2.43% | 13.78% | 10.45% |

图 7-8　Ⅰ类城镇居民生活电力需求变化趋势

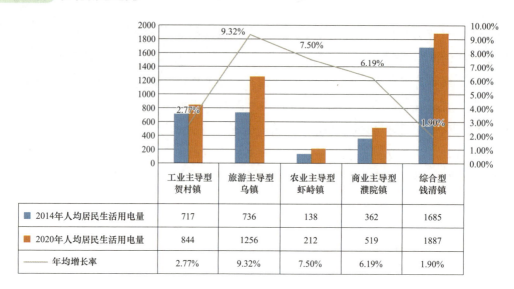

| | 工业主导型<br>贺村镇 | 旅游主导型<br>乌镇 | 农业主导型<br>虾峙镇 | 商业主导型<br>濮院镇 | 综合型<br>钱清镇 |
|---|---|---|---|---|---|
| ■ 2014年人均居民生活用电量 | 717 | 736 | 138 | 362 | 1685 |
| ■ 2020年人均居民生活用电量 | 844 | 1256 | 212 | 519 | 1887 |
| —— 年均增长率 | 2.77% | 9.32% | 7.50% | 6.19% | 1.90% |

图 7-9　Ⅱ类城镇居民生活电力需求变化趋势

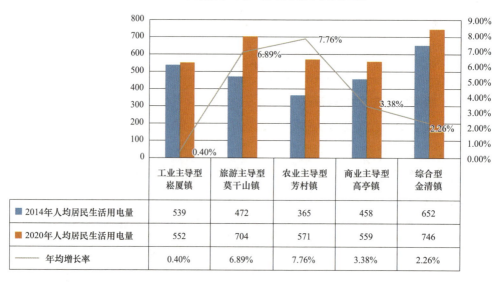

| | 工业主导型<br>崧厦镇 | 旅游主导型<br>莫干山镇 | 农业主导型<br>芳村镇 | 商业主导型<br>高亭镇 | 综合型<br>金清镇 |
|---|---|---|---|---|---|
| ■ 2014年人均居民生活用电量 | 539 | 472 | 365 | 458 | 652 |
| ■ 2020年人均居民生活用电量 | 552 | 704 | 571 | 559 | 746 |
| —— 年均增长率 | 0.40% | 6.89% | 7.76% | 3.38% | 2.26% |

图 7-10　Ⅲ类城镇居民生活电力需求变化趋势

通过分析预测结果，可以得到以下结论：

（1）城镇居民生活电力需求增长幅度与当地经济发展水平密切相关。统计数据显示，2014 年，Ⅰ、Ⅱ、Ⅲ三类典型城镇的年人均居民生活用电量平均值分别为 742、727、497kWh。经电力需求预测分析可知，到 2020 年，Ⅰ、Ⅱ、Ⅲ三类典型城镇的年人均居民生活用电量平均值将分别达到 1212、944、626kWh，相对 2014 年提高的幅度分别为 63.34%、29.85%、26.56%。其中Ⅰ类典型城镇居民收入较高，家用电器配置相对齐全，居民生活用电量较大，今后随着居民收入水平的进一步提高及用电意识的调整，居民生活用电量会持续增加；Ⅱ类和Ⅲ类典型城镇将随着居民收入的不断增长，家用电器的配置将逐步与 A 类典型城镇接近，居民生活电力需求仍不断提升。

（2）虽然Ⅰ类城镇居民生活用电量整体较高，但仍有较大提升空间。经过预测分析，Ⅰ类城镇在 2014 年和 2020 年人均居民生活用电量在三类城镇中为最高，年均增幅 8.52%，超出Ⅲ类 4.5 个百分点。超出Ⅱ类城镇 3.2 个百分点。

（3）处于同一经济发展水平的典型城镇，产业结构对城镇居民生活用电量有一定影响，但规律性不强。经预测分析，到 2020 年，Ⅰ类典型城镇的年人均居民生活用电量介于 656～1767kWh 之间，其中旅游主导型典型城镇的年人均居民生活用电量最高，工业主导型典型城镇的年人均居民生活用电量最低；Ⅱ类典型城镇的年人均居民生活用电量介于 212～1887kWh 之间，其中综合型典型城镇的年人均居民生活用电量最高，农业主导型典型城镇的年人均居民生活用电量最低；Ⅲ类典型城镇的年人均居民生活用电量介于 552～746kWh 之间，其中综合型典型城镇的年人均居民生活用电量最高，工业主导型典型城镇的年人均居民生活用电量最低，具体见图 7-8～图 7-10。

根据预测分析可以发现，到 2020 年，旅游主导型城镇和综合型城镇的居民生活电力需求是最大的城镇：在不同经济水平的 3 类典型城镇中，旅游主导型城镇的人均居民生活用电量在Ⅰ类中是最高的，在Ⅱ类和Ⅲ类城镇中为第二。综合型城镇在Ⅱ类和Ⅲ类城镇中人均居民生活用电量为最高，在Ⅰ类城镇中人均居民生活用电量为第二。

### 2. 居民生活用电饱和分析

本节分别从五种不同类型的城镇中各选取一个城镇，采用组合预测法对其进行居民生活用电需求预测，并根据 Logistic 模型给出了各类城镇人均居民生活用电饱和点。

综合型城镇：以余杭塘栖镇为例，其人均居民生活用电稳步上升，2005 年时其人均居民用电仅有 298.20kWh，而在 2014 年已经达到 1004.78kWh，其 2020 年综合预测值已经达到 2093.20kWh。

商业主导型城镇：以舟山岱山高亭镇为例，其人均居民生活用电一直偏低，2005 年时其人均居民生活用电为 341.47kWh，而在 2014 年时也仅为 459.87kWh，其 2020 年综合预测值为 558.70kWh。

农业主导型城镇：以湖州道场镇为例，其人均居民生活用电稳在波动中上升，2010 年时其人均居民用电为 741.93kWh，而在 2014 年时为 749.65kWh，其 2020 年综合预测值为 858.50kWh。

旅游主导型城镇：以淳安千岛湖镇为例，2010 年时其人均居民用电为 882.51kWh，而在 2014 年已经达到 1217.87kWh，其 2020 年综合预测值已经达到 1767.20kWh。

工业主导型城镇：以衢州贺村镇为例，其工业用电量大，但是其均居民生活用电偏低。2010 年时其人均居民用电仅有 633.67kWh，而在 2014 年时为 716.80kWh，其 2020 年综合预测值为 844.35kWh。

所选取各类型典型城镇人均居民生活用电组合预测情况及对比详见图 7-11。

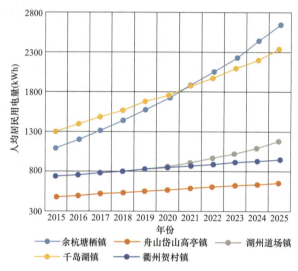

图 7-11　典型城镇人均居民生活用电组合预测对比

可见，2015～2020 年，所选取各类城镇的人均居民生活用电仍处于快速增长阶段，其中余杭塘栖镇和千岛湖镇年均增速较快，分别为 9.96% 和 5.92%，舟山岱山高亭镇、湖州道场镇和衢州贺村镇年均增速分别为 2.95%、2.47% 和 2.48%。为给出更长时期内人均居民生活用电的变化趋势，进一步采用 Logistic 模型对所选取城镇的居民生活用电进行饱和分析。曲线拟合结果详见图 7-12 和表 7-13。

表 7-13　　　　　　　　　　　　人均居民生活用电饱和数据

| 城镇 | 余杭塘栖镇 | 舟山岱山高亭镇 | 湖州道场镇 | 淳安千岛湖镇 | 衢州贺村镇 |
| --- | --- | --- | --- | --- | --- |
| 饱和年份（年） | 2027 | 2029 | 2031 | 2029 | 2027 |
| 饱和值（kWh） | 2733 | 669 | 1247 | 2550 | 968 |

长期来看，所选的各城镇人均居民生活用电在持续增长之后会逐渐达到饱和值。但饱和点出现的时间普遍在 2027 年以后。可见，各调研城镇的居民生活用电增长的持续时间普遍将在十年以上，增长潜力仍然巨大。

### （五）农业生产电力需求预测

浙江省农业生产用电量稳步上升，2011 年农业生产用电量为 9.79 亿 kWh，同比增长 12.70%，2012 年此用电量达到 11.96 亿 kWh，同比增长 22.13%，增长趋势明显。就浙江省农业机械总动力而言，其在 2010 年已经达到 2427 万 kW。

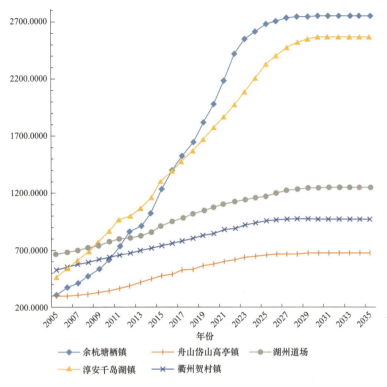

图 7-12　人均居民生活用电 Logistic 模型拟合结果

### 1. 农业排灌电力需求分析

浙江省 2010 年拥有排灌柴油机 94600 台，城乡每百户拥有农业水泵 22.44 台。农业排灌领域，电能替代潜力巨大。浙江省政府及浙江省电力公司也在大力宣传和推广替代柴油、汽油发电机及其他非耗电农业排灌系统的电设备，并大力推广潜用电泵技术用于园林喷灌、养殖业给排水等领域，以提高浙江省农业排灌耗能中电能的比例。

"十二五"期间浙江省电力公司需借助良好的发展势头，进一步挖掘农业排灌的市场潜力，2012 年 1～6 月浙江省排灌增用电量 498.43 万 kWh，且 2013～2015 年浙江省排灌电量增速为保守的 5%，因此 2012～2015 年，浙江省可以比 2011 年增售排灌电量 10479.61 万 kWh，农业排灌电力需求潜力巨大。浙江省电排灌推广成效及农业生产中排灌用电详情见表 7-14、图 7-13。

表 7-14　　　　　　　　　　浙江省电排灌推广成效

| 年份 | 建成项目（个） | 建成设备（个） | 投资金额（万元） | 总容量（万 kWh） | 增用电量（万 kWh） |
|---|---|---|---|---|---|
| 2009 年 | 468 | 681 | 401.21 | 1.86 | 272.05 |
| 2010 年 | 45 | 228 | 120.5 | 0.56 | 117.46 |

续表

| 年份 | 建成项目（个） | 建成设备（个） | 投资金额（万元） | 总容量（万 kWh） | 增用电量（万 kWh） |
|---|---|---|---|---|---|
| 2011 年 | 116 | 154 | 1003.8 | 0.83 | 352.8 |
| 2012 年 1~6 月 | 375 | 3403 | 1157.58 | 3.64 | 498.43 |

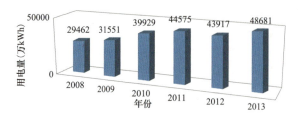

图 7-13　浙江省农业生产中排灌用电量

**2. 农副产品加工电力需求分析**

"十一五"期间浙江省相继出台一系列支农惠农政策，大力发展特色农业和农产品深加工，这一举措为农副产品加工领域的电力需求提升起到了巨大的推动作用。"十二五"期间，浙江省电力公司进一步配合地方政府开展"电力创富"相关宣传，通过普及城乡用电，发展用电新技术，推广电烤烟、电制茶等新型电烘烤、电加工器具，促进农作物深加工和提高自动化水平，更好地提高农作物产量和农副产品质量及附加值，同时也进一步提升了农副产品加工电力需求。浙江是一个农、林、牧、渔各业全面发展的综合性农业区域，但农副产品加工用电主要集中在茶叶加工和粮食烘干企业。浙江省政府及省电力公司也相应制定了针对茶叶加工的"集中炒茶"和"有序炒茶"的用电方案和针对粮食烘干企业实施的"电力企业可对部分粮食烘干机械用电实行农业生产用电价格"政策，这一系列政策进一步促进了农副产品加工电力需求的提升。

就浙江省城乡居民总能耗而言，其在 2010 年已经达到 492.6 万 t 标准煤，其中电力占比 37.46%，液化石油气占比 36.54%，详细情况见图 7-14。

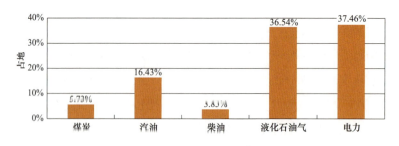

图 7-14　2010 年浙江省城乡能源消耗结构

可见，浙江省农业产生用电市场的发展潜力巨大。而浙江省农业生产耗电市场整体规模相比于其他行业仍然偏小，未来将有巨大的发展空间和电力需求提升空间。

### （六）农网用电需求总量预测

在国家新型城镇化和美丽乡村建设宏观政策引导下，浙江省各个县城及小城镇人口规模将持续稳定增加，城乡青壮年人口在本地的发展空间将有所改善，居民生活质量将全面提升，县及县以下区域人群的消费水平将不断提高，基础设施、公共服务设施和住宅等方面的建设需求将逐步提高，区域产业结构进一步优化，将带来电力需求持续稳定增长。

（1）根据 2006～2013 年《国家电网公司农电统计年报》中浙江省的分类用电量及国家统计局公布的经济社会发展数据，分析各次产业 GDP、县域人口、城镇化水平等因素的相关性，得到相应的相关系数，具体结果如图 7-15 所示。

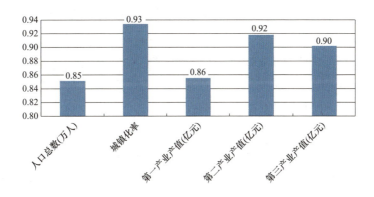

图 7-15　城乡用电量与各因素相关系数

选用相关较高的因素，采用各种线性回归方法对年用电量进行曲线拟合和回归分析，得到用电量与各相关因素之间的回归方程，并对 2015～2020 年电量结果进行回归预测，2015～2020 年浙江省城乡总用电量预测结果如表 7-15 所示，若采用高方案结果：2015～2020 年，浙江省城乡总用电量将以年均 5.80% 的速度逐步增长，到 2020 年，总用电量将达到 2941 亿 kWh，较 2014 年增加约 46.4%。

表 7-15　　　　　　　　　　　城乡总用电量预测结果

| 供电区域 | 高方案 | | 中方案 | | 低方案 | |
|---|---|---|---|---|---|---|
| | 2020 年总用电量（亿 kWh） | 2015～2020 年增长率（%） | 2020 年总用电量（亿 kWh） | 2015～2020 年增长率（%） | 2020 年总用电量（亿 kWh） | 2015～2020 年增长率（%） |
| 浙江 | 2941 | 5.80 | 2678 | 5.04 | 2483 | 3.91 |

（2）随着新型城镇化与美丽乡村建设工作的逐步推进，经济社会将快速发展，各产业快速协调发展，居民生活质量及消费水平将进一步提高，城乡各类电力需求均呈现快速增长的态势，其中居民生活电力需求增幅较大。经预测，到 2020 年，浙

江省城乡居民生活需求将达到 611 亿 kWh，占城乡用电量的比率约为 24.6%。具体的高、中、低预测方案如表 7-16 所示。

表 7-16　　　　　　　　　　城乡居民生活用电量预测结果

| 供电区域 | 高方案 | | 中方案 | | 低方案 | |
|---|---|---|---|---|---|---|
| | 2020年城乡居民生活用电量（亿 kWh） | 2014～2020年增长率（%） | 2020年城乡居民生活用电量（亿 kWh） | 2014～2020年增长率（%） | 2020年城乡居民生活用电量（亿 kWh） | 2014～2020年增长率（%） |
| 浙江 | 702 | 12.18 | 611 | 9.96 | 533 | 7.85 |

### （七）新型城镇和美丽乡村电力需求预测小结

**1. 新型城镇化及美丽乡村建设将带动城乡电力需求快速增长**

2015～2020 年，浙江省农网用电量将以年均 5.80% 的速度持续增长，到 2020 年，用电量将达到 2941 亿 kWh。城乡居民生活用电量将以年均 9.96% 的速度增长，在 2020 年达到 611 亿 kWh，占城乡总用电量的比重达到 24.6%。据前文分析，2012 年居民生活用电占全社会用电量的比重世界平均为 28%，发达国家平均为 32%，可见至 2020 年浙江城乡居民生活用电比重仍落后于当前世界平均水平。

**2. 不同产业结构、不同发展水平的城镇用电的需求增幅各异，差距较大**

到 2020 年，所调研的城镇中，综合型典型城镇的年人均用电量最高，将会达到 12589kWh，农业主导型的城镇人均用电量最低，仅有 1624kWh；旅游主导型城镇增长幅度最大，可达 96%，工业主导型城镇增长幅度最小，为 18.41%。

**3. 城镇居民生活用电增长潜力巨大，将长期处于快速增长过程**

到 2014 年，所选各个城镇的人均居民生活用电量仍处于快速上升阶段，生活用电饱和值出现的时间点普遍在 2027 年以后。若城乡供电总人口数不变，则到 2020 年城乡人均居民生活用电量将达到 1674.6kWh。经过预测分析，Ⅰ 类城镇在 2014～2020 年人均居民生活用电量增幅在三类城镇中最高，年均增幅 8.52%，超出Ⅲ类城镇 4.5 个百分点，超出Ⅱ类城镇 3.2 个百分点。可以预见，到 2020 年，三类城镇居民生活用电量仍未达饱和，未来还有很大的增长空间。

**4. 未来工业主导型城镇发展空间有限，综合型城镇增长潜力巨大**

2014 年，工业主导型城镇人均用电量最高，综合型城镇人均用电量在工业主导型之后。2020 年，工业主导型城镇人均用电量被综合型城镇反超，在所有的五类城镇中位居第二。随着浙江省产业结构的进一步优化调整，一些高能耗、高污染的工业企业的发展将会受到限制，一些高附加值、低污染的工业企业将会得到更大的发展空间，因而导致工业主导型城镇整体的发展速度放缓，进而表现为工业主导型城镇的总用电量增长幅度最小。而综合型城镇受益于产业结构均衡，产业分布合理，在未来得到更加充分的发展，人均用电量超越工业主导型城镇，成为人均用电量最高的城镇。从人均用电量增速的角度对比五类城镇，除工业主导型和农业主导型城镇的增速在 3%以下，旅游主导型、商业主导型和综合型城镇增速均在 10%以上，预测结果与浙江省第三产业 GDP 占整体 GDP 比重逐年增加这一事实相符合，说明未来第三产业相关的城镇电力需求增长更快。

### 三、现状电网与新型城镇化和美丽乡村对配电网要求的差距

#### （一）现状电网与城乡经济社会发展、电力需求的差距

"十三五"时期将是浙江省全面建设小康社会的关键时期，城乡经济将保持平稳较快增长，同时也将带动电力需求的持续快速增加。根据对新型城镇化及美丽乡村电力需求预测分析结果，截至 2020 年电网公司供电区域内城乡用电量将达到 2483 亿 kWh，年均增长 3.91%。若按照 2020 年单位变电容量供电量 3000kWh/kVA 考虑（2013 年平均水平为 2791kWh/kVA），需增加变电容量 14768MVA，较 2013 年增长 21.7%。即使按照用电量年均增长 3%考虑，仍需增加变电容量 1454 万 kVA，较 2013 年增长 21.4%。

据预测分析，截至 2020 年城乡居民生产、生活用电量将达到 611.2 亿 kWh，年均增长 9.96%，若按照 2020 年单位配电容量供电量 800kWh/kVA 考虑（2013 年平均水平为 600kWh/kVA），需增加城乡公用配变容量 23958MVA，较 2013 年增长 45.7%。即使按照城乡居民生产、生活用电量年均增长 8%考虑，仍需增加配变容量 2805 万 kVA，较 2013 年增长 53.5%。考虑到城乡分布式光伏发电的增长和城乡人口转移至城市等因素的影响，城乡居民生产、生活供电保障压力将有所缓解，但城乡居民生产、生活供电保障仍需充分考虑分布式能源的间歇性特点，并满足其灵活接入电网的要求。

#### （二）现状电网与城乡居民生活供电保障能力要求的差距

##### 1. 地域、气候差异对供电保障能力的不同要求

浙江省地处中国东南沿海长江三角洲南翼，地形自西南向东北呈阶梯状倾斜，大致可分为浙北平原、浙西丘陵、浙东丘陵、中部金衢盆地、浙南山地、东南沿海平原及滨海岛屿六个地形区。城乡居民生活用电特点与其所处的地域环境、气候特点、经济发展水平密切相关，具体如表 7-17 所示。

表 7-17　　　　　　　　浙江省各地市居民家用电器情况统计表

| 名称 | 人均纯收入（元） | 平均拥有家电数（台/百人） |
| --- | --- | --- |
| 杭州 | 18923 | 37 |
| 嘉兴 | 20556 | 32 |

续表

| 名称 | 人均纯收入（元） | 平均拥有家电数（台/百人） |
|---|---|---|
| 湖州 | 19044 | 34 |
| 宁波 | 20534 | 40 |
| 绍兴 | 19618 | 38 |
| 金华 | 14788 | 32 |
| 衢州 | 11924 | 33 |
| 丽水 | 10024 | 18 |
| 台州 | 16126 | 20 |
| 温州 | 16194 | 14 |
| 舟山 | 20573 | 40 |

由表 7-17 可知，家用电器拥有量与地形无关，主要受经济发展水平影响较大，居民家庭能源消耗主要为温度调节与提质性家用电器两方面的用能，占家庭用能总量的 80%左右，照明电器能耗仅占居民家庭能源消耗的 20%左右，通过在全省范围内进行调研统计，结果如表 7-18 所示。

表 7-18　　　　　　　　不同地形区内居民家庭用电情况统计表

| 地形区 | 人均居民生活用电量（kWh/人） | | 家庭用电设备情况统计表（台/每百人） | | | | | | | |
|---|---|---|---|---|---|---|---|---|---|---|
| | | | 家用电器 | | | | | | 温度调节 | |
| | 城乡 | 城乡 | 电视 | 冰箱 | 洗衣机 | 电饭煲 | 电脑 | 电磁炉 | 空调 | 电暖器 |
| 浙北平原 | 1009 | 838 | 58 | 31 | 30 | 34 | 32 | 16 | 57 | 14 |
| 东南沿海平原 | 960 | 752 | 76 | 39 | 36 | 42 | 23 | 13 | 65 | 17 |
| 浙西丘陵 | 822 | 566 | 59 | 32 | 27 | 32 | 27 | 16 | 56 | 9 |
| 浙东丘陵 | 784 | 578 | 57 | 29 | 27 | 24 | 51 | 27 | 57 | 0 |
| 浙南山地 | 727 | 390 | 38 | 24 | 14 | 19 | 10 | 7 | 17 | 6 |
| 金衢盆地 | 649 | 453 | 55 | 29 | 27 | 29 | 24 | 21 | 53 | 5 |
| 滨海岛屿 | 791 | 384 | 76 | 41 | 30 | 43 | 35 | 16 | 78 | 0 |

注　数据来源于《2014 浙江统计年鉴》与《国网浙江电力工业统计资料—2013》

由表 7-18 可知，浙江省城乡居民较多采用空调和电暖器进行温度调节，其中降温用能需求主要集中在平原与丘陵地区，空调等大功率家电拥有量和使用率均较高，负荷随温度变化显著。山地、盆地以及滨海岛屿受海洋季风、地形等方面影响，对空调等降温类设备需求不大，空调保有量虽然较高，但使用率并不高。

### 2. 经济发展及差异对供电保障能力的不同要求

近年来，浙江省城乡经济发展较快，随之带来的是城乡电气化水平的快速发展，根据《2014 浙江统计年鉴》公布数据，浙江省 2007～2013 年城乡居民人均纯收入情况与电费支出情况如表 7-19 所示。

表 7-19　　　　　2007～2013 年城乡居民收入与电费支出情况统计表

|  | 2007 | 2008 | 2009 | 2010 | 2011 | 2012 | 2013 |
|---|---|---|---|---|---|---|---|
| 城乡居民人均纯收入（元/人） | 8265 | 9258 | 10007 | 11303 | 13071 | 14552 | 16106 |
| 年均增长率 | — | 12.0% | 8.1% | 13.0% | 15.6% | 11.3% | 10.7% |
| 城乡居民人均电费支出（元/人） | 148 | 168 | 184 | 213 | 242 | 277 | 326 |
| 年均增长率 | — | 13.5% | 9.5% | 15.8% | 13.6% | 14.5% | 17.7% |

由表 7-19 可以看出，2007～2009 年，城乡居民人均纯收入与城乡居民人均电费支出的增长情况基本接近，城乡居民人均电费支出增长率略高于城乡居民人均纯收入；从 2010 年开始，城乡居民人均电费支出与城乡居民人均纯收入的增长速度差距越来越明显。因此，可以得出随着城乡居民收入水平的提高，对于家用电器设备的应用也逐步提高，家庭用电水平的增长将超过收入水平的增长速度。

同时，由于城乡经济发展的不均衡，城乡电气化水平差异较大。根据《2014 浙江统计年鉴》公布数据，对 2013 年全省十一个地市城乡家庭用电情况的调查分析，结果如表 7-20 所示。

表 7-20　　　　2013 年浙江各市城乡居民收入与电费支出情况统计表　　　单位：元/人

| 名称 | 人均纯收入 | 人均电费支出 |
|---|---|---|
| 杭州 | 18923 | 439 |
| 嘉兴 | 20556 | 321 |
| 湖州 | 19044 | 339 |
| 宁波 | 20534 | 317 |
| 绍兴 | 19618 | 343 |
| 金华 | 14788 | 369 |
| 衢州 | 11924 | 241 |
| 丽水 | 10024 | 262 |
| 台州 | 16126 | 292 |
| 温州 | 16194 | 264 |
| 舟山 | 20573 | 399 |

通过对省内地区不同发展水平的城乡家庭用电情况的调查分析，浙江小康家庭用电负荷一般为 4～6kW，富裕家庭 6～8kW❶；对比表 7-24，浙江省城乡地区整体发展水平处于小康水平，随着新型城镇化与美丽乡村建设，城乡居民经济发展水平将进一步提高，用电水平也将出现较快增长，进一步向富裕水平迈进。

### 3. 当前城乡居民生活供电保障能力的差距

通过对浙江省 2014 年城乡低压用户配变容量的调查分析，浙江省城乡居民低压用户户均配变容量为 1.62kVA。按照富裕家庭用电负荷 6～8kW 计算，截至 2020 年，城乡居民户均配变容量应在 1.8～2.4kVA。

结合全省各地市城乡低压用户配变容量调查结果，可知全省不同发展水平地区城乡居民户均配变容量与目标之间的差距如表 7-21 所示。

表 7-21　　　　2013 年浙江城乡居民户均配变容量与目标差距统计表　　　单位：kVA/户

| | 杭州 | 宁波 | 温州 | 嘉兴 | 湖州 | 绍兴 | 金华 | 衢州 | 舟山 | 台州 | 丽水 |
|---|---|---|---|---|---|---|---|---|---|---|---|
| 户均配变容量 | 2.8 | 2.5 | 1.1 | 2.8 | 1.7 | 1.6 | 1.5 | 1.0 | 0.5 | 1.3 | 1.0 |
| 2020 年目标上限 | 2.4 | 2.4 | 2.4 | 2.4 | 2.4 | 2.4 | 2.4 | 2.4 | 2.4 | 2.4 | 2.4 |
| 2020 年目标下限 | 1.8 | 1.8 | 1.8 | 1.8 | 1.8 | 1.8 | 1.8 | 1.8 | 1.8 | 1.8 | 1.8 |
| 与目标差额 | 0.4 | 0.1 | (1.3) | 0.4 | (0.7) | (0.8) | (0.9) | (1.4) | (1.9) | (1.1) | (1.4) |
| | 1.0 | 0.7 | (0.7) | 1.0 | (0.1) | (0.2) | (0.3) | (0.8) | (1.3) | (0.5) | (0.8) |

由表 7-21 可知，全省只有杭州、宁波与嘉兴现状水平达到了目标标准，其余八个地市均与目标之间存在一定差距。

### （三）城乡与农业生产供电保障能力要求的差距

农业现代化是推进城镇化进程的基石，关乎城乡发展繁荣和小康社会奋斗目标的实现。农业生产配套电力设施建设与改造仍与现代农业、设施农业的发展需求有一定差距。

### 1. 农业排灌供电保障

由于农业生产季节性强，持续时间短，供电设施利用率较低，经过今年农灌线路改造后，绝大多数农灌设施采用城乡公用配变供电。同时，农忙季节城乡居民也会主动采取错峰用电，减少生活用电以保障农业生产用电，为农业配套电力设施共用公用配变创造了条件。据初步统计，截至 2013 年浙江省共有排灌机械 95.31 万台，额定负荷 281.12 万 kW，其中柴油机 8.98 万台，额定负荷 41.46 万 kW，若将柴油动力机械全部更换为电力机械，需增加配变容量 103.65 万 kVA。

---

❶　小康家庭可按年人均纯收入达到 12000 元，低于 24000 元确定；富裕家庭可按年人均纯收入超过 24000 元确定。

### 2. 农业生产供电保障

浙江省农业负荷季节性、时段性变化特点显著，农忙季节城乡供电矛盾仍较为突出，浙江省农业产业以蔬菜、茶叶、果品、畜牧、水产养殖、竹木、花卉苗木、蚕桑、食用菌、中药材等主导产业为主，其中茶叶生产与水产养殖产业负荷季节性特点明显，对于供电保障要求较高：茶叶生产负荷主要为炒茶负荷，时间主要集中在每年的3～5月，水产养殖负荷主要为循环水泵负荷，时间主要集中在每年的夏季（7～9月），大量炒茶机、循环水泵的集中使用，使得配变过载、满载或烧损等问题频繁发生。

根据调查分析，浙江城乡小型农产品加工点和家庭作坊相对集中，家庭生产及小型加工类负荷平均为2～3kW，也有部分达到7～8kW，部分专业加工点用电负荷较高，达到几十kW（如茶叶加工点一般拥有炒茶设备1～2组（一组炒茶设备包括两台炒茶机与一台烘干机），每组功率50～60kW）。根据城乡典型台区调查分析，现状台区平均负载率相对不高（一般在30%左右），台区最大负荷同时率一般在0.3～0.4之间，但随着城乡居民电气化水平的提高和电力需求的增长，台区负载率将逐步提高，共用公用配变的方式将会导致过负荷、低电压等问题频繁出现。

因此对于城乡种养殖业、家庭作坊和小型加工点的供电保障，应在居民生活供电保障的基础上增加固定的户均容量配置，即在富裕家庭户均配变容量1.8～2.4kVA的基础上户均增加1kVA配变容量（按0.3的同时系数计算，可满足户均3kW生产、加工负荷需求）。按此标准计算，需要在现状基础上新增装配变容量600万kVA左右。

## 四、适应新型城镇化与美丽乡村典型供电模式研究

### （一）新型城镇与美丽乡村的发展形态及特点

县域城镇化建设的重点是推动小城镇发展，实现与疏解大城市中心城区功能相结合、与特色产业发展相结合、与服务"三农"相结合。发展类型主要有县域范围内的重点镇、中心城镇和具有特色资源、区位优势的小城镇及综合性小城镇。

### 1. 新型城镇配电网发展形态及特点

基于调研城镇的产业发展及主要用电特征，并考虑城乡发展的实际情况，对不同类型城镇配电网发展形态与特点进行分析。

Ⅰ类城镇：该类城镇规模大、经济实力强，具有小城市形态，规划布局和产业结构基本固定，基础设施较完善，区域负荷密度较高，对供电可靠性和供电质量要求高。

Ⅱ类城镇：该类城镇规划布局与产业结构已初具雏形，具备向Ⅰ类城镇发展的潜力，基础设施和公共服务资源有待完善，负荷密度较Ⅰ类城镇略低，但负荷增长

很快，对供电能力提升需求较大。

Ⅲ类城镇：该类城镇规划布局、产业结构仍在优化调整，基础设施和公共服务资源尚不完善，负荷密度较低，负荷增长较快，对供电能力提升需求较大。

### 2. 美丽乡村发展形态及特点

美丽乡村规划引导下的村庄建设可概括为新建型、合并型、保留型和整治型四种类型村庄，见表 7-22。

表 7-22　　　　　　　　　　村庄规划建设分类及特点

| 村庄类型 | 村庄特点 | 代表性村庄 | 数量 |
|---|---|---|---|
| 新建型 | 发展受到限制的城乡聚居区，全部或部分迁至条件好的区域，重新规划建设 | 新村、移民村等 | 较少，以示范点、城镇周边、开发区周边的村庄为主 |
| 合并型 | 将带状或零散的城乡住宅，迁移至条件较好、规模较大的村庄聚居，形成中心村 | 镇村、中心村等 | 较少，主要是合并交通不便、生活条件较差的居住点 |
| 保留型 | 村落内的住宅，不进行撤并搬迁，保持原有聚居形态 | 传统村落、历史文化名村、示范村等 | 少 |
| 整治型 | 原地发展有困难，但异地新建代价高，采用保留部分老聚居点的建筑，对村内其他区域的建筑和设施进行改造 | 除新建型、合并型、保留型以外的村庄 | 多，大量的村庄在推进城乡统筹发展中，以村庄整治为主 |

新建型村庄是指发展受到限制的城乡聚居区，全部或部分迁至条件好的区域，重新规划建设，以新村、移民村等为主，分布在城镇及开发区周边，数量较少。

合并型村庄是指将带状或零散的城乡住宅，迁移至条件较好、规模较大的村庄聚居，形成中心村，主要是合并交通不便、生活条件较差的居住点，数量较少。

保留型村庄是指村落内的住宅不进行撤并搬迁，保持原有聚居形态。以传统古村落、古民居和历史文化名村为主，数量少。

整治型村庄是指原地发展有困难，但异地新建代价高，采用保留部分老聚居点的建筑，对村内其他区域的建筑和设施进行改造。数量较多，大量的村庄在推进城乡统筹发展中，以村庄整治为主。

各类村庄电网规划建设要结合村庄布局规划和城乡人居环境整治的要求，大力推进新城乡电气化和新一轮城乡改造升级工程建设，促进可再生能源供电，加强城乡配电设施建设改造与村庄建设的衔接、布局的协调。

### （二）新型城镇与美丽乡村建设下的城乡电网发展思路及目标

为更好地服务城乡一体化、推进"工业化、信息化、城镇化、农业现代化"同步发展，服务发展低碳经济和分布式清洁能源的开发利用，促进资源节约型、环境友好型和谐社会建设，需加快提升电网网架支撑能力和供电保障能力，提高城乡电网的普遍服务水平，建立城乡电网可持续发展的机制。

总体思路：按照全面建成小康社会和建设社会主义新城乡的总体要求，以服务城镇化和农业现代化为主线，以提高城乡供电保障能力为重点，坚持统一规划、因地制宜、适度超前，统筹城乡电网发展，加快建设供电保障能力强、运行可靠性高、可灵活接入各类新能源的城乡配电网，满足城乡用电中长期需求。

根据国外城市电网发展经验水平和新型城镇与"美丽乡村"建设对供电保障能力的需求。按照 2020 年全面建成小康社会的要求，新型城镇与"美丽乡村"建设下的城乡发展目标：基本建成"安全可靠、优质高效、绿色智能、和谐友好"的城乡现代配电网。具体建设目标如下：各类城镇建成网架结构坚强、资产装备优良、自动化和智能化水平较高、接纳分布式新能源能力较强的配电网络体系。不同类型和负荷特点的城镇电网建设指标见表 7-23。

表 7-23　　　　　　　　　　　　2020 年城镇电网建设目标

| 城镇类型及负荷特点 | | Ⅰ类城镇 | Ⅱ类城镇 | Ⅲ类城镇 |
| --- | --- | --- | --- | --- |
| | | 培育试点镇 | 省级重点（中心）镇 | 其他小城镇 |
| 供电质量 | 供电可靠率（RS-3） | ＞99.983%<br>＞99.990% | ＞99.971%<br>＞99.977% | ＞99.966% |
| | 综合电压合格率 | 100% | 100% | ≥99.70% |
| 网架结构 | 变电站双电源比例 | 100% | ≥95% | ≥85% |
| | 10kV 主干线路手拉手或环网比例 | 100% | 100% | 100% |
| 装备水平 | S11 及以上节能型配电比例 | 100% | 100% | ≥90% |
| | 中压主干线路导线截面 | 架空线路≥185mm²，电缆线路≥300mm² | | |
| 自动化及通信 | 变电站无人值班比率 | 100% | 100% | 100% |
| | 通信系统 | 形成以无线通信为主的通信网络体系 | 形成以无线通信为主的通信网络体系 | 形成以无线通信为主的通信网络体系 |

Ⅰ类城镇：各项指标不低于国家电网公司 B 类供电区域的基本要求，工业主导型与特色农业主导型城镇供电可靠率不低于 99.983%，商业主导型、旅游主导型与综合型城镇供电可靠率不低于 99.990%，综合电压合格率 100%；变电站全部实现双电源供电，10kV 主干线路全部实现手拉手或环网供电；S11 及以上节能型配电比例达到 100%，中压架空主干线路导线截面面积不低于 185mm²，中压电缆主干线路导线截面面积不低于 300mm²；变电站实现无人值班，基本形成以无线通信为主的通信网络体系。

Ⅱ类城镇：各项指标不低于国家电网公司 B 类供电区域的基本要求，工业主导型与特色农业主导型城镇供电可靠率不低于 99.971%，商业主导型、旅游主导型与综合型城镇供电可靠率不低于 99.977%，综合电压合格率 100%；变电站双电源比例达到 95%以上，10kV 主干线路实现手拉手或环网供电比例达到 100%；S11 及以上节能型配电比例达到 100%，中压架空主干线路导线截面面积不低于 185mm$^2$，中压电缆主干线路导线截面面积不低于 300mm$^2$；变电站实现无人值班，基本形成以无线通信为主的通信网络体系。

Ⅲ类城镇：各项指标不低于国家电网公司 C 类供电区域的基本要求，供电可靠率不低于 99.966%，综合电压合格率不低于 99.70%；变电站双电源比例达到 85%以上，10kV 主干线路实现手拉手或环网供电比例达到 100%；S11 及以上节能型配电比例达到 90%以上，中压架空主干线路导线截面面积不低于 185mm$^2$，中压电缆主干线路导线截面面积不低于 300mm$^2$；变电站实现无人值班，基本形成以无线通信为主的通信网络体系。

### （三）新型城镇典型供电模式

#### 1. 新型城镇典型供电模式分类

按照新型城镇供电保障目标要求和中长期负荷发展需求，采取差异化的供电保障手段，制定典型供电模式，规划建设城镇配电网。新型城镇典型供电模式与《配电网规划设计技术导则》《配电网典型供电模式》《配电网规划设计手册》相衔接和一致。通过对比分析各类新型城镇在供区范围、用户类型、主要技术指标等条件，并结合城镇自身发展特点及需求，深化研究具体技术标准条款和技术要求，形成新型城镇典型供电模式。城镇中压配电网采用架空网和电缆网典型供电模式。

（1）架空网：多分段单联络式、多分段适度联络式。

（2）电缆网：单环式、双环式。

Ⅰ类、Ⅱ类、Ⅲ类城镇如图 7-16～图 7-18 所示。

Ⅰ类城镇：根据城镇类型不同，采用多分段适度联络式、单环式、双环式供电模式。

图 7-16　Ⅰ类城镇——乐清柳市镇

Ⅱ类城镇：根据城镇类型不同，采用多分段单联络式、多分段适度联络式、单环式供电模式。

图 7-17　Ⅱ类城镇——鄞州集仕港镇

Ⅲ类城镇：根据城镇类型不同，采用多分段单联络式、多分段适度联络式供电模式。

图 7-18　Ⅲ类城镇——衢江杜泽镇

不同城镇采用的典型供电模式如表 7-24 所示。

表 7-24　　　　　　　　　　不同城镇采用的典型供电模式统计表

| 新型城镇分类 | | 适用模式 | |
|---|---|---|---|
| | | 10（20）kV 典型供电模式 | 220/380V 典型供电模式 |
| 工业主导型城镇 | Ⅰ类 | 多分段适度联络式、单环式 | 放射Ⅱ型、放射Ⅳ型、树干Ⅰ型、树干Ⅱ型 |
| | Ⅱ类 | 多分段单联络式、多分段适度联络式 | 放射Ⅱ型、放射Ⅳ型、树干Ⅰ型 |
| | Ⅲ类 | 多分段单联络式、多分段适度联络式 | 放射Ⅳ型、树干Ⅰ型 |
| 商业主导型城镇 | Ⅰ类 | 多分段适度联络式、单环式 | 放射Ⅱ型、放射Ⅳ型、树干Ⅰ型、树干Ⅱ型 |
| | Ⅱ类 | 多分段单联络式、多分段适度联络式 | 放射Ⅱ型、放射Ⅳ型、树干Ⅰ型 |
| | Ⅲ类 | 多分段单联络式、多分段适度联络式 | 放射Ⅳ型、树干Ⅰ型 |

续表

| 新型城镇分类 | | 适用模式 | |
|---|---|---|---|
| | | 10（20）kV 典型供电模式 | 220/380V 典型供电模式 |
| 旅游主导型城镇 | Ⅰ类 | 多分段适度联络式、单环式、双环式 | 放射Ⅱ型、放射Ⅳ型、树干Ⅱ型、树干Ⅰ型 |
| | Ⅱ类 | 多分段单联络式、多分段适度联络式、单环式 | 放射Ⅳ型、树干Ⅰ型 |
| | Ⅲ类 | 多分段单联络式、多分段适度联络式 | 放射Ⅳ型、树干Ⅰ型 |
| 特色农业主导型城镇 | Ⅰ类 | 多分段单联络式、多分段适度联络式 | 放射Ⅳ型、树干Ⅰ型 |
| | Ⅱ类 | 多分段单联络式、多分段适度联络式 | 放射Ⅳ型、树干Ⅰ型 |
| | Ⅲ类 | 多分段单联络式 | 放射Ⅳ型、树干Ⅰ型 |
| 综合型城镇 | Ⅰ类 | 多分段适度联络式、单环式、双环式 | 放射Ⅱ型、放射Ⅳ型、树干Ⅱ型、树干Ⅰ型 |
| | Ⅱ类 | 多分段单联络式、多分段适度联络式、单环式 | 放射Ⅱ型、放射Ⅳ型、树干Ⅰ型 |
| | Ⅲ类 | 多分段单联络式、多分段适度联络式 | 放射Ⅳ型、树干Ⅰ型 |

注　在选用放射Ⅱ型供电模式的区域，考虑季节性负荷变化，可采用放射Ⅲ型供电模式。

规划目标如表 7-25 所示。

表 7-25　　　　　　　　　不同城镇规划目标统计表

| 序号 | 新型城镇分类 | | 供电可靠性（RS-3） | 电压合格率 |
|---|---|---|---|---|
| 1 | 工业主导型城镇 | Ⅰ类 | 户均年停电时间小于 1.5h（＞99.983%） | 100% |
| | | Ⅱ类 | 户均年停电时间不高于 2.5h（＞99.971%） | 100% |
| | | Ⅲ类 | 户均年停电时间不高于 3h（＞99.966%） | ≥99.70% |
| 2 | 商业主导型城镇 | Ⅰ类 | 户均年停电时间小于 0.9h（＞99.990%） | 100% |
| | | Ⅱ类 | 户均年停电时间小于 2h（＞99.977%） | 100% |
| | | Ⅲ类 | 户均年停电时间小于 3h（＞99.966%） | ≥99.70% |
| 3 | 旅游主导型城镇 | Ⅰ类 | 户均年停电时间小于 0.9h（＞99.990%） | 100% |
| | | Ⅱ类 | 户均年停电时间小于 2h（＞99.977%） | 100% |
| | | Ⅲ类 | 户均年停电时间小于 3h（＞99.966%） | ≥99.70% |
| 4 | 特色农业主导型城镇 | Ⅰ类 | 户均年停电时间小于 1.5h（＞99.983%） | 100% |
| | | Ⅱ类 | 户均年停电时间不高于 2.5h（＞99.971%） | 100% |
| | | Ⅲ类 | 户均年停电时间不高于 3h（＞99.966%） | ≥99.70% |
| 5 | 综合型城镇 | Ⅰ类 | 户均年停电时间小于 0.9h（＞99.990%） | 100% |
| | | Ⅱ类 | 户均年停电时间小于 2h（＞99.977%） | 100% |
| | | Ⅲ类 | 户均年停电时间小于 3h（＞99.966%） | ≥99.70% |

注　RS-3 计及故障停电和预安排停电（不计系统电源不足导致的限电）。

### 2. 新型城镇典型供电模式基本内容

新型城镇典型供电模式内容统计表如表 7-26 所示。

表 7-26　　　　　　　　　　　新型城镇典型供电模式内容统计表

| 设备选型 | 中低压线路（电缆、架空） |
|---|---|
| | 配电设备（变压器、开关站、环网单元、配电室） |
| 无功补偿 | 中压无功补偿 |
| | 低压无功补偿 |
| 中性点接地方式 | 中压接地系统 |
| | 低压接地系统 |
| 继电保护 | 中压继电保护配置 |
| | 低压继电保护配置 |
| 智能化 | 配电自动化（二遥） |
| | 通信系统（无线） |
| 用户接入 | 用户接入要求 |
| 分布式电源接入 | 分布式电源接入要求 |

（1）导线截面与供电半径。

10（20）kV 架空线路主干线截面面积宜采用 240、185mm$^2$，分支线截面面积宜采用 150、70mm$^2$。

20kV 电缆线路主干线电缆截面面积宜采用 400mm$^2$，10kV 电缆线路主干线电缆截面积宜采用 300mm$^2$，分支线截面面积宜采用 185、70mm$^2$。

中压线路供电半径应满足末端电压质量的要求。原则上 20kV 供电区域内，Ⅰ类、Ⅱ类城镇供电半径不宜超过 10km，Ⅲ类城镇供电半径不宜超过 15km；10kV 供电区域内，Ⅰ类、Ⅱ类城镇供电半径不宜超过 3km，Ⅲ类城镇供电半径不宜超过 5km，乡村供电半径不宜超过 15km。

（2）配电设备。

配电室 10（20）kV 母线宜采用单母线接线或两个单母线接线，配置 1～2 回进线、1～2 台变压器，单台容量可选用 400、630、800、1000kVA，20kV 侧采用负荷开关。

柱上变压器布置应尽量靠近负荷中心，容量根据负荷需要选取 100、200、400kVA，10（20）kV 侧采用跌落式熔断器开关。

（3）开关设备。

开关站适用于上级变电站 10（20）kV 间隔资源紧缺的负荷密集区域，10（20）kV 母线采用单母或两个单母线接线，宜配置 1～2 路进线、4～8 路出线。

环网单元适用于电缆主干网，10（20）kV 母线采用单母线接线，宜配置一路进线、一路环出线、2～4 路出线。

（4）无功补偿。

配电变压器的无功补偿装置容量应依据变压器负载率、负荷自然功率因数等进行配置，补偿到变压器最大负荷时其高压侧功率因数不低于 0.95，或按照变压器容量的 20%～40%进行配置。各类供电区域配电变压器低压侧无功补偿容量配置如表 7-27 所示。

表 7-27　　　　　　各类供电区域配电变压器低压侧无功补偿配置容量表

| 新型城镇分类 | | 配变低压侧无功补偿度 |
| --- | --- | --- |
| 工业主导型城镇 | Ⅰ类 | 20%～40% |
| | Ⅱ类 | |
| | Ⅲ类 | |
| 商业主导型城镇 | Ⅰ类 | 20%～40% |
| | Ⅱ类 | |
| | Ⅲ类 | |
| 旅游主导型城镇 | Ⅰ类 | 20%～30% |
| | Ⅱ类 | |
| | Ⅲ类 | |
| 特色农业主导型城镇 | Ⅰ类 | 20%～40% |
| | Ⅱ类 | |
| | Ⅲ类 | |
| 综合型城镇 | Ⅰ类 | 20%～30% |
| | Ⅱ类 | |
| | Ⅲ类 | |

（5）中性点接地。

新建 10kV 配电网中性点接地方式的选择应遵循以下原则：①单相接地故障电流在 10A 及以下，宜采用中性点不接地方式；②单相接地故障电流在 10～150A，宜采用中性点经消弧线圈接地方式；③单相接地故障电流达到 150A 以上，宜采用中性点经低电阻接地方式，并应将接地电流控制在 1000A 以内。新建 20kV 配电网宜采用中性点经低电阻接地方式。

（6）继电保护。

10kV 配电网应采用过流、速断保护，架空及架空电缆混合线路应配置重合闸；低电阻接地系统中的线路应增设零序电流保护；架空分支线可不设置保护，有特殊需要可装设重合器。

220kV 变电站的 20kV 出线原则上还应配置相间距离保护。

（7）用户接入。

10（20）kV 用户接入方式分为专线接入、用户综合线接入和用户分支线接入：①用电设备总容量在 8（12）MVA 及以上用户宜采用专线接入方式；②用电设备总容量在 8（12）MVA 以下用户宜接入用户综合线；③用电设备总容量在 2MVA 以下用户宜接入分支线，不具备条件的也可接入主干线。

（8）分布式电源接入。

新型城镇配电网应满足国家鼓励发展的各类分布式电源的接入要求，根据电源容量确定并网电压等级，单个并网点电源容量在 0.4～6MW 之间宜采用 10（20）kV 接入；单个并网点电源容量在 8～400kW 之间的宜采用 380V 接入，单个并网点电源容量在 8kW 及以下的宜采用 220V 接入。

最终并网电压等级应根据电网条件，通过技术经济比选论证确定，若高、低两级电压均具备接入条件，优先采用低电压等级接入。

### （四）美丽乡村典型供电模式

#### 1. 美丽乡村典型供电模式

根据乡村的定位和重要程度，并综合考虑电网建设可行性与成本等因素，选择相应的乡村电网典型供电模式，具体如表 7-28 所示。

表 7-28　　　　　　　　　不同类型乡村采用的低压典型供电模式表

| 美丽乡村分类 | 适用模式 |
| --- | --- |
| 国家级、省级美丽乡村 | 树干Ⅱ型、树干Ⅰ型、树干Ⅲ型 |
| 普通乡村 | 树干Ⅰ型、树干Ⅲ型 |

国家级和省级美丽乡村：如图 7-19 和图 7-20 所示，生态环境优美，文化底蕴深厚，村容村貌整洁，对空间景观要求较高，因此村中心区宜选用树干Ⅱ型供电模式，其他区域宜选用树干Ⅰ型供电模式。

图 7-19　国家级美丽乡村——安吉县山川乡高家堂村

图 7-20　省级美丽乡村——桐庐县富春江镇庐茨村

普通乡村：如图 7-21 所示，国家级、省级美丽乡村以外的其余乡村，主要考虑电网建设经济性，宜选用树干Ⅰ型供电模式，低压线路采用架空绝缘线。

农排线路：如图 7-22 所示，选用树干Ⅲ型供电模式，低压出线采用架空绝缘线，低压出线侧装表。

图 7-21　萧山区义桥镇蛟山村　　　　　　图 7-22　城乡排灌线路

### 2. 美丽乡村电网建设模式

针对美丽乡村规划引导下的新建型、合并型、保留型和整治型四类村庄，分别提出乡村电网建设模式：

（1）新建型村庄电网建设改造。需重新规划布局，网架结构、导线截面可按照饱和负荷值的一次选定，配电变压器容量配置可按照中、长期负荷发展需求分阶段配置。

（2）合并型村庄电网建设改造。需在不改变原有电网规划布局的基础上，通过增加变压器布点、提高技术装备水平对电网进行改造提质，满足中、长期负荷发展需求。

（3）保留型村庄电网建设改造。在不改变原有电网规划布局的基础上，进行改造提质，但电网规划建设应与村庄自然和人文环境相协调，必要时中、低压线路应采用地埋电缆，配电变压器采用箱式变压器、景观变压器等。

（4）整治型村庄电网建设改造。尽量不改变原有电网规划布局，视村庄产业发展类型、所处气候环境、发展水平确定差异化供电保障能力目标和建设模式，优化电网建设时序及建设模式，对电网进行改造提质。

### 五、新型城镇配电网智能化研究

新型城镇化和美丽乡村建设大力推行绿色人居、可再生能源和太阳能利用，促进发展循环经济，建设节能型和环保型乡村。可以预计，未来太阳能、风能、生物质能、地热能等多种类型清洁能源将在农村地区广泛应用。随着清洁能源的大量利用、分布式能源的不断接入，以及电动汽车等多元化负荷的迅速发展和家用电器的多样化、智能化，要求电网具备更高的智能化水平，推动可再生能源利用、经济用电，提升能源利用效率，实现电力资源优化配置；同时，也要求加快发展计量、控制、通信、储能等新技术，不断提升电网自动化水平，以满足用户多元化、个性化需求，实现电网与用户之间的双向实时交互，增强电网的综合服务能力，提升服务水平。

#### （一）屋顶光伏等分布式电源广域接入

##### 1. 分布式电源发展概况

浙江省有较为丰富的可再生能源资源，如风能、生物质能、太阳能等。陆上风能资源理论储量约 2100 万 kW，技术开发量约 130 万 kW；海岸到近海 20m 等深线内的海域风能资源理论储量约 6200 万 kW，技术开发量约 4100 万 kW。浙江省太阳能资源属三类地区，年平均日照时数为 1400～2200h，年太阳辐射能为 1280kWh/m²。分布式电源开发利用在浙江省已展示了良好的发展前景，根据地理位置及资源条件，浙江省分布式电源主要以光伏发电接入为主。

截至 2014 年 12 月底，浙江省共计投运光伏项目 559 个，总容量 59.6 万 kW，风电项目 26 个，容量 73 万 kW，其余（生物质、垃圾、潮汐发电）项目 50 个，容量 90.2 万 kW。2014 年 1～12 月，新能源发电量 670603 万 kWh，其中光伏发电量 25871 万 kWh，风力发电量 128801.5 万 kWh，其余项目发电量 515930 万 kWh。

##### 2. 分布式电源发展规模预测

根据《浙江省创建国家清洁能源示范省实施方案》，立足浙江实际，适应建筑密集、人口稠密、土地开发强度大的特点，浙江省将大力推进以分布式光伏为主的光伏发电发展，预计到 2017 年，全省风电装机容量达到 200 万 kW，光伏装机容量达到 500 万 kW，建成 20 个光伏发电应用示范小镇，光伏建筑一体化应用 1 万户以上；到 2023 年，全省风电装机容量达到 400 万 kW，光伏发电装机容量达到 1000 万 kW，建成 100 个光伏发电应用示范小镇，光伏建筑一体化应用 10 万户以上。

### 3. 分布式电源接入的一般原则

依据国家电网公司分布式电源并网相关意见和规范，浙江省电力公司对分布式电源并网制定了相应的技术规范与要求，保障分布式电源接入配网后，电网得以安全运行且加强用户与电网的互动协同。浙江省电力公司已经制定印发的《浙江太阳能发电项目接入电网管理暂行办法》《浙江省电力公司光伏电站接入电网技术应用细则（试行）》《浙江省电力公司大中型光伏电站并网调度管理规定（试行）》等制度，构建了一套完整的光伏电站入网技术、管理体系。

（1）接入电压等级。

分布式电源并网电压等级可根据装机容量进行选择，8kW 及以下可接入 220V；8～400kW 可接入 380V；400～6000kW 可接入 10kV；5000～30000kW 以上可接入 35kV。最终并网电压等级应根据电网条件，通过技术经济比选论证确定。若高、低两级电压均具备接入条件，优先采用低电压等级接入。分布式电源项目可以专线或 T 接方式接入系统。

（2）接入点选择原则。

1）接入 10kV 的分布式电源。

统购统销：接入公共电网变电站 10kV 母线；接入公共电网开关站、配电室或箱式变压器 10kV 母线；T 接公共电网 10kV 线路。当并网点与接入点之间距离很短时，可以在分布式电源与用户母线之间只装设一个开关设备，并将相关保护配置于该开关。

自发自用（含自发自用，余量上网）：接入用户开关站、配电室或箱式变压器 10kV 母线。

2）对于接入 380V 的分布式电源。

统购统销：接入公共电网配电箱/线路；公共电网配电室或箱式变压器低压母线。

自发自用（含自发自用，余量上网）：接入用户配电箱/线路；接入用户配电室或箱式变压器低压母线。

（3）其他。

通信方式：380V 接入的分布式电源，10kV 接入的分布式光伏发电、风电、海洋能发电项目，可采用无线公网通信方式（光纤到户的可采用光纤通信方式），但应采取信息安全防护措施。

继电保护：分布式电源送出线路的继电保护不要求双重配置，可不配置光纤纵差保护。分布式电源项目应在并网点设置易操作、可闭锁且具有明显断开点的并网开断设备。

电源质量：分布式电源并网点的电能质量应符合国家标准。调度自动化及电能量采集信息接入：380V 接入的分布式电源，或 10kV 接入的分布式光伏发电、风电、海洋能发电项目，暂只需上传电流、电压和发电量信息，条件具备时，预留上传并网点开关状态能力。10kV 及以上电压等级接入的分布式电源（除 10kV 接入的分布式光伏发电、风电、海洋能发电项目），上传并网设备状态、并网点电压、电流、有功功率、无功功率和发电量等实时运行信息。

### （二）电动汽车等多元化负荷的即插即用

#### 1. 电动汽车发展概况

电动汽车的主要类型包括有混合动力汽车、燃料电池汽车和纯电动汽车等类型。在混合动力汽车中，目前推广最广泛的是插电式混合动力车 PHEV（Plug-in Hybrid Electric Vehicle）。中国国务院发布的《节能与新能源汽车发展规划（2012—2020 年）》，明确以纯电驱动为主要战略取向，要求纯电动汽车和插电式混合动力车累计产销量，到 2015 年达到 50 万辆，到 2020 年超过 500 万辆。

电动汽车产业的发展日益迅速，电动汽车充电设施的建设规模和进度也在逐渐提升。国家电网公司正在持续推进智能电网的建设，作为智能电网重要组成部分，电动汽车充电设施具有分布广、用电负荷大的特点。

#### 2. 浙江省电动汽车发展情况

基于智能电网先进技术与能源互联网先进理念，国网浙江电力着力推进电动汽车互动化服务平台建设，实现电动汽车充换电设施的快速发展。截至 2014 年，全省拥有充换电站 17 座，充电桩 605 个。其中杭州、金华、宁波、湖州与绍兴作为试点城市充换电设施发展起步较早，共建成充换电站 17 座、充电桩 479 个；嘉兴、温州、台州、丽水、衢州和舟山发展起步相对较晚，建成充电桩 126 个。

#### 3. 充电技术

根据美国汽车工程师协会标准 SAEJ1772 对充电等级的划分，电动汽车的充电方式主要有常规充电、快速充电和更换电池三种常用的方式。电动汽车充电技术比较如表 7-29 所示。

常规充电也称为交流慢充，一般是以较小的交流电流进行恒流充电或小电流恒压充电，分为 1 级和 2 级充电，1 级充电使用交流充电桩，供电电源应采用 220V 交流电压，可以通过家用的普通插座充电，额定电流为 16A 或 32A，充电功率在 1～3kW，如果认为杭州市小区一个典型家庭的平均功率消耗的参考值为 3kW，那么 1 级充电的功率为家庭消耗功率的 70%～100%；2 级充电使用厂家配置的非车载充电机，充电机输出的直流电压范围在 150～700V 之间，充电功率为 10～20kW，只可以通过专用的插座和电缆充电。

目前，快速充电技术尚处于研究阶段，国内外尚无统一定义和权威解释，SAEJ1772 定义快速充电为 3 级充电，每充电 1h 可使汽车行驶 300km，使用专业的非车载充电机，输出 150～600A 的直流进行恒流快速充电，15min 内可使蓄电池的电量达到 80%～90%。

更换电池组，也称为快速换电或机械换电，是指在电池电量不足时，将已经耗尽的电池组更换为满电的电池组。这种直接更换电池组的过程通常可在 10min 之内完成。

表 7-29　　　　　　　　　　　　　　电动汽车充电技术比较

| 类型 | 常规充电 | | 快速充电 |
|---|---|---|---|
| 充电等级 | 1 级 | 2 级 | 3 级 |
| 充电时间 | 5～8h | | 小于 15min |
| 充电状态 | 100%充电 | | 80%～100%充电 |
| 充电电压 | 通常采用交流 220V（单相） | 直流机 | 直流 400～700V |
| 充电电流 | 10～15A | 20～50A | 150～600A |
| 典型充电功率 | 1.5～ | 10～ | 大于 40kW |

近年来，国内外电动汽车无线充电技术迅速发展，但只限于院校和研究所的研究项目，并未应用于生产实践，美国密歇根大学的团队在 2013 年 5 月宣布可以实现 2～6kW 的无线电能传输，效率高达 94%。随着无线电能输出技术趋于成熟，无线充电将成为日后的发展方向，电动汽车无线充电考虑的问题主要在电动汽车电能的双向流动、移动充电、汽车充电的精确定位等方面。

### 4. 充电方式及充电设施

电动汽车充电方式可分为分散式充电桩、充电站以及电池更换三种方式。其中，分散式充电桩又分为交流充电桩和直流充电机两类。

对应上述几种充电方式，充换电设施建设类型主要有交流充电桩、直流充电机、充电站以及电池更换站。

（1）交流充电桩。

交流充电桩是采用标准的充电接口为具备车载充电机的电动汽车提供交流电能的专用装置，具有相应的通讯、计费和安全防护功能，充电桩由桩体、电气模块、计量模块等部分组成，充电桩的输入端与交流电网直接连接。

交流充电桩一般系统简单，体积比较小，操作方便，适合独立建在停车场、居民住宅、生活超市的旁边，主要用于方便人们利用长时间停车时为车载电池充电，主要提供慢充服务，需要 5～8h 才能完全充满电。常用交流充电桩可分为一桩一充式、一桩双充式以及壁挂式。

（2）直流充电机。

直流充电机是一种将电网交流电能变换为直流电能，采用传导方式为电动汽车动力电池充电，提供人机操作界面及直流接口，并具备相应测控保护功能的专用装置。主要用于大型车辆的常规充电和快速充电，以及中小型车辆的快速充电。

直流充电机目前主要有相控整流和高频开关整流两种整流模式。其中：

1）相控整流模式单机功率大，易于实现大电流、高电压充电，可靠性高，技术成熟，性价比高，易于维修，适用于大功率的充电机，但有一定的谐波干扰。

2）高频开关整流模式系统效率高，体积小，谐波干扰小，可采用多模块并机工作模式，多模块自主均流，在线插拔，多机热备份工作，体积小，系统可靠性高，适用于中小型功率的充电机。

（3）充电站。

充电站是采用整车充电模式为电动汽车提供电能的场所，应包括 3 台及以上电动汽车充电设备（至少有 1 台非车载充电机），以及相关供配电设备、监控设备等配套设备。充电站一般由供配电系统、充电系统、监控系统、计量计费系统等部分组成。主要服务于电动公交车、大巴车、环卫车、工程车等。

（4）电池更换站。

电动汽车电池更换站是采用电池更换方式为电动汽车提供电能供给的场所。相较于充电站，电池更换站具有电池更换时间快、电能补充速度快、自动化程度高的特点。电池更换站一般由供配电系统、充电系统、换电系统、监控系统等部分组成。

电池更换站有车两侧换电、底盘换电、后备箱换电等多种形式，更换下来的电池将在每天电网低谷时段采用常规充电方式进行集中充电，其充电负荷较为稳定，可以通过一定的方式进行控制。根据每个站的具体需求模式和可用电池库存来决定使用慢充或者快充。

### 5. 充电设施接入系统原则

根据《电动汽车充换电设施接入电网技术规范》（Q/GDW 11178—2013），充换电设施供电电压等级可参照表 7-30 确定。

表 7-30　　　　　　　　　　　充换电设施电压等级

| 供电电压等级 | 充换电设施负荷 |
| --- | --- |
| 220V | 10kW 及以下单相设备 |
| 380V | 100kW 及以下 |
| 10kV | 100kW 以上 |

充换电设施接入点应遵循以下原则：

（1）220V 充电设备，宜接入低压配电箱；380V 充电设备，宜接入低压线路或配电变压器的低压母线。

（2）接入 10kV 的充换电设施，容量小于 3000kVA 宜接入公用电网 10kV 线路或接入环网柜、电缆分支箱等，容量大于 3000kVA 的充换电设施宜专线接入。

（3）电动汽车充换电设施属于谐波源负荷，需要采取措施抑制其谐波电流注入公用电网，使得充换电设施接入公共连接点谐波电压电流满足要求，以确保电能质量和电力系统的安全、经济运行。对于大、中型充电站、电池更换站，应采用有源滤波技术在低压母线集中补偿，有源滤波器补偿容量按不小于充电机总功率的 20% 配置；小型充电站、直流充电机、交流充电桩应结合现场监测实际综合治理。

（4）充换电设施接入公共电网，10（20）kV 及以下三相公共连接点电压偏差不超过标称电压的 ±7%；220V 单相公共连接点电压偏差不超过标称电压的 +7% 与 −10%。电动汽车充换电设施接入公共电网连接点引起负序电压不平衡度允许值一般为 1.3%，短时不得超过 2.6%。

### （三）多种形态微电网

#### 1. 国内外研究现状

（1）微电网定义。

微电网一般是指由分布式电源、储能装置、能量转换装置、相关负荷和监控、保护装置汇集而成的小型发配电系统，是一个能够实现自我控制、保护和管理的自治系统，既可以与外部电网并网运行，也可以孤立运行。

（2）微电网相关标准规范。

目前，各主要国际标准组织和国家都在大力推进微电网的标准化工作，颁布或正在制定相关的标准。国际上比较权威的 IEEE 1547《分布式电源与电力系统互联标准》和 IEC TS 62257《农村电气化用小型可再生能源与混合系统国际标准》已经包含微电网相关内容。我国也开始进行相关标准的制定研究，《微电网接入配电网测试规范》《微电网接入配电网系统调试与验收规范》等一系列国家标准均已实施。

（3）微电网相关工程。

在我国基于分布式电源的微电网建设已经开展，城市配电网规划也将微电网建设纳入考虑范畴。目前，国家电网公司已经在全国多个地区启动了微电网项目，表 7-31 列举了国内的部分微电网项目。

表 7-31　　　　　　　　　　　　国内微电网部分项目表

| 项目名称 | 项目简介 |
| --- | --- |
| 东福山岛风光及储海水淡化微电网 | 系统由 7 台单机容量 30kW 风力发电机组、100kWp 光伏发电系统、960kWh 蓄电池储能、300kW 光储一体化变流器（PCS）、1 台 200kW 柴油发电机 1 套 50t/d 海水淡化系统组成。其中，蓄电池组和光伏阵列均分两路接入 PCS 直流侧，再经 DC/AC 变换接至 AC380V 侧，7 台风机则在 AC380V 侧汇流，经升压变压器升压后，通过 10kV 线路送电至负荷 |

| 项目名称 | 项　目　简　介 |
|---|---|
| 南京供电公司微电网 | 在科技综合楼屋顶上安装了 30kW 的光伏发电设备和 15kW 的风力发电设备，在车库地下室安装了 50kW×1h 的储能系统及微电网控制设备 |
| 青海玉树 2MW 水光储互补微网示范工程 | 光伏电站总容量为 2MWp，配备储能装置总容量 15.2MWh，光伏阵列采用平单轴跟踪式系统，包括 1500kWp 功率可调度光伏发电系统、200kWp 双模式光伏发电系统和 300kWp 自同步电压源光伏发电系统 |
| 天津生态城智能电网智能营业厅工程 | 由屋顶 30kW 光伏发电、6kW 风机发电、15kW×4h 的锂离子电池储能装置、能量转换装置、营业厅 10kW 照明及 5kW 充电桩负荷、监控和保护装置汇集而成 |
| 洞头县鹿西岛并网型微网示范工程 | 工程包含风电 1560kW（已建成并网发电）、光伏 300kWp、储能系统（铅酸电池组 1MW×1h、超级电容 500kW×30s），本工程能为岛上用户提供清洁可再生的能源，而且能够对并网型微网的运行特性以及在运行过程中微网与大电网之间的交互影响进行分析验证 |
| 平阳县南麂岛离网型风光柴储综合系统工程 | 工程包含风电 1000kW、光伏 545kWp（另行立项建设）、柴油发电 1600kW（已完成可研立项）、储能电池 1500kW（放电深度为 66.7%，持续 2h）。本工程对于建设生态海岛、环保海岛，促进海洋经济和旅游的发展，提高海岛居民的生活品质，具有十分重要的意义 |

### 2. 微电网的分类

微电网可分为交流微电网、直流微电网、交直流混合微电网。

一般而言，从容量角度可以将微电网分为 4 类，分别是变电站级别微电网、配网馈线级别微电网、含有多种负荷设备和分布式电源的微电网，以及单种负荷设备级别微电网，如表 7-32 所示。

表 7-32　　　　　　　　　微　网　分　类　一　览　表

| 微电网分类 | 容量范围 | 适　宜　条　件 |
|---|---|---|
| 单用户级 | 小于 2MW | 主要应用于居民和商业建筑，一般仅含有一类分布式电源，如冷热电联供系统和屋顶光伏发电系统 |
| 多用户级 | 2～5MW | 一般包含多种建筑物、多样负荷类型的网络，如小型工业、商业区及居民区等，可能含有不止一类分布式电源 |
| 配网馈线级 | 5～10MW | 可能由多个包含单一或多样化单元的较小型的微电网组合而成，适用于公共设施、政府机构等场合，可能为中压级别 |
| 变电站级 | 10MW 以上 | 可能包括一些变电站内的发电单元，以及一些馈线级和设施级的微电网，鉴于电网实际情况，一般情况下不宜采用 |

微电网通常有并网模式、孤岛模式、并网转孤岛过渡模式和重新并网模式 4 种运行模式。

### 3. 适应新型城镇化与美丽乡村建设的微电网供电模式

根据浙江地域特点，在供电困难的在海岛可建立风光储联合供电微电网。风光储联合供电微电网是指以光伏发电和风机发电为主要功能形式的微电网。其供电模式通常是在并网情况下由主网和分布式电源共同供电；而在故障情况下微电网进入孤岛模式，由风机和光伏电池共同供电，在天气等外部条件不允许的情况下通过储能系统保证供电，此类微电网特点是可以利用风能和光能在时间分布上的互补性，提高系统供电的稳定性。

### （四）差异化配电自动化模式

#### 1. 配电自动化概况

配电自动化系统是城市配电网的监视、控制系统，具备配电 SCADA、馈线自动化及配网分析应用等功能。配电自动化系统在配电网正常运行时，实时监视和遥控改变电网运行方式，在配电网故障时，自动隔离故障区域，恢复健全区域供电。它主要由配电自动化系统主站、配电自动化系统子站（可选）、配电自动化终端和通信网络等部分组成，通过信息交换总线实现与其他相关应用系统互连，实现数据共享和功能扩展。

#### 2. 配电自动化发展现状

浙江电网配电自动化系统建设起步较早，在城市配电网中应用较为成熟。截至 2013 年年底，杭州和宁波在城区 480km$^2$ 范围内实现了配电自动化，共涉及 10kV 线路 1268 条，开关站 2495 个；截至 2014 年年底，杭州、宁波两个城市率先完成配电自动化项目实用化验收；嘉兴、绍兴、温州、丽水四个地市供电公司已根据国家电网公司批复方案完成城市中心区的配电自动化建设，并于 2014 年 3 月顺利通过国家电网公司配电自动化的工程现场测试。截至 2014 年年底，全省范围内，配电自动化建设覆盖 10kV 线路 3435 条，占所有 21343 条配电线路的 15.418%。

#### 3. 配电自动化差异化配置原则

配电自动化规划设计应遵循的差异化原则，应根据城镇规模、可靠性需求、配电网目标网架等情况，合理选择不同类型供电区域的故障处理模式、主站建设规模、配电终端配置方式、通信建设模式、数据采集节点及配电终端数量。

根据差异化配置原则，适应新型城镇和美丽乡村的配电自动化配置方案如下：

（1）杭州市瓜沥镇等 43 个浙江省小城市培育试点镇根据供电可靠性需求、一次网架、配电设备等情况，故障处理模式采用就地型重合器式；终端配置以基本型"二遥"终端为主，联络开关配置动作型"二遥"终端。按照地配、县配一体化主站建设模式，配网实时信号通过无线公网通信方式接入地区主站，无线公网前置机与主站之间应采用正、反向网络安全隔离装置实现物理隔离。

（2）杭州市余杭镇等 151 个浙江省中心镇根据供电可靠性需求、一次网架、配电设备等情况，故障处理模式采用就地型重合器式；终端配置以基本型"二遥"终端为主，联络开关配置动作型"二遥"终端。按照地配、县配一体化主站建设模式，配网实时信号通过无线公网通信方式接入地区主站，无线公网前置机与主站之间应采用正、反向网络安全隔离装置实现物理隔离。

（3）其余一般城镇根据供电可靠性需求、一次网架、配电设备等情况，故障处理模式可根据实际需求，采用故障监测方式；终端配置以基本型"二遥"终端为主，联络开关如有需要，经论证后可少量配置动作型"二遥"终端。按照地配、县配一体化主站建设模式，配网实时信号通过无线公网通信方式接入地区主站；无线公网前置机与主站之间应采用正、反向网络安全隔离装置实现物理隔离。

（4）杭州市文昌镇王家源村等 40 个国家级美丽乡村根据供电可靠性需求、一次网架、配电设备等情况，故障处理模式可根据实际需求，采用故障监测方式；终端配置基本型"二遥"终端。按照地配、县配一体化主站建设模式，配网实时信号通过无线公网通信方式接入地区主站；无线公网前置机与主站之间应采用正、反向网络安全隔离装置实现物理隔离。

### （五）用电信息采集系统

#### 1. 用电信息采集系统概况

用户用电信息采集系统通过对配电变压器和终端用户的用电数据的采集和分析，实现用电监控、推行阶梯定价、负荷管理、线损分析，最终达到自动抄表、错峰用电、用电检查（防窃电）、负荷预测和节约用电成本等目的。用户用电信息采集系统主要由系统主站、传输信道、采集设备以及电子式电能表（即智能电表）等组成。

全面建设用电信息采集系统，可以实现对所有电力用户和关口的全面覆盖，实现计量装置在线监测和用户负荷、电量、电压等重要信息的实时采集，及时、完整、准确地为有关系统提供基础数据，为企业经营管理各环节的分析、决策提供支撑，为实现智能双向互动服务提供信息基础。

#### 2. 国网浙江电力建设、运行情况

国网浙江电力自 2010 年起全面推广用电信息采集系统，目前已安装采集覆盖 2326 万户，覆盖率 97.26%，采集成功率 99.35%，居国家电网公司系统第一位。电网公司采集系统主站全省统一建设、集中部署，现场采集终端主要采用两种技术方案：一是对城区集中装表的用户采用 GPRS+Ⅱ型集中器+RS485 模式，每个Ⅱ型集中器最多接入 32 块电能表，其主要优点是采集可靠性较高；二是对农村分散装表用户，采用 GPRS+Ⅰ型集中器+载波采集器+RS485 模式，其主要优点是便于分散安装施工。

下阶段，一是稳步推进电能表事件的全采集，在对增量用户实施电能表事件全采集的同时，全面开展采集终端升级，实现电能表事件采集和精确对时，提升计量装置在线监测能力。二是开展新一代采集系统通信协议等前瞻性技术的研究和试点

应用，引领采集系统发展方向。三是继续跟踪微功率无线、宽带载波等采集新技术发展，为更新换代开展技术与管理储备工作。

## 六、新型城镇和美丽乡村配电网建设试点

为抓住新型城镇化建设的历史契机提升浙江省配电网整体发展水平，浙江省电力公司将在典型新型城镇、美丽乡村的基础上，统筹考虑发展水平、规划条件、设施基础等，并根据"产业特征鲜明，引领示范效果明显；发展规划完备，有利电网规划精细化；基础设施完善，电网建设实施条件具备"等选取标准选取新型城镇、美丽乡村配电网试点建设，为全省推广打下良好基础。

选取 5 个新型城镇作为浙江省新型城镇化配电网试点建设区域，如表 7-33 所示。

表 7-33　　　　　　　　浙江省新型城镇化配电网试点建设区域　　　　　　单位：%

| 类型 | 城镇 | GDP 结构 | | | 用电量结构 | | | |
|---|---|---|---|---|---|---|---|---|
| | | 一产 | 二产 | 三产 | 一产 | 二产 | 三产 | 居民 |
| 旅游主导型 | 千岛湖镇 | 3.3 | 42.4 | 54.4 | 0.2 | 58.9 | 27.3 | 13.6 |
| 综合型 | 慈城镇 | 7 | 68 | 25 | 14.4 | 55.7 | 24.7 | 5.2 |
| 工业主导型 | 龙港镇 | 3 | 59.3 | 37.7 | 0.30 | 79.5 | 10.2 | 10.0 |
| 商业主导型 | 山下湖镇 | 9.3 | 66.7 | 24.0 | 13.2 | 49.5 | 17.8 | 19.5 |
| 农业主导型 | 虾峙镇 | 33.1 | 20.6 | 46.3 | 2.1 | 29.1 | 38.6 | 30.2 |

（1）千岛湖镇，位于杭州淳安县，整座城市三面环水，素有"一城山色半城湖"之称，是以滨湖山城为特色的花园式风景旅游城市，以旅游业为主导，第三产业发达，是典型的旅游主导型城镇。

（2）慈城镇，位于宁波江北区，是中国历史文化名镇之一，同时是浙江省最大的铜冶炼基地和宁波市重要的轻纺、建材基地，依托农业、林业两大示范园区，狠抓种植业、养殖业、林木业、农产品营销业与农业产业结构调整，使农业也成了经济发展的一个亮点。各产业均衡发展，是典型的综合型城镇。

（3）龙港镇，地处浙江省温州南部，被誉为中国第一农民城，龙港工业发达，印刷、礼品、纺织、塑编是龙港的四大支柱产业，电缆、光缆、磁卡、BOPP、BOPA、BOPET、不锈钢带材、陶瓷、服装、食品等是龙港的新兴产业，是典型的工业主导型城镇。

（4）山下湖镇，位于绍兴诸暨市，是中国最大的淡水珍珠养殖、加工、贸易中心，拥有中国最大的珍珠、珍珠饰品专业市场。全镇淡水珍珠养殖面积突破 40 万亩，年产量占世界淡水珍珠总产量的 73%，全国总产量的 85%，居国内首位，是集珍珠

养殖、加工、销售、研发等于一体的"五星级"农业产业发展之镇，是典型的商业主导型城镇。

（5）虾峙镇，位于舟山普陀区，是舟山的重要渔区，素有"浙江渔业看舟山，舟山渔业看普陀，普陀渔业看虾峙"的美誉，被称为"鱿鱼之乡"，是全国沿海规模最大、发展最快的群众远洋渔业基地，是典型的农业主导型城镇。

选取 6 个美丽乡村，作为浙江省美丽乡村配电网试点建设区域，如表 7-34 所示。

**表 7-34　　　　　　　浙江省新型城镇化配电网试点建设区域**

| | |
|---|---|
| 湖州安吉县溪龙乡黄杜村 | 位于安吉县东部，交通便捷，气候温暖湿润，春华秋实，四季分明，自然条件优越，是白茶产业的始发地和核心区。先后获得了省级生态村、市级文明村、专业特色村等荣誉称号 |
| 嘉兴嘉善县姚庄镇 | 位于嘉兴市嘉善县东北部，地势平坦，土地肥沃，气候温和，四季分明，素有"鱼米之乡"美称，生态农业快速发展，渐成黄桃、蘑菇、大棚蔬菜三大产业 |
| 金华武义县桃溪镇陶村 | 位于金华市武义县西南部，因"有桃千树而得名"。拥有国家级文物保护单位元代延福寺，明清古民居众多，气势非凡，相当精美。几乎每一幢古建筑与历史文化名人陶渊明都有一些渊源 |
| 台州仙居县淡竹乡石盟垟村 | 位于台州市仙居县淡竹乡北面，是进入神仙居、官坑、公盂岩、淡竹休闲谷旅游一条线的最佳入口，也是景区重要的休闲、娱乐后花园。全村"农家乐"产业发达，游客们可以在这里吃农家菜、住农家屋、体验农家生活 |
| 衢州江山市贺村镇永兴坞 | 位于浙江省江山市淤头镇，村内现有投资 2000 多万的工厂化食用菌白菇生产基地以及清香梨等特色产业，以"公司+基地+农户"模式，实现食用菌现代化企业生产 |
| 丽水遂昌县三仁畲族乡坑口村 | 浙江省丽水市莲都区联城镇，以柑橘为支柱产业，全村有柑橘 700 多亩。优越的地理位置，甘甜的山水，充足的阳光成为了生产柑橘的有利条件 |

### 七、投资估算结论

根据新型城镇与美丽乡村建设下的城乡电力需求预测结论，截至 2020 年农村地区 110kV 电网需增加变电容量 14768MVA；10kV 及以下电网需新增公用配变容量 23958MVA。按照预测结果，结合现状电网各种设备所占比例，计算 2020 年农网 110kV 及以下电网全口径总投资为 491 亿元，其中 110kV 电网全口径投资为 83.8 亿元，10kV 及以下电网全口径投资为 407.2 亿元，具体计算过程如表 7-35 所示，表 7-36 进一步给出了采用不同建设标准下的配电网投资估算结论。

**表 7-35　　　　　　　新型城镇与美丽乡村农网投资建设估算表**

| 名称 | 分类 | 建设规模 | 投资依据（万元） | 建设总投资（亿元） |
|---|---|---|---|---|
| 配套上级电源建设 | 110kV 变电站（座） | 148 | 3500 | 51.8 |
| | 110kV 线路（km） | 2664 | 120 | 32.0 |

续表

| 名称 | 分类 | 建设规模 | 投资依据<br>（万元） | 建设总投资<br>（亿元） |
|------|------|---------|---------|---------|
| 配套 10kV 线路 | 架空线路（km） | 11508 | 44 | 50.6 |
| | 电缆线路（km） | 2700 | 80 | 21.6 |
| 配套 10kV 配电设施 | 配电室（座） | 13145 | 80 | 105.2 |
| | 箱式变（座） | 9770 | 32 | 31.3 |
| | 柱上变（台） | 46112 | 10 | 46.1 |
| 配套低压线路 | 架空线路（km） | 20708 | 25 | 51.8 |
| | 电缆线路（km） | 8938 | 60 | 53.6 |
| | 集束导线线路（km） | 11770 | 40 | 47.1 |
| 农村电网全口径投资合计 | | | | 491.0 |
| 其中 | | | 110kV 电网投资 | 83.8 |
| | | | 10kV 及以下<br>电网投资 | 407.2 |

注 1. 根据专题研究报告中用电需求预测，截至 2020 年需新增变电容量 14768MVA，按照每座变电站容量 100MVA 计算；

2. 按照现状每座 110kV 变电站平均配建设线路 18km 计算；

3. 按照每座 110kV 变电站配套 10kV 出线 24 回，每回线路平均长度 4km，按照现状中压电缆化率 19% 计算；

4. 根据专题研究报告中用电需求预测，截至 2020 年需新增配变容量 23958MVA，按照现状配电室占比 31%，平均单台容量 565kVA 计算；

5. 按照现状箱式变室占比 23%，平均单台容量 564kVA 计算；

6. 按照现状柱上变占比 46%，平均单台容量 239kVA 计算；

7. 按照每台配电设施出线 2 回，每回 300m 计算；

8. 按照现状低压线路电缆化率 21.58% 计算；

9. 按照现状集束导线压线路 28% 计算。

表 7-36　　　　　　　采用不同建设标准下的配电网投资估算

| 方案类别 | 规划建设标准类别 | 五年建设总投资<br>（亿元） |
|---------|----------------|---------|
| 低方案<br>（现标准） | 中压线路电缆化率 20%、低压线路电缆化率 30%、农网绝缘化率 38%、不考虑配网自动化 | 500 |
| 中方案 | 中压线路电缆化率 35%、低压线路电缆化率 45%、农网绝缘化率 70%、重点城镇简单配网自动化 | 550 |
| 高方案 | 中压线路电缆化率 50%、低压线路电缆化率 60%、农网绝缘化率 100%、重点乡镇简单配网自动化 | 600 |

## 八、保障措施

### （一）坚持以规划为引领，统筹新型城镇及美丽乡村电网规划建设

结合新型城镇化规划及改善农村人居环境，围绕能源消费革命、能源供给革命

等重大命题，紧扣建设坚强智能电网发展目标，适应电力能源供给和能源消费的新趋势，科学编制新型城镇及美丽乡村电网发展规划。将电网规划纳入城镇和村庄建设规划，建立城乡电网的统一规划、滚动调整的常态工作机制，根据城乡经济社会发展和新型城镇化发展的新要求，及时优化城镇及村庄电网发展规划。服务低碳经济，将节约资源、降低能耗、保护环境全面融入新型城镇配电网规划设计、建设运营和管理全过程，努力实现电网发展与经济社会、自然环境的和谐统一。

### （二）坚持以需求为导向，科学建设农村现代配电网

以满足现代农业、农村居民生活电气化对电力的需求为目标，适应日渐兴起的小型分布式电源发展、储能技术发展形成的能源供给新格局，充分运用现代配电技术与现代信息技术，全面推进农村电网改造升级，建设"安全可靠、优质高效、绿色智能、和谐友好"的现代配电网，提高农村电网供电能力和供电可靠性，满足农村地区用电快速增长的需求。根据各地区农业生产特点，因地制宜，对粮食主产区农田节水灌溉、农村经济作物和农副产品加工、畜禽水产养殖等供电设施进行改造，满足现代农业发展用电需要。

### （三）坚持以质量为本，大力推进电网的标准化建设

坚持统一性、兼顾差异性原则，按照安全、先进、经济、实用的要求，落实配电网技术导则和典型设计。大力推广标准化设计和典型供电模式，新建工程全面应用通用设计和通用设备材料，提高农网建设水平，推进标准化建设工作。深入贯彻全寿命周期管理理念，优化主设备、关键技术选用标准，着力提升电网技术装备水平。统一城镇电网建设标准，统一制定建设改造导则，根据不同地域、不同发展水平的农村用电需求，优化电网供电方案，因地制宜推行差异化设计。

### （四）坚持以创新发展为基础，提升农村现代配电网的智能化水平

针对新型城镇发展特点，大力开展智能化建设关键技术研究与示范，根据小水电、风电、光伏等可再生能源发展趋势，研究探索分布式清洁能源和储能元件接入电网的监控、计量、保护和控制技术，保障电网安全稳定运行，提高电网与各类用户的互动能力。结合国家推进绿色能源示范县、美丽乡村或生态村等建设项目，积极组织实施智能变电站、配电自动化、智能配电台区、分布式电源接入等试点工程建设。

# 第八章
# 小城镇环境综合整治配套电网
# 建设调查

（2017 年 5 月）

　　小城镇环境综合整治是省委、省政府提出的一项加快推进"两美"浙江建设，补齐小城镇发展短板的重大措施。整治"线乱拉"是小城镇环境综合整治的重点之一，涉及电网配套建设的任务比较繁重。目前，各地小城镇环境综合整治工程陆续启动。为掌握情况，推进工作，国网浙江电力有关部门在公司领导带领下，组成调研组赴衢州龙游县、金华兰溪市、丽水遂昌县、台州玉环县等进行调研。

## 一、工作进展情况

　　省委、省政府及有关部门对小镇环境综合整治下发了一系列文件，提出了2017～2019 年三年对全省 1191 个乡镇（街道）综合整治行动计划，其中省级中心镇 180 个，一般镇 465 个，乡（集镇）272 个，独立于城区的街道 123 个，仍具备集镇功能的原乡镇府驻地 151 个。在对强、弱电线路整治中，制定下发了《浙江省小城镇环境综合整治"线乱拉"治理工作指导意见》，提出了"线乱拉"治理工作在今后三年通过省级考核验收分别达到 30%、70%、100% 的目标。从本次调研掌握的情况看，在省电力公司的领导下，各市、县电力公司积极落实省委、省政府工作部署和省电力公司工作要求，并取得了初步成效。

### （一）领导重视，组织到位

　　各市、县电力公司成立由分管副总为组长，各有关部门负责人为副组长的专项工作小组。对接当地政府开展协调工作，建立联络机制，做到提前谋划、提前对接、提前介入。各单位落实部门、落实专人加强与有关部门的联络协调，市、县电力公司派专人参加市里的集中办公，负责协调与政府、相关部门及乡镇（街道）的工作。

### （二）细化方案、试点先行

被调研的各单位均认真编制电力整治方案，以"一镇一方案"细化工作，省政府确定的 2017 年的示范镇的电力整治方案均已通过省公司初审，2017 年计划的其他乡镇的电力整治方案编制完成，并已上报省电力公司。目前，有的地方政府已组织启动部分省级样板镇综合整治工程，有关市、县电力公司加强工作衔接，积极配合地方政府，统筹电力设施与水、气、弱电等通道的基础设施布局和建设资源综合利用，全力配合推进政府出资的电力通道土建工程建设。目前已有部分省级样板镇基本完成电力以及弱电线路的"上改下"的土建工程，为后续电力配套建设创造了有利条件，为完成整改赢得时间。

### （三）整合资源、推进整治

各市、县（市）电力公司在按照政府部署开展小城镇环境综合整治工作的同时，按年度工作计划，结合配网改造工程、"三改一拆"、古村落改造等工作实施增容布点，线路改造；结合美丽乡村、美丽集镇建设，将"精品台区（带）"建设与小城镇综合整治工作相结合，优化电力线路布局与规范装置标准，以"线杆融景、变台为景"为目标，美化台区环境，不断提升服务水平，用现有的工作资源，积极助推小城镇环境综合整治。

### （四）抓住机遇、解决难题

小城镇综合整治工作责任大、任务重、难度大。从调研的情况看，各市、县电力公司也普遍认识到这是一个机遇，力图通过这次政府主导的工作契机，解决供电企业长期反映但一直难以解决的问题。在前期工作中，着力开展有关工作。一是按照有关规定，坚持"上改下"的出资原则，加强沟通，努力说服地方政府接受"上改下"电网建设地下通道全部由项目实施主体单位出资，既保证合理投资，又防止盲目扩大电缆划建设规模；二是将本次小城镇整治与电网改造老大难问题结合，如玉环县楚门镇、杜桥镇的部分线路运行时间长，严重老化，由于环网柜、配变落点等政策处理问题，一直无法完成改造，在本次整治中镇政府全部落实解决；三是加强沟通协调，争取通过政府的主导作用和各相关部门的协同，力求在"三线搭挂"老大难问题上要有所突破；四是利用地方政府寻求在本次小城镇环境综合整治中供电企业的协同支撑，提出主网架建设的政策处理问题，争取政府更大的解决力度。

## 二、主要存在问题

### （一）资金落实问题

按照浙江省委办公厅"浙委办发〔2016〕70 号"文件要求，各市、县（市、区）要把小城镇环境综合整治行动资金纳入年度地方财政预算。但目前，一是地方政府对电网改造配套的资金来源不明确，目前供电企业在与县政府、乡（镇）街道协调沟通时，政府只是作出电力线路"上改下"的基础土建部分由其出资的倾向性意见，只有少数经济实力较强的乡（镇）落实了"上改下""线路迁移"整改的配套资金，但出资渠道也不统一；二是供电企业的出资渠道尚未落实，造成地方政府与供电企业难以最终确定整改方案，或者确定了方案也在等待观望，直接影响了后续工作的开展。

### （二）"上改下"改范围问题

这次小城镇环境综合整治，省政府有关规定对强、弱电线缆整治要求体现了高标准的思想。供电企业根据省政府的有关要求，在方案制定时，根据省级中心镇、一般镇、独立于城区的街道等不同的区域，根据电网实际情况，因地制宜地确定了"上改下""杆线迁移"、隐患整治、一般整修等整改类型。但目前存在一些地方政府，特别是乡（镇）政府对电力线路"上改下"的要求很高，有些乡（镇）要求集镇所有的电缆都入地，并扩大整治范围。有的乡（镇）政府领导还误解为电网整治的资金省里会下来，供电企业会全部承担投资。有的地方政府部门考虑到"线乱拉"整治中弱电线路整治难度，设法通过电力线路的入地，消除弱电线路乱搭挂条件，迫使弱电线路产权单位实施"上改下"改造。但是如果电力线路"上改下"的盲目扩大不仅会涉及投资不合理问题，还会产生供电企业在变压器、环网柜、电缆分接箱等落点时政策处理难题。

### （三）"三线搭挂"整治问题

"线乱拉"的产生主要是弱电线路（三大电信商、广电、公安等线路）乱搭乱建产生，"三线搭挂"是长期以来困扰供电企业的老大难问题，严重影响电网安全运行、维护及故障抢修的正常开展。在本次整治工作中，供电企业积极向政府汇报沟通、共同调研，政府的观念开始转变，看到了电力线路普遍比较规范，也看到了问题的症结，出台了有关文件，各市、县都成立了"线乱拉"专项整治小组，但在实际操作中难度仍然很大。一是由于搭挂单位多，责任界面复杂，各搭挂单位工作落实不力，整治工作难以进展；二是搭挂的弱电线路都处于运行状态，关系到百姓的日常生活，难以采取强制措施。目前，整治工作尚未得到相关弱电营运商和有关单位的积极配合，这也导致有的地方政府产生了将电力线路"上改下"就可以有效解决"线乱拉"的思路。

### （四）表计与进户线等的改造问题

从现场调研看，目前一些集镇的表箱、表计、进户线、户联线的装置规范性、健康状况不同程度存在薄弱环节和安全隐患，有的工艺水平、美观性较差。但不少单位只注重高低压线路整治而没有将这些内容列入本次整治范围，显得与小城镇环境综合整治要求不相适应。

### 三、工作建议

#### （一）加强对基层单位投资界面的指导

目前，电网公司已通过适当的途径，向各市、县电力公司明确了本次小城镇环境综合整治中电网改造的投资分担原则。但从调查情况看，基层单位较多地反映供电企业与地方政府出资分担内容不清。从中看出电网公司上下存在信息不对称、步调不一致情况。要加强对基层单位投资分担原则的工作指导。根据前期排查摸底结果，以及与能源局、发改委对接情况，进一步加强明确投资界面，对部分已签订协议的电力公司因地制宜自己把控，对基层单位明确投资分担的原则。

#### （二）尽早落实整改资金计划

这次专项整治工程项目数量多、投资大，除了电网公司配网建设改造资金外，还要积极争取赢得政府政策支持，如采取调整电网规划，将这次省政府主导专项整治投资纳入电网发展规划总盘子，取得专项改造资金；结合电改因素，将本次整治资金纳入电价核定总盘子，为后续配网发展留出空间。

#### （三）促成建立"三线搭挂"整治协同机制

要充分利用这次良好契机，比较彻底地整治"三线搭挂"问题。要促成政府制定出台整治"三线搭挂"的管理措施、技术标准等。明确各部门的主体责任，并切实加以落实。要以政府牵头建立"三线搭挂"整治协同监督机制和长效管理机制。电网公司要积极为政府出台管理措施、技术标准的政策文件做好支撑工作。

#### （四）加强对整治项目的流程管控

要督促基层单位开展"一镇一方案"工作落实，并做好方案的审查，简化审批程序、缩短各审批环节时间。同时，加强与政府部门的对接，进一步简化工作程序，提高工作效率，确保工程顺利实施，按计划完成。

#### （五）继续加大古村落保护的电网改造力度

古村落保护是美丽乡村建设的重要组成部分，越来越受到各级政府与社会各界的高度重视，是造福当地农民的一项措施，同时也能促进乡村旅游业、拉动电力需求的增长。浙江省作为我国古村落保存数量较多的省份，有一批国家级、省级重点文保单位的村落。前几年，电网公司按照省委、省政府要求，在美丽乡村建设中，重视古村落的电网改造，取得了一定成效，但这项工作还应继续加大力度。在本次小城镇环境综合整治电网改造的同时，古村落的电网改造要同步推进。

# 第九章
# 新型县域电网数字化转型调查
## （2022 年 10 月）

  县域电网是我国电力系统中的重要组成部分，它不仅承担着我国农村电力保障和占我国 50%以上人口的供电任务，又承担着 70%以上各类分布式可再生清洁能源的消纳，是实现乡村振兴、共同富裕和"双碳"目标的重要载体。改革开放以来，国家高度重视农村电网的建设，农村电网发展经历了农村电气化、农网改造、农网升级三个阶段，实现了从"用上电"到"实惠电"，再到"用好电"的三级跳，保障了经济社会的快速发展。

  随着国家碳达峰碳中和、共同富裕和乡村振兴战略的全面实施，作为承担广大农村电力服务、消纳各类分布式清洁可再生能源主体的县域电网，将迎来新时代新的历史使命和重任。同时，新型电力系统建设对电源结构和用户用能方式提出了新的要求，县域电网将面临大量分布式电源接入、用户规模激增、负荷特性多变、调度需求复杂等诸多新的挑战。县域电网将从承担单一配送功能的供电网络发展为接入多种发电方式，兼容微电网、虚拟电厂等多种新型主体，支撑电动汽车及其他储能装置灵活接入，实现能源智能互联、供需友好互动的新型县域电网。

### 一、浙江县域电网发展现状

#### （一）县域电网发展历程

  改革开放以来，浙江省县域电网经历了农村电气化、农网改造、农网升级三个阶段，实现了从"用上电"到"实惠电"，再到"用好电"的三级跳，保障了我省经济社会的快速发展。

  农村电气化（1978～1997 年）：该阶段主要解决农村"用上电"的问题，农村电力供应由县城逐步扩展到城镇和乡村。国家先后设立三批农村初级电气化县，1989 年桐乡建成了全国第一个新农村电气化县。截至 1996 年年底，浙江实现了村村通电。

  农网改造阶段（1998～2009 年）：该阶段主要解决农村电网薄弱、农民用电价格高的问题。国家规范了农电投资和管理机制，对农村电网进行了大规模的改造，农电发展从城乡分割走向城乡统筹。截至 2009 年年底，浙江建成新农村电气化市 1 个、电气化县 48 个、电气化镇 592 个、电气化村 10036 个。

农网升级阶段（2009~2020 年）：该阶段主要提升电网供电能力、供电质量和装备水平，提升电网接入多元负荷和消纳新能源能力。浙江全面启动新一轮农村电网改造，并针对小城镇、中心村电网开展专项治理和升级行动。截至 2020 年年底，浙江县域电网供电可靠性达到 99.958%，远超国家能源局提出的 99.28% 目标值；浙江县域人均用电量达到 7665kWh，是全球人均用电量的 25 倍，接近 OECD（经合发展组织）国家平均水平。

"十四五"以来，国家先后提出碳达峰碳中和、共同富裕和新型电力系统建设要求，在国家一系列政策支持下，浙江省电源结构和用户形态将迎来重大升级，县域电网迎来了新的使命，将逐步转型进入下一阶段——"数字电网阶段"。

**（二）县域电网发展现状**

一是供电能力稳步提升。浙江县域电网 110kV 电网基本形成以链式及双辐射结构为主的主干网；35kV 电网逐步弱化，电压序列进一步优化；建设多分段适度联络为主的 10kV 标准网架，并逐步向目标网架演进，各电压等级协调发展，电网结构持续优化。通过增加电源点、缩小供电半径、优化网络架构等措施提升中压线路供电能力，重点解决了农村供电设施"季节性"重过载引起的供电"卡脖子"问题，供电保障能力稳步提升。截至 2021 年年底，浙江县域电网供电可靠率达到 99.948%，综合电压合格率达到 99.975%，户均配变容量达到 5.3kVA。

二是装备水平明显升级。因地制宜开展小城镇、中心村配电网建设。提升电网供电能力和装备水平，解决配电网重载、过载问题，消除低电压现象。在城镇化进程和美丽乡村建设中，同步开展电网改造提升工程，电网装备整体水平明显升级。加大节能型配变推广力度，改造和更换老旧、高损耗配变，降低电网运行损耗。在自然灾害频发地区，提高农村电网设防标准，差异化采用防腐、防风、防雷、防覆冰等设计，提升电网防灾抗灾能力。截至 2021 年年底，浙江省县域电网共有 110kV 变电站 1057 座、35kV 变电站 438 座、10（20）kV 公用配变 25 万台，电网规模呈指数发展。

三是低碳发展成效显著。结合整县推进分布式光伏开发建设、生物质能多元化利用等清洁能源的开发利用，开展农村地区配套电网改造，重点解决分布式可再生能源接入和消纳带来的突出问题，支持分布式可再生能源开发利用需求，实现新能源 100% 消纳，推动农村地区"双碳"目标任务的落实。促进农村生活用能清洁化，因地制宜选择技术方案，积极稳妥推广电采暖、全电厨房等清洁用能方式，助力提升乡村生活品质。截至 2021 年年底，全省清洁能源装机容量达 4687 万 kW，年发电量达 1318 万 kWh。

**四是自动化水平逐步提高。** 提升配网故障研判能力，加强智能终端设备可靠性管理，深化营配终端数据贯通；实现停电设备自动召测，营配数据相互验证，实现故障停电准确验证。全面推广应用电缆和架空 FA、智能开关、故障指示器、智能配变终端及智能表计等感知设备应用，推进主动感知设备由电网侧向客户侧延伸，主动抢修向低压侧延伸。目前作为"二合一"终端试点应用的 TTU 型融合终端已经安装 5.52 万台，多地已全面开展"三合一"智能配变终端的应用。2021 年，县域电网实现配电自动化有效覆盖率达 70% 以上，安装智能电表 2172 万个，智能电表和用户采集终端覆盖率均达到 100%。

## 二、县域电网发展面临的新形势

### （一）实现"双碳"目标，县域电网是未来清洁能源生产和消纳的主要区域

截至 2021 年年底，浙江光伏发电装机容量 1842 万 kW（分布式光伏 1265 万 kW），6MW 以下小水电装机容量 223 万 kW，生物质发电装机容量 292 万 kW，相对薄弱的县域电网承载着全省大多数分布式光伏、水电和生物质发电等清洁能源。县域电网在安全高效消纳新能源方面存在诸多问题：一是县域电网消纳能力不足，衢州 2021 年全社会最高负荷为 342 万 kW，现有光伏发电装机容量 178 万 kW，近两年计划新增光伏发电容量 100 万 kW，导致局部区域部分时段光伏发电倒送电网，部分线路和变压器转供困难；二是影响电网电能质量，嘉兴海盐某线路午间光伏电压最高达 21.5kV（20kV 线路），导致多家企业机器跳机，以及某变电站分布式光伏出力在 30% 时，电流总谐波畸变率高达 14%，大幅超过 5% 的标准限值；三是影响配网自动化和继电保护动作，大量分布式电源接入后，系统故障时系统及分布式电源均向故障点提供短路电流，改变了流经保护的电流，可能导致继电保护装置误动、拒动等行为，同时存在备自投、重合闸等保护不正确动作风险。

### （二）实现共同富裕，农村全面电气化对县域电网提出了更高的要求

随着农村全面电气化进程的加快，县域电网负荷规模越来越大、负荷类型将更加复杂多元，这要求县级电网能够提供更为稳定的电力供应，电网运营主体具有更强的负荷管理能力。

**一是县域经济基础好、发展快。** 浙江民营企业遍地开花，县域经济非常发达，部分县域发展水平比肩市区，山区 26 县在"一县一策"的基础上做强"一县一业"，形成具有浙江特色的县域经济发展模式。例如，义乌小商品、海宁皮革产业、桐乡羊毛衫、云和木制玩具、永康小五金等均形成规模化集群产业。2021 年，浙江县域

人均 GDP 达到 11 万元，县域经济的发展对电力供应提出更高要求。

二是农业生产的现代化转型。现代农业充分利用农业科技和现代化装备，打破传统农业生产模式，建立高产、优质、低耗的农业生产体系，负荷密度和供电可靠性需求均较高。例如，平湖东郁农场植物的生长发育温度、湿度、光照、$CO_2$ 浓度，以及营养液等环境条件均利用智能计算机和电子传感系统进行自动控制。

三是居民生活水平日益提升。"藏富于民"是浙江独特的经济发展模式，农民生活富裕程度较高。2021 年，浙江农村居民人均可支配收入 3.5 万元，人均消费性支出 2.5 万元，均为 2015 年的 1.5 倍以上。居民家用电器和电动汽车等消费日益升级，2021 年浙江日用家电零售产业规模超 120 亿元、电动汽车销量达 42 万辆，1~8 月居民生活用电占比达 23%。

### （三）实现乡村振兴，新型乡村建设要求县域电网加快数字化转型

数字乡村建设是乡村振兴战略的重要内容，是深入贯彻新发展理念、加快构建新发展格局、实现乡村全面振兴的重要抓手。电力行业数据规模大、实时性强，具备提供数字服务的先天优势，县域电网数字化转型是电力行业落实党中央国务院乡村振兴战略的重要任务。

一是数字乡村和未来乡村建设紧锣密鼓。2021 年 6 月，省农业农村厅印发《浙江省数字乡村建设"十四五"规划》，要求到 2025 年，浙江乡村基础网络体系逐步完备，数字"三农"协同应用平台全面建成，乡村数字经济发展壮大，城乡"数字鸿沟"逐步消除。同时，浙江全面推进未来乡村建设，2022 年浙江省公布了第一批共 100 个未来乡村建设试点村，为乡村发展的"未来"探路。

二是国网浙江电力服务数字（未来）乡村建设走在前列。国网浙江电力积极推动电网数字化升级，打造供电所"一平台、一终端"，在供电服务、业务管理数字化基础上，正探索在数字乡村建设中更好地发挥电力数据价值，建设了绿色能源、农村电气化、低碳民宿等一系列典型场景。

三是电力服务数字乡村仍处于起步阶段。各地政府对电力的数字化服务需求较大，但是电力服务数字化转型存在不均衡、不充分现象，内外部数据贯通及感知能力仍需提升，数字延伸服务覆盖面不足、应用场景少等问题。

## 三、新型县域电网发展方向及浙江实践

### （一）谋划电网形态升级，为县域电网转型打好基础

一是统筹规划，完善电力骨干网架。电网安全可靠运行、新能源规模化接入和电网数字化转型都需要规范协调的电力骨干网架支撑。浙江按照"一张蓝图绘到底"的要求，率先全面铺开配电网网格化规划，考虑供电网格时间和空间上的差异化定

位，有序推进配电网目标网架建设，实现配电网由粗放式发展向差异化规划目标、精细化管理建设和高效率经济运行转变。绍兴 2018 年便完成对中心城区 36 组环网及配电自动化改造，实现双环网接线模式全覆盖，用户故障停电时间由 52min 缩短至 5min；2020 年基本实现覆盖三县三区的 213 组双环网全投产、配电自动化全覆盖。

二是因地制宜，建设多样化微电网。微电网作为独立的能源管理系统，对解决山区海岛供电难、分布式电源送出难等问题具有显著优势。浙江各地结合自身资源、负荷分布特性，建设差异化的微电网，实现局域源网荷储协同管理，有效提升电网就地消纳能力。龙游结合区域水资源丰富特性，开展 10kV 大坪坑水储微电网项目建设，以小微型抽蓄电站为核心，融合水力发电、分布式光伏等资源，打造山区"源网荷储"一体化高弹性微网；景宁结合自身源大于荷特性，打造"景宁县域—包凤平衡区级—新亭线路级—畔灶台区级"四级微网，实现多平衡区的区间层间协同和全域 100% 绿色电力供应。

三是化零为整，促进新能源高效消纳。新能源建设资源较好的地区往往处于县域电网末端，负荷规模相对较小，源、网、荷"离心式"布局现象突出，新能源就地消纳能力受限。采用"化零为整"的方式，将新能源集中打包送出，有效提升新能源消纳能力的同时，保障了电网的安全可靠运行。江山在南部山区建设 110kV 峡里绿能站，将丰富绿色能源向中北部产业园区转移；建设 35kV 绿能舱试点工程，实现保安、大陈、新塘边等乡镇分布式光伏集中送出，提升局部区域绿能消纳能力。建德在电网规划阶段提前做好分布式光伏规模预测，合理布局新能源插座，提升分布式光伏接入和管理效率。

四是边际互联，提升互供互济能力。边际电网跨区互联可有效解决边远地区长线路和电网消纳难的问题，提升边际电网供电能力和可靠性，实现电网资源最优化配置。浙江打破电网管理边界，在嘉善、江山等多地开展省际、市际电网联络，构建多电压层级、多拓扑形态的跨省跨区电力互联网络，实现新能源协同消纳和灵活资源优化调配。嘉善建设嘉善—上海青浦、嘉善—江苏吴江 2 组省际间互联互通配网示范工程，同时与南湖、秀洲、平湖等建立 7 组中压联络线路，提升线路故障需求响应速度和控制能力，实现嘉善县配电网全域互联互通。

五是分级协同，建设全局协调电网。电源和负荷的规模、形态变化，要求县域电网建设、运行和管理模式随之调整。一方面需要分层分级协同，实现运行管控的去中心化；另一方面也需要根据不同区域的源网荷储特性，构建差异化的电网场景，实现投资管理的精益化。海宁构建"三层三态三策"新型电力系统模式，建立配网"台区—线路—站域"三层控制体系，针对"正常运行—故障恢复—缺口支撑"三态制定差异化的控制策略。龙游针对城区、山区、园区和农区，分别布局能源中心、零碳园区、微电网和绿能站，构建差异化的电网建设和管理模式。

**（二）推动电网智能升级，提升县域电网数字自治能力**

一是全面感知，打造全维感知全链采集的数字触手。县域电网感知水平是决定数字化转型程度的基础，数据采集量和实时性决定电网智能控制和数字服务的提升上限。国网浙江电力积极开展县域电网数字化改造，实现电网、电源、用户和气象等实时数据获取，以及各类运行数据的高效存储，聚合海量调控运行数据融通治理，提升电网数据密度和价值。截至 2021 年年底，县域电网配电自动化有效覆盖率达70%以上，智能电表安装达 100%，TTU 型融合终端已经安装 5.52 万台，电网数据日采集量达到 2TB。同时，提升信息通信安全水平，构建全场景网络安全防护体系，桐乡利用 5G 硬切片网络，率先实现配电自动化终端与 OPEN 5200 主站系统的高度安全通信。

二是智能控制，科技助推电网精益化管控提升。浙江综合利用 5G、量子、北斗等新技术，开展北斗卫星通信新技术应用，首创智能开关"5G 无线遥控+合闸速断"技术，全面提升电网协调控制能力。推广小型低压储能车、中压发电车、带电作业机器人等新装备和新型绝缘杆作业项目，电网检修模式由"能带不停"向"能保不停"延伸。试点推广无人机巡检技术，嘉善建立无人机智能巡检体系、苍南利用无人机助力森林火灾隐患治理、余杭开展航线定制规划。深度融合物联网 IP 化通信，实现海量配电终端设备即插即用，打造多种业务融合的生态系统。

三是强化末端，建立供电所全业务一站式数智化平台。供电所是县域电网开展供电服务的前沿"哨所"，国网浙江电力自 2021 年以来全面建设数智化供电所，突破系统数据壁垒，挖掘数智化内驱动力，深化供电所各领域数智化技术探索和应用实践，打造"一平台、一终端"。数智供电所管理平台通过集成营销、设备、安监、物资、人资等 7 个专业 15 个系统，实时汇集 29 项预警指标、75 项监测指标，实现了供电所整体概况"一屏展示"、全量预警治理"一键触发"以及全量外勤工单"一站管控"。通用型移动作业终端通过整合各专业微应用，将设备、营销、安监三类移动作业终端统一，拓展移动端微应用现场作业功能，实现供电所现场业务"一人一机"通办。

**（三）拓展电力服务触手，提升县域电网数字服务能力**

一是可测可控，提升分布式电源主动管控能力。大规模分布式电源接入给县域电网安全稳定运行带来巨大挑战，必须从传统无序接入、随机消纳向全面监测、主动调控转变。浙江一方面建立分布式电源发电信息监控系统，另一方面在全省各地积极推广分布式光伏群调群控技术，在保障消纳的同时最大限度减少分布式电源接入的影响。嘉兴率先建设了覆盖全域的"分布式电源智能调控系统",实现区域内中、低压并网的分布式电源信息全接入;宁波在杭州湾新区建设了全国首个分布式电源集群调控技术试点工程,实现区域 367 个分布式光伏发电单元实时优化控制。

**二是再电气化,促进农业农村清洁高效用能。**随着乡村振兴和共同富裕等国家战略的快速推进,农村居民生活水平逐步提高,农村负荷需求逐步多元化,同时现代农业对电力的可靠性、精准服务、数字化水平提出了较高的要求,农村电气化需要逐步从"电气化"向"再电气化"和"数字化"转型。嘉善结合全县农村产业发展布局,推广光伏大棚、温湿度控制等全电气化应用,在全县推动建成电气化大棚 12 个、电气化养殖项目 103 个,较传统大棚果蔬园提升 18%产量,节省约 22%的用能成本。

**三是负荷聚合,提升电力需求侧管理水平。**通过对电力负荷的聚合,实现源随荷动向源荷互动转变,可有效提升新能源消纳能力。浙江多地在县域建立统一的负荷聚合管控平台,实现对分布式可控资源的集群化管理。平湖 2021 年投运面向用户侧分层分区的县域虚拟电厂,在分布式发电、储能、园区、商业、居民等多种用户类型和场景应用,建成 17.1MW 的可调节资源池,仅空调主动调节资源超 6MW。桐乡依托国网新能源云平台,规划统筹用户侧光伏、储能、天然气三联供、空调负荷、工业核心和非核心负荷构建负荷资源池,实现负荷智能调节和精准控制。

**四是数字服务,提升供电服务感知和效率。**发挥电力大数据价值,强化服务渠道和能力建设,实现供电服务响应速度和服务质量双提升。浙江延伸云上服务渠道,整合电力云终端、微信云响应、"抢修帮"、95598、12345、96345、110 联动等线上服务渠道,构建基于"i 国网"的政企联动客户服务移动云应用,实现客户诉求全渠道云接入。探索无人营业厅,加快了"三型一化"无人营业厅建设,投入使用综合导览台、自助查询交费一体机、自助业务受理机等自助设备,推进营业厅由繁至简向"体验多元化"转型。

**五是数智乡村,打造乡村能源服务丰富场景。**浙江电力围绕数字乡村建设要求,发挥电力行业数据规模大、实时性强的先天优势,打通内外部数据壁垒,加快农村电力数智化转型,开拓服务数字乡村多样化场景。杭州打造县域"乡村智慧能源服务平台",首创"电力关爱码""百姓共富电单""电子碳单""低碳入住"等电助共富特色产品,"电力关爱码"日常监测 1228 户独居老人,"电子碳单"从杭州下姜村走到联合国,为全球 500 多家酒店、民宿降低能耗近 10%。

**六是能源互联,打造县域级能源管控平台。**依托政府能源大数据平台,加强对外数据接口建设,打通县域各行业、各部门之间的数据壁垒,构建多元统筹的县域能源高效管理体系,是电力作为能源互联网枢纽平台的重要任务。嘉善依托智慧能源大脑，汇集 2785 余家重点用能单位的电力、气、煤、油等能源利用状况，构建区域全景能流图，开展对用能实时监控、预警、分析和管控，综合评估企业用户能耗水平，为企业提供优化用能方案。

### （四）加快体制机制转变，提升县域电网管理效率效益

一是盘活人力，完善员工晋升和薪酬分配制度。人力资源是新型县域电网建设的源动力，激发员工内生动力是保障县域电网高效转型的关键。国网浙江电力深化职务、职级、专家多序列成长通道，加快青年骨干快速成才，统筹做好各年龄段员工同步提升。杭州率先在供电所建立数字绩效，科学合理制定工作积分标准模式，从"工单工分"等多个维度对工作效率与工作质量进行量化综合评价，部分供电所与数字工分挂钩的奖金在奖金总额中占比达到 60%；根据员工工作业绩、技能水平、岗位情况，制定 8 级员工晋升通道，供电所逐步由"人治"管理向数字化管理转变。

二是强化调度，打造县域电网业务管理"大脑"。传统的分散式管控体系使得电网数字化管理存在数据杂乱、职能重复、人力冗余等诸多问题，电网数据集群接入和管理需要统一的监控决策平台，以发挥数据的最大价值。浙江各地已基本实现调控中心、供电服务中心的融合，调度、运行、营销等数字化平台统筹接入，电网实时状态、预警及故障的全量监控业务。率先建立主动式配网"总指挥长"协调指挥机制，基于业务平台全接入，优化驾驶舱辅助功能，实现配网调度、抢修、供电服务一站式指挥。进一步提升配网调度自动化水平，多地已开展分支线路停电的 AI 智能调度应用，逐步实现调度功能"机器代人"。

三是机构改革，建立高效协同的县域电网管理机制。以数字化为牵引的新型县域电网在组织管理机构上也需要进一步变革，深化管办分离和生产业务高效融合，全面提升电网规划建设运行、电力消纳保供和组织管理效率。新昌按照"大部制、扁平化"的管理思路，积极谋划研究内部体制机制深层次改革，整合发展计划和财务资产管理职能，实现经营管理一部门统筹；整合县域电网建设、设备运维、营销服务等主营业务，实现生产服务一站式管理；整合 24h 值班岗位，实现调度指挥一体化运作。

### 四、面临问题与发展建议

#### （一）新型县域电网转型面临的问题

一是新型县域电网重要性的认识不一致。县域电网承载着电力用户保供和清洁能源消纳的重要任务。随着新能源和电力负荷的发展及电网形态的变化，县域电网的电力生产结构、技术基础和控制模式均发生深刻变化，电网管理规模和管理难度越来越大，传统认知中辐射式供电模式、单一供电服务功能已难以适应当前形势。

亟需统一思想，高度重视县域电网当前面临的严峻形势，加快县域电网数字化转型，提高新能源接入和负荷特性变化下的县域电网安全运行和服务保障能力。

二是新型县域电网发展缺少政策性支持。县域电网经历的农村电气化、农网改造和农网升级三个阶段分别是在国家农村电气化示范、"两改一同价"和新一轮农网改造的政策支持下得以推进，县域电网的发展始终离不开党和国家的关心。对于新型县域电网发展，国家虽在相关文件中明确了方向，但仍缺少政策性支持。同时，现行输配电价体系以有效投资为基础，县域电网的创新发展和新能源接入等保障性投入在成本测算时合理收益受限，使得县域电网投资和创新内驱力不足。

三是新型县域电网建设成本需进一步下降。新型县域电网建设需要对电网网架、采集装置、控制设备和系统平台等进行系统化改造。目前，智能配变终端等新型设备造价仍然较高，专用于农村电网的差异化设备相对较少，导致新型县域电网的建设改造成本较高。然而，受制于电力市场机制、农村负荷需求和农村电网定位，县域电网整体利润率相对较低，投资能力有限。低投资与高需求之间的矛盾使得新型县域电网建设困难重重。

四是我国东中西部新型县域电网发展差异大。浙江等东部省份县域经济相对发达，负荷水平较高，新能源的就地消纳水平高，新型县域电网建设偏向于源网荷储的协同控制，实现清洁能源的高效消纳和利用；而中西部地区新能源集群式、规模化接入，但电力负荷较小，新能源消纳困难，新型县域电网建设偏向于如何减少新能源对电网的冲击，电网转型发展需求更为迫切。新型县域电网建设需要制定差异化的实施策略和方案，切实提升县域电网发展质量。

五是新型县域电网建设需要突破旧体制的藩篱。新型县域电网对电网结构、数字转型和管理模式均提出了较高的要求，传统的电网管理体制和管理制度在应对电网转型时，往往存在层级复杂、多头管理等一系列问题，特别是在数字化采集、管理和应用方面需要一个全新的互联网式管理方式，传统电网管理机制难以适应。同时，数字化新形势对电力员工要求较高，需要激发基层技术、管理人员主动适应电网转型发展要求。县级电力企业需要进一步深化改革和制度创新，高效推动新型县域电网发展。

### （二）建设新型县域电网的相关建议

一是加快建立政府主导、多方协同的新型县域电网建设机制。新型县域电网的有序推进是支撑县域经济发展、促进乡村振兴、实现"双碳"目标和共同富裕的重要环节，应加快打通各行业、各部门之间壁垒，建立以政府为主导，电力企业、电力用户等社会各方协同参与的新型县域电网建设机制。同时，持续加大对中西部县域电网的投资力度和政策支持。

二是加快建立差异化的新型县域电网建设策略和实施标准。政府和电力企业要加强顶层设计，充分考虑我国东、中、西部经济社会发展需要和源网荷储特性，研究出台差异化发展需求的新型县域电网建设策略。同时，及时出台电网结构、装置装备、数字赋能和企业管理等相关技术标准和管理规定，为新型县域电网转型发展理顺方向和路径。

三是加快新型县域电网适用新技术新装备的研发和应用。充分考虑县域电网地域特性、源荷关系和投资能力，鼓励科研机构、院校和企业积极开展适用于县域电网的电网装备、采集控制装置和数据平台研发，优化设备、装置和平台的功能配置，满足新型县域电网对廉价、成熟、可靠的技术装备需求。

四是加快推进和完善电力体制改革和市场机制创新。新形势下的新型县域电网必然包括各类可再生能源企业、增量配电企业、微电网、虚拟电厂等新成员，也包括各类多元化的用能企业。要想通过新型县域电网的高质量发展，促进各类主体在县域电网中发挥应有的作用，必须进一步完善电力体制改革和创立新的市场机制。电力市场化改革的各项制度落地为多元市场主体提供了大平台，政府主管部门和社会各方应继续探索完善电力体制改革新方式，健全电价政策机制，引导更多的社会资本进入新型县域电网发展领域，进而形成自趋式发展的良性机制。

# 第四篇

# 乡村新型供电服务

# 第十章
# 新型城镇化和美丽乡村建设
# 供电服务研究
## （2015 年 3 月）

## 一、新型城镇化和美丽乡村建设供电服务需求分析

### （一）供电服务需求分析

随着新型城镇化和美丽乡村建设的逐步推进，城镇化与工业化、信息化和农业现代化融合发展，以及通信网络产品的普及等，客户对供电服务的需求向多元化、个性化和互动化方向发展，对供电服务的要求和期望不断提高，对服务体验和服务效率更加重视。

### 1. 地方政府发展战略对供电服务提出新需求

作为新型城镇化和美丽乡村建设的主导，政府高度重视城镇化发展和美丽乡村建设，确立了"中国特色的新型城镇化"发展模式。这对基础要素，特别是电力保障支撑提出新的更高的要求。一是随着浙江新型城镇化发展和美丽乡村建设，传统意义上的浙江农村电网正在发生质的变化，一县多城镇，一县多小城市已经初露端倪。需要做好适应新型城镇化与美丽乡村建设的电网规划，正确处理好农网规划与城网规划的关系，处理好集镇电网规划和农村电网规划的关系，统筹城乡电网协调发展，促进城乡经济协调发展；二是随着国家电网公司"三集五大"体系建设、供电所"大所制"建设的完成，专业化管理分工细致，需对现有供电服务网络进行优化调整，实现供电服务的资源整合。随着新型城镇化和美丽乡村建设的深化，地方政府希望进一步简化办事流程，供电所能够提供"一站式"服务。三是随着乡镇产业园区建设推进、乡镇企业发展壮大，以及煤电节能改造推进，如何围绕政府节能减排、重点项目、民生问题，加大农网建设投入力度，加强农网基础设施建设，保障乡镇工业企业用电、项目用电、民生用电，解决农网"卡脖子"、农村"低电压"

问题，是供电企业的社会责任。

### 2. 农村经济社会发展对供电服务提出新需求

随着城镇化推进和农村经济社会快速发展，传统"村民"正逐步向"市民"转变，对供电服务质量要求越来越高，要求电网公司根据新型城镇化和美丽乡村建设形势及时调整农村供电服务要求和内容，满足"三农"发展对供电保障需求。一是建立城乡统一的供电服务管理制度体系、服务规范、行为规范、监督体系、品牌形象体系，建立一体化的城乡供电服务现代化支撑平台，使城乡供电服务的各项具体要求统一。全面实施供电服务标准化，健全供电服务质量标准和基本规范，统一服务渠道、服务项目和服务行为；二是以客户需求为导向，结合农村经济社会发展形势及地域特点，优化业务流程，实施业扩提质提速，并因地制宜制订及开展个性化服务，提高客户满意度。细分电力客户群体，推出适合各类客户群体的个性化、差异化的系列服务举措。三是农村电网线路长、范围广、用电情况复杂，影响用电的不安全因素多，随着农村用电水平的提高，农村用户对科学用电、安全用电的需求迫切，需进一步加强农村用电安全工作，使农村用户用上"安全电、放心电"。

### 3. 新型业务高速发展对供电服务提出新需求

随着城镇化和美丽乡村建设的迅速推进，可再生分布式能源等新型业务加速发展，需建立与之适应的服务体系，在确保电网安全稳定运行的前提下，保障新业务用电需求。一是进一步探索研究传统乡村电网如何更好地消纳分布式新能源服务机制、业务流程，做好接纳分布式新能源的各项前瞻准备；二是围绕省委省政府"创建国家清洁能源示范省"工作和国家电网公司"以电代煤、以电代油、电从远方来"战略，在新型城镇及农村地区加强电能替代示范宣传，大力推广热泵、电采暖、村镇路灯绿色节能等新型替代和节能技术，建设清洁家园；三是随着互联网、手机等网络信息产品的普及，如何运用"互联网"思维，基于微信、网站、短信、彩信、手机客户端、微博等平台打造"智能互动"服务体系，实现电量电费查询、电子账单订阅、客户投诉和意见受理、网上营业厅等多项服务，使供电服务更加便捷、高效和互动，成为未来服务发展新趋势。

### （二）供电服务现状分析

近年来，电网公司十分重视新型城镇化和美丽乡村建设的供电服务工作，全面开展供电所机构改革，深入实施县供电企业、供电所管理提升工程，实现了采集全覆盖、营配贯通深度融合，农村低压用户配变户均容量突破 3kVA，新农村电气化建设取得重大突破，实现全省"村村电气化"。农村供电的服务管理、服务机制、服务水平、载体手段等工作处于国家电网公司系统前列，赢得广大农村客户的肯定。但是随着新型城镇化和美丽乡村建设的快速推进，电网公司发展工作面临着新挑战。

### 1. 农电管理面临新挑战

由于体制机制等影响，农电发展还是电网公司的短板，专业管理触角难以延伸到基层站所。面对农电服务的新形势、新任务，需树立客户导向和问题导向，努力消除农电服务短板和薄弱环节；进一步强化依法治企，推进农电标准化、规范化管理，健全农电主管部门综合协调、专业部门垂直管理机制，形成齐抓共管的工作格局。

### 2. 农村服务面临新挑战

随着新型城镇化和美丽乡村建设的快速推进，部分农村电网，特别是省内经济发展相对滞后区域、偏远山区等农配网仍然薄弱，供电能力还不够强，绝缘化水平不高，农业生产用电高峰等时期保电任务严峻，抵御各种自然灾害能力较弱，客户需求与现有供电服务能力之间的矛盾将在一定时期内存在。因为农村所处的地域环境、经济环境、人文环境各有差异，主、客观情况复杂多样，所以客户用电需求千差万别，需研究建立适应新形势的农村供电服务机制，努力提高供电能力和服务质量，不断提升农电服务保障能力。

### 3. 农电队伍面临新挑战

农电人员是新型城镇化和美丽乡村建设的供电服务主体。目前，浙江 73 家地市、县供电企业共有农电用工 20664 人，为农网配电营业定员水平的 88.6%。农电用工年龄结构如图 10-1 所示，农电用工中 50 岁及以上 5231 人、占比 25.3%；40～50 岁 7175 人，占比 34.8%；30～40 岁 5839 人，占比 28.3%；30 岁以下 2399 人，占比 11.6%；平均年龄 41.9 岁。具有大学专科以上学历人员 7781 人，占比 37.7%；具有初级及以上职称人员 732 人，占比 3.6%；具有高级工及以上技能等级人员 8464 人，占比 41%。一方面，受历史影响农电人员整体知识能力水平仍然偏低、队伍结构老化、人员数量缺乏，难以与新型城镇化和美丽乡村建设供电服务要求相匹配；另一方面受用工体制影响，农电员工的归属感、主人翁意识不强，工作的主动性、积极性与期望的要求存在一定差距。

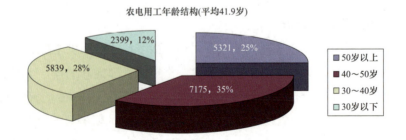

图 10-1 农电用工年龄结构

## 二、新型城镇化和美丽乡村建设供电服务目标及思路

### （一）供电服务目标

　　贯彻优质服务理念，以客户需求和破解问题为导向，以服务新型城镇化和美丽乡村建设为出发点，以管理精益化、服务规范化、平台信息化、载体多元化、队伍精锐化为目标，着力查找并消除客户的不满意点、服务标准的不合理点和服务水平的不合格点，加强服务力量、提高服务水平、规范服务流程、创新服务手段、提升用户满意度，建设"反应迅速、流程规范、服务真诚、用户满意"的农村供电服务体系，为新型城镇化和美丽乡村建设提供坚实的供电服务保障。供电服务目标如图10-2所示。

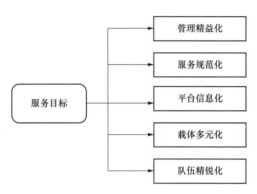

图 10-2　供电服务目标

　　（1）管理精益化：坚持集约化、扁平化、专业化方向，持续深化县供电企业和供电所管理提升工程，强化内部协同，进一步优化和完善供电企业机构设置和人员配置，推进标准化管理，明确业务分工，优化业务流程，加强核心业务管控力，不断提升专业化管理水平，为农村供电服务提供良好保障。

　　（2）服务规范化：在现有《供电监管办法》、《供电营业规则》、"十项承诺"及国家电网公司《进一步精简业扩手续、提高办电效率的工作意见》等基础上，梳理对外供电服务界面，制定全面规范、严谨高效的服务标准；研究客户对供电服务的期待，准确把握其核心服务诉求。在量化分析履约成本的基础上，研究提出可持续的服务承诺标准。对客户行为进行跟踪研究，及时掌握其需求变化，动态优化服务承诺标准细则。

　　（3）平台信息化：大力推广应用农村供电服务信息化管理平台，充分挖掘现有系统平台潜力，加强数据同源管理，集成营销业务应用、GIS 等系统数据，实现服务信息同步更新和实时交互。依托移动互联网等新技术、新平台，探索信息化条件下新型服务模式、服务途径，改善客户体验，提升服务水平。

　　（4）载体多元化：建立以客户需求为导向的服务机制，健全电力普遍服务机制，强化农村供电的特色服务，实现服务手段多元化、个性化，满足新型城镇化和美丽乡村建设对农村供电的需求，供电服务承诺兑现率 100%。

　　（5）队伍精锐化：加强农电队伍凝聚力、战斗力建设，增强农电员工服务意识

和技能水平，妥善解决结构性缺员问题，全面提升员工素质，贯彻主动服务思想，为服务新型城镇化和美丽乡村建设提供高素质的人力资源支撑。

**（二）供电服务思路**

以客户需求为导向，围绕新型城镇化和美丽乡村建设，创新农电服务方式，改进服务手段，增强服务意识，丰富服务内涵，强化服务品质，优化服务环境，使供电服务与需求有效对接，是当前及今后一个时期新型城镇化和美丽乡村建设的重要内容。

（1）建立适应新形势的服务机制。一是根据农村经济与环境变化及时调整服务内容，前移服务环节，优化服务流程，提升服务质量和效率；二是根据城镇化与美丽乡村建设多样性的特点，提供差异化服务，满足多元化用电需求；三是以人为本，以客户诉求为导向提供人性化服务，建立灵活的服务机制。

（2）提升适应新形势的服务能力。一是加强新型城镇和美丽乡村建设前瞻研究，强化与政府、客户电力需求的实时交流互动，制定与用电需求相适应的农村配电网规划；二是加快内部服务链条构建，强化内部协同、协作，构建"一口对外"的协同服务体系；三是加强新能源接入等新技术研究，做好接入全过程服务保障，推动清洁能源发展。

（3）加强供电服务保障机制建设。一是根据实际情况合理设置营业网点，提升服务效率，缩短农村供电服务半径，并加强组织机构的规划与设置，为供电服务提供组织体系保障；二是加强人才队伍建设，提升人员服务水平，保障服务质量，并逐步建立健全优质服务的持续改进机制，实现供电服务持续性的改进与提升；三是加快供电服务信息系统应用，推进服务智能化、标准化，提高供电服务能力。

**（三）供电服务体系**

着力构建以客户需求为导向的供电服务机制，通过强化内部协同、优化工作流程、提升工作效率、拓展服务手段等，进一步提升服务质量，优化服务体验。供电服务体系如图 10-3 所示。

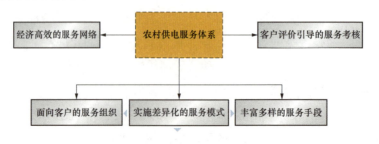

图 10-3　供电服务体系

（1）面向客户的服务组织。理顺内部服务机制，坚持"一口对外"服务理念，整合电网公司内部服务资源，强化营销前台服务功能，加强检修维护的后台支持功能；按照市场细分需要，建立针对不同细分市场、不同类型用户的服务型组织架构。如在工业城镇建立大客户服务部门，提供上门服务、节电咨询和用电信息服务等。强化市场对营销服务前台的考核，重点在业扩报装、电源接入、故障抢修、供电质量等建立相应的服务指标体系，并在服务前、后端实施有效分解，保证考核压力有效传导。

（2）实施差异化的服务模式。进一步细分客户群体，优化细化现有服务模式，完善不同客户群体的人性化服务内容。积极推进"客户经理"制度，根据客户特点提供精细化服务。如针对重要客户设立"客户经理"，服务重点工商企业和党政机关。在农村居民集中居住的社区设立"社区经理"，负责社区内的抄表收费与用电信息宣传、咨询等工作。以简化流程为要求，规范明晰业务流程，确定专人负责，实现对用户"一站式"服务。以"超前、主动"服务为着力点，利用属地化服务优势，主动协调解决用户在用电中存在的各种问题。

（3）丰富多样的服务手段。在充分感知用户需求的基础上，以及时响应客户需求为目标，提供现场服务、上门服务，拉近与客户距离。建立流动服务机制，现场提供用电问题诊断、用电信息宣传和用电申请受理等服务项目。依托营业大厅、网络、移动终端、自媒体平台（如微信）等多元化渠道和第三方平台，提供在线电量电费查询、停电信息查询等"一站式、全天候"的便捷服务。丰富农村客户缴费手段，推广预付费、代收点、充值卡、移动终端付费等收费形式委托社会化的专业力量承担，实现农村客户服务人性化目标。

（4）经济高效的服务网络。对现有的服务网络建设、缴费渠道以及客户沟通的方式进行优化和简化，在充分研究消费者行为习惯的基础上，提出经济、高效的服务方案。构建覆盖电力抢修、客户服务、业扩报装、电费电价、计量抄表、能效管理等多业务范畴，以及居民、非居民及弱势特殊客户等多客户群体划分的整体性客户服务网络。根据基层行政区划的调整，优化服务营业网点布局。按精简高效原则，因地制宜采取"供电所+供电服务站"等模式。

（6）客户评价引导的服务考核。健全供电服务客户评价制度，充分聆听用户、企业反馈，对客户满意度持续跟踪调查，强化投诉分析及考核制度，分析投诉原因，查找服务缺陷。加强外部监督，聘请供电服务质量监督员，定期反馈对供电服务意见和建议。加强内部监督，建立供电服务质量监督机制，做到检查与暗访结合，发现问题及时进行通报与处理。

### （四）供电服务模式

由于农村问题的多样性，决定了农村供电服务的复杂性。一是服务项目种类多，新型城镇化和美丽乡村建设形势下农村产业不断丰富，除了传统农业生产，旅游业、工商业、家庭作坊等产业发展迅速，每种产业又形成丰富多样的经营模式和覆盖产前、产中、产后的完整产业链，需分别建立适应多种产业、全产业链覆盖的服务模式；二是服务主体逐步多元化，包括政府、企业、社区、工业园区、旅游景区、农村居民等，需对同样的服务内容建立差异化服务模式以满足各服务主体需求。

### 1. 主要供电服务模式

结合目前浙江省城镇化和美丽乡村建设进程及供电服务的实际情况，在新型城镇化和美丽乡村建设中，宜采取供电企业直接服务为主、农村集体组织和社会化服务为补充的模式。

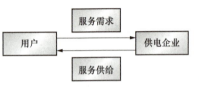

图 10-4　供电企业直接服务模式

（1）供电企业直接服务模式。

供电企业直接服务模式如图 10-4 所示。现有服务模式是以乡镇供电所为中心，以供电企业员工为依托，以满足客户需求为目标，提供的服务内容涉及业扩报装、抄表收费、设备维护等，参与主体为电网公司和客户，提供服务的特点是无偿的，是企业直接为客户提供服务的模式。这种服务模式的本质是电网公司作为服务主体，对用户的需求做出反应的过程。在这种服务模式下，电网公司可以直接提供服务，或带动其他主体，采用合作的方式共同提供服务，如和银行合作向用户提供缴费服务，可以有效缩短服务距离，使用户享受更加方便快捷的服务。现有服务模式能够对用户提供及时、可靠的服务，但是供电所直接面对广大农村地区和分散的用户，服务成本较高，灵活性较差。

（2）"农村集体组织"模式。

"农村集体组织"的模式是以农村自发形成的集体服务组织为主导，电网公司配合参与的模式。农村集体组织在我国农村不同程度存在，是由当地居民自发组织形成或村委会主导成立的团体，实行自我服务。其宗旨为代表居民自身利益，因此更能贴近自身服务需求，具有很强的可操作性。

"农村集体组织+供电企业"模式如图 10-5 所示。农村集体组织提供的服务内容没有统一标准，在经济较为发达、城镇化程度较高的农村地区，所提供的服务更加丰富，主要以满足农民日常生活需求为主。这种服务模式的特点：一是时效性强，即服务网点就近设立在居民集聚区内，以社区为单位提供服务，能快速接收服务需求，及时进行响应；二是专业性相对较弱，即农村集体组织自身专业性不强，无法提供供电服务等专业服务内容，因此需要与供电企业合作提供服务，以便有效拓展其服务范围。农村集体组织是农民居住集中化的必然产物，是新型城镇化和美丽乡村建设后农民生活服务的主要力量之一，起到了农民和服务主体的沟通联系作用。

这种模式适用于具有一定规模的农村用户集聚区，用户分散居住时这种方式难以取得较好的效果。

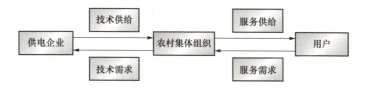

图 10-5　"农村集体组织+供电企业"模式

（3）社会化服务模式。

社会化服务模式是借助社会化人员与资源向农民共同提供服务的供电服务模式，也是供给方式最灵活的一种模式。这里的社会化人员可以是居民、企业雇员或是独立的第三方机构，通过签订合同的方式明确其权利与责任，由社会力量提供部分供电服务的模式。供电企业通过培训等方式使其具有基本供电服务技能，规定其所需提供的服务内容，承诺完成后支付相应报酬，社会化服务主体则按照合同要求提供供电服务，并保证按照规定质量完成。

社会化服务模式如图 10-6 所示。社会化服务具有人员来源广泛、运作机动灵活的特点。这种模式下供电服务力量得到了有力补充，可实现由多种服

图 10-6　社会化服务模式

务主体共同向用户提供服务。但是供电企业与用户之间缺乏直接联系，对服务质量难以完全管控，同时社会化服务主体可能以利益最大化为目标，存在违约风险，影响电网公司社会形象。

**2.　分城镇类型供电服务模式选择**

城镇分为工业主导型、商业主导型、旅游主导型、特色农业型和综合型共 5 类。根据不同类型的客户特点与需求，其中商业主导型和旅游主导型乡镇的供电服务模式与目标一致；特色农业主导型和综合型乡镇的供电服务模式与目标一致。

（1）工业主导型乡镇。

工业型城镇的发展以工业企业为支撑，企业为城镇发展提供经济基础，城镇化为企业发展提供良好载体和友好环境，推动企业自身发展。这类城镇工业化水平往往决定着城镇化发展水平。在工业化过程中，农业产出和农业人口比重逐渐降低，工业发展不断吸纳农村剩余劳动力，工业与农业逐步从隔离走向融合。

工业型城镇的服务主要以服务工业企业为主，服务需求主要是保障企业生产用

电、及时应对企业用电需求。特点为大客户较多，服务质量要求高。服务重点：一是配套工业园区规划电力建设；二是企业生产用电保障和故障排除；三是企业员工和城镇居民的日常生活用电服务。

针对工业型城镇大客户较多的特点，宜采取供电企业直接服务的模式，并建立客户经理制度。这种模式以与企业之间的强关联为特征，客户经理通过走访、讨论会等多种形式，及时收集企业生产和用电信息，切实了解企业在发展过程中的电力需求以及面临的突出问题，对重要客户针对性制定供电方案和应急预案，严格按照政府批准的有序用电方案实施错避峰、停限电，在保障电力供应的同时最大限度地减小对企业生产活动的影响。同时，提供业扩流程跟踪、需求侧管理、用电安全检查、督促业务快速办理等服务，提升对企业供电服务质量。

（2）商业及旅游主导型乡镇。

旅游型城镇主要发展模式为针对城市的乡村旅游，为城市居民提供假期休闲、娱乐及住宿餐饮的场所。主要面对对象是城市居民，主要空间范围是与城镇距离较近的乡村。旅游城镇不同于旅游景点，是由旅游资源带动的城镇化发展，通过资源开发、基础设施配套、行政区划调整升级而形成的新型城镇。在这类城镇形成与发展的过程中，政府主导作用明显，通过基础设施投入、设立行政机构等措施彰显旅游带来的城镇化效应。

旅游型城镇的服务需求以满足游客的精神与物质需求，使其产生惬意舒适的感觉，进而产生消费意愿为主。服务对象：一是政府；二是游客；三是城镇内的居民与商户。服务重点：一是配合进行景区内的景观美化；二是服务旅游高峰期的用电需求，确保旅游景点用电安全可靠；三是城镇居民和商户的日常生活与经营用电。

根据城镇特点，对旅游与商业型城镇的服务应采用供电企业直接服务，同时结合政府规划和景区管理设置服务网点模式。此模式以政府的旅游型城镇化建设规划为依据，通过配合规划进行电力配套与设施美化满足地方对电力服务的需求。这种服务模式将政府纳入服务体系，一是有利于对接政府规划，更好地服务地方政府需求；二是有利于向政府表达自身诉求，在制定规划时充分考虑电力配套问题。旅游城镇的景区一般距城镇中心较远，实行"现场化"服务有利有效缩短服务半径，更加灵活适应景区电力保障要求高、服务需求变化快的特点。

（3）特色农业及综合型乡镇。

现代农业的本质是农业生产过程的现代化，以集中经营和提升农业生产效率为特征。现代农业型城镇发展过程中规模化农业生产园区的指导性作用较为明显，由政府或企业投资兴建，以企业化的方式进行运作，采用先进生产技术以调整农业生产结构，实现高投入产出比。服务对象：一是承包大规模农田进行规模化经营的用户；二是以家庭为单位进行农业生产的农户。

现代农业型城镇供电服务需求以农业生产用电保障为主，具有典型的现场性和季节性特点。其服务重点：一是农忙时期的生产和灌溉用电；二是农业企业和居民的日常用电；三是新型农业和高效农业的特殊用电需求。

现代农业型城镇的供电服务宜采取供电企业直接服务，农村集体组织和社会化服务资源相结合的模式。龙头企业围绕主导产业，把分散的农户组织起来，实行一体化经营，服务需求代表了城镇内农户的服务需求。这种服务模式以强化对龙头企业服务为依托，准确把握地方农业生产特色，满足生产需要。以直接对接农业规模化生产主体为特色，提供一对一、现场化服务。针对性加强农忙季节的供电服务保障，提前进行线路巡查与隐患排除，针对农业生产特色量身制订供电方案。

### 三、新型城镇化和美丽乡村供电服务关键问题研究

#### （一）关于提升客户业务办理效率的研究

##### 1. 可行性

业扩直接面对客户、服务客户，是供电企业服务的核心内容之一。一是在客户需求上，随着新型城镇化和美丽乡村建设的快速推进，政府、企业、村民等各客户群体对供电服务的快捷性、实时性要求越来越高；二是在外部形势上，党的群众路线教育实践活动要求国有公用服务企业要进一步转作风、务实效，以实际行动服务群众，树立形象；三是在改革发展上，电力改革稳步推进，分布式光伏等新能源迅速发展，供电服务需快速响应改革新形势和技术新发展，前瞻思考，把握主动，以更好适应改革发展形势。同时，随着近年来电网公司对供电服务的投入，新型农配网不断坚强智能，"你用电，我用心"的优质服务理念牢固树立，各项业务流程不断深化，信息化支撑系统广泛应用，已经具备了业扩提质提速的客观基础和现实条件。

##### 2. 目标原则

推进"一口对外、流程精简、智能互动、协同高效、全程管控"的业扩报装精益化管理新模式，进一步精简申请流程资料、优化现场查勘模式、简化竣工检验内容，做到一次告知、手续最简、流程最优；推进营配调贯通，提高跨部门协同效率，完善信息共享机制，消除业扩报装流程体外循环现象，实现业扩报装的全环节工作协同、全过程质量管控、全时段量化考核；不断拓展互动服务渠道，探索电子化、智能化手段，推行互动化、差异化服务，切实保证电网公司业扩服务质量，提升业扩市场竞争能力。

（1）一次告知、手续最简、流程最优。精简申请资料，优化现场勘查模式，简

化竣工检验内容，最大限度减少客户临柜次数。

（2）协同运作、一口对外。健全跨部门协同机制，深化系统集成应用，实现流程融合、信息共享和"一口对外、内转外不转"。

（3）全环节量化、全过程管控。明确所有环节办理时限和质量要求，健全服务质量监测评价体系，实行全过程信息公示，主动接受政府监管和社会监督。

（4）互动化、差异化、个性化服务。拓展互动服务渠道，基于客户分群提供可选择"套餐服务"。

### 3. 流程研究

（1）业务办理环节。

规范业务受理，拓展多元服务渠道。执行《国网浙江省电力公司供电营业厅业务规范》，统一业务办理告知书，履行一次性告知义务，维护客户对业务办理以及设计、施工、设备采购的知情权和自主选择权，推广低压居民客户申请"免填单"，杜绝业务"体外流转"。充分利用智能档案管理系统，实现同一地区可跨营业厅受理办电申请，积极拓展 95598 网站、手机客户端、95598 电话、移动作业终端等渠道，实现电子资料传递、信息通知、业务交费、咨询沟通、预约服务等业务的线上办理及信息共享。对于有特殊需求的客户群体，提供办电预约上门服务。

精简业务收资，优化审验时序。减少办理申请资料种类及数量，根据营业类型，统一客户提交的申请资料清单。实行营业厅"一证受理"，在收到客户用电主体资格证明（自然人提供有效身份证明，法人提供营业执照或组织机构代码证或项目批复文件）并签署"承诺书"后，正式受理用电申请。其余资料根据"承诺书"规定时限逐步收集齐全。提供网上、电话受理服务，客户上传用电主体资格证明扫描件或传真件后，客户经理根据预约时间完成现场勘查和收资查验。低压非居民客户提供竣工检验电话报验服务，并统一由客户经理归口负责。完善档案系统检索功能，若已有客户资料或资质证件尚在有效期内，则无需客户再次提供。

优化现场勘查模式。低压客户实行"一岗制"合并作业，高压客户实行"独立勘查、联合作业、一次办结"，提高现场勘查效率。①低压客户实行勘查装表"一岗制"的"快响"作业模式。营业厅受理客户报装申请后，由装接人员次日完成现场勘查。对具备直接装表条件（不涉及停电，仅需安装接户线、表箱、表计的居民用户以及已有表箱仅需安装表计的居民和非居民用户）的，当场装表接电；对不具备直接装表条件的，当场答复供电方案，并同步提供设计简图和施工要求，根据与客户约定时间或电网配套工程竣工当日完成装表接电。②高压客户实行"独立勘查、联合作业、一次办结"作业模式。报装容量 500kVA 以下的业扩项目，推行客户经理独立勘查。报装容量 500kVA 及以上的业扩项目，采取联合作业方式，客户经理在受理次日，将报装信息推送至联合作业部门，按照"一次办结"的要求，共同完成现场勘查。

（2）方案编制环节。

提高方案编审效率。取消供电方案分级审批，实行直接开放、网上会签或集中会审，缩短方案答复周期。10kV及以下项目，原则上直接开放，由营销部编制供电方案，并经系统推送至发展、运检、调控部门备案；对于确因负荷受限无法接入的，纳入配电网改造计划，并限定改造完成时限。35kV项目，由营销部委托经研院（所）编制供电方案，并组织相关部门进行网上会签或集中会审。110kV及以上项目，由客户委托具备资质的单位开展接入系统设计，发展部委托经研院（所）根据客户提交的接入系统设计编制供电方案，由发展部组织进行网上会签或集中会审，营销部负责统一答复客户供电方案。

深化方案编制要求。在满足接入条件的前提下，按照"符合规划、安全经济、就近接入"的原则，确定客户接入的公共连接点。提高供电方案编制深度，细化供电电源、继电保护装置、计量装置配置、电能质量治理以及客户竣工报验资料要求等内容，基本达到初步设计要求，并明确供用电双方的责任和义务。对于重要电力客户，明确应急措施配置要求。对于有特殊负荷的客户，提出电能质量治理要求。推行方案自动比选和辅助制订，实现供电方案模块化设定、代码化编制、菜单化选择和自动化生成。

（3）工程建设环节。

简化客户工程查验。取消普通客户设计审查和中间检查，实行设计单位资质、施工图纸与竣工资料合并报验。简化重要或有特殊负荷客户的设计审查和中间检查内容，客户内部土建工程、非涉网设备等不作为审查内容，对于重要电力客户，重点查验供电电源配置、自备应急电源及非电性质保安措施、涉网自动化装置、多电源闭锁装置、电能计量装置等内容；对于有特殊负荷的客户，重点查验电能质量治理装置、涉网自动化装置配置等内容。

优化配套工程建设。优化项目计划和物资供应流程，加快业扩电网配套工程建设，确保与客户工程同步实施、同步投运，满足客户，特别是电动汽车充电桩和分布式电源接网需求。低压业扩电网配套工程，按照抢修领料模式管理，年初预测全年低压业扩电网配套工程量，统筹列支电网配套工程建设资金。10kV业扩电网配套工程，设立"业扩配套电网技改项目"和"业扩配套电网基建项目"两个项目包，纳入生产技改和电网基建年度计划，实行打捆管理，年初由电网公司编入年度招标采购计划，所需物资纳入协议库存管理。对于项目包资金范围内的业扩电网配套工程，由市、县电力公司按照"分级审批，随报随批"的原则，在ERP系统直接审批，并通过电网公司协议库存供应物资；对于超出项目包资金范围，但未超出 10kV 总投资规模的业扩电网配套工程，先行组织实施，年底提出综合计划及预算调整建议并逐级上报。35kV 及以上业扩电网配套工程，按照电网公司工程管理要求实施。

（4）验收送电环节。

简化竣工检验内容。取消客户内部非涉网设备施工质量、运行规章制度、安全措施等竣工检验内容，优化客户报验资料，实行设计、竣工报验资料一次性提交。竣工检验分为资料审验和现场查验，其中资料审验主要审查设计、施工、试验单位资质，设备试验报告、保护定值调试报告和接地电阻测试报告；现场查验重点检查是否符合供电方案要求，以及影响电网安全运行的设备，包括与电网相连接的设备、自动化装置、电能计量装置、谐波治理装置和多电源闭锁装置等，重要电力客户还应检查自备应急电源配置情况，收集检查相关图影资料并归档。

优化停（送）电计划安排。完善业扩项目停（送）电计划制订、告知、执行机制。35kV 及以上业扩项目实行月度计划，10kV 及以下业扩项目推广试行周计划管理。在受理客户竣工报验申请时，与客户洽谈意向接电时间，根据是否具备不停电作业条件等情况制订实施方案，组织相关部门协商确定停（送）电时间，正式答复客户最终接电时间。对于已确定停（送）电时间，因客户原因未实施停（送）电的项目，要与客户确定接电时间调整安排，组织重新制订停（送）电计划；因天气等不可抗因素未按计划实施的项目，若电网运行方式没有重大调整，可按原计划顺延执行。

### 4. 保障支撑

（1）业扩需求跟踪。

实现业扩提质提速的前提，在于对新型城镇化和美丽乡村建设的供电服务需求的准确把握。为此，需要建立健全业扩需求跟踪机制，超前规划、超前建设、超前服务，让农村配网的供电能力和服务水平适度超前农村经济社会发展，全方位保障新型城镇化和美丽乡村建设。

建立政企协同机制。在县级政府组织领导下，以乡镇为单元，建立由政府、供电等部门组建的电力保障组织，定期召开沟通协调会议，对接政府新型城镇化和美丽乡村建设战略、规划、计划，预测分析用电需求，协调农配网建设政策处理，反馈供电保障意见建议，构建政企协同互动的工作机制。

加强农村配网规划。充分发挥计划规划的龙头作用，坚持以新型城镇化和美丽乡村的发展为导向，以《配电网规划设计技术导则》为标准，以基层供电所为单元，细化分工，明确责任，建立由下而上，分层分区的低压电网规划、中压配网规划、高压配网规划，加强农村电网规划布点，增强配电网规划的前瞻性。注重农网专项规划，重视城镇新开发区、重点美丽乡村的电网规划建设，形成经济发展电网先行的格局。

客户服务需求跟踪。立足新型城镇化及美丽乡村建设，深入研究农村经济形势、客户实际需求与电网公司经营的内在关系和控制规律，摸清新型城镇化和美丽乡村建设的不同行业、不同区域、不同产业客户的经营实时状况，征集改善客户体验的意见建议，及时改进服务标准的不合理点，消除客户的不满意点和服务水平的不合格点，为持续提升电网公司供电服务提供强有力的保障。

（2）业务流程协同。

在新型城镇化及美丽乡村建设不断深化的新形势下，创新管理体制机制，改进传统业务流程，以协同、精简、高效的供电服务流程持续深化业扩提质提速。

业务协同。加强内部分工协作和信息互享，合力推动容量直接开放、供电方案网上会签或集中会审、电网配套工程与客户工程同步实施、同步投运、全流程时限监控等提速举措的落地，实现供电方案答复快、配套工程建设快、客户工程查验接电快的"快"服务。

流程闭环。实施全流程客户满意度管理，针对客户关心的热点问题、长期关注未得到有效改进的难点问题、重复发生未得到有效解决的敏感问题，确定穿透主题，开展穿透分析，建立突出问题触发机制，制定"可操作、可量化、可执行"的针对性改进措施，不断提升客户满意度。

过程管控。完善服务质量监测体系，实行业扩报装闭环管控。重视国网客服中心业扩回访工单，重点核查各环节实际完成时间、"三指定"及收费情况，调查客户满意度，开展业扩报装服务质量评价。加强业扩报装专业协同全过程监督，定期发布监测报告，督促改进提升，并纳入业绩考核。

（3）可开放容量管理。

业扩提质提速对新型城镇化和美丽乡村建设下供电服务的可开放容量管理提出新的更高的要求。可开放状态的评判应按照差异化原则，充分考虑区域发展定位、供电区域划分、网架结构和可靠性要求等因素，对报装少、用电水平较低、负荷发展成熟接近饱和的地区，适当放宽可开放范围。

（a）可开放容量计算原则。

a）公变可开放容量。公变可开放状态是指用户申请容量小于公变可开放容量，公变不开放状态是指公变负载率达到或超过重载状态（负载率达到75%及以上）。低压居民用户接入不受可开放容量限制。

b）线路可开放容量。线路可开放状态是指用户申请容量小于线路可开放容量。线路可开放容量以电流安培值计。为保证供电可靠性，带有重要用户的线路不得开放容量。线路可开放容量根据调度部门提供的线路"N-1"输送限额计算，正常运行方式下 10（20）kV 线路负载率不得超过 90%。

c）变电所可开放容量。变电所可开放状态是指用户申请容量小于主变可开放容量。变电所可开放容量根据调度部门提供的主变 10（20）kV 侧"N-1"输送限额计算，主变各侧负载应满足"N-1"校验条件。由于上级变电所主变容量接入受限或不满足"N-1"校验条件的变电所，应为不可开放状态。

d）间隔可开放状态。变电站、开关站间隔应充分考虑公共电网组网需要，若用户需采用专线方式接入的，运检、营销部门在确定供电方案前应征询发展部门意见。

（b）配电网可开放容量信息发布。

配电网可开放容量信息在统一平台以每条配电线路为单位对外发布。10～35kV 配电网可开放容量信息发布流程主要包括信息报送、信息分析、数据信息计算、信息审核批准、信息报送备案、反馈修改、信息发布等环节。发布的配电网可开放容量信息内容包括该条线路的双重编号、上级电源、线路最小元件、负载率、本月可开放容量、上月可开放容量等信息。

（4）分布式电源管理。

分布式电源对优化能源结构、推动节能减排、实现经济可持续发展具有重要意义。随着浙江在全国率先创建国家清洁能源示范省，统筹经济建设和生态文明建设，营造山清水秀、蓝天白云的民心工程的启动实施，分布式电源业务在新型城镇和美丽乡村建设推进中，将实现快速发展。如何认真贯彻落实国家能源发展战略，优化并网流程、简化并网手续、提高服务效率，积极支持分布式电源加快发展，是新型城镇化和美丽乡村供电服务需面对的问题。

（a）接入服务一般原则。

a）分布式电源接入系统工程由项目业主投资建设，由其接入引起的公共电网改造部分由供电企业投资建设。积极为分布式电源项目接入电网提供便利条件，为接入配套电网工程建设开辟绿色通道。

b）分布式电源发电量可以全部自用或自发自用剩余电量上网，由用户自行选择，用户不足电量由电网提供；上、下网电量分开结算，电价执行国家相关政策；供电企业免费提供关口计量表和发电量计量用电能表。

c）分布式光伏发电、分布式风电项目不收取系统备用费；分布式光伏发电系统自用电量不收取随电价征收的各类基金和附加。其他分布式电源系统备用费、基金和附加执行国家有关政策。

d）为自然人分布式光伏发电项目提供项目备案服务。对于自然人利用自有住宅及其住宅区域内建设的分布式光伏发电项目，收到接入系统方案项目业主确认单后，按月集中向当地能源主管部门进行项目备案。

e）为列入国家可再生能源补助目录的分布式电源项目提供补助电量计量和补助资金结算服务，在收到财政部拨付补助资金后，根据项目补助电量和国家规定的电价补贴标准，按照电费结算周期支付项目业主。

（b）咨询服务。

为分布式电源项目并网提供客户服务中心、95598 服务热线、网上营业厅等多种咨询渠道，向项目业主提供并网办理流程说明、相关政策规定解释、并网工作进度查询等服务，接受项目业主投诉。

（c）服务保障。

一是加大电网投入、加快并网工程建设，克服分布式电源与电网规划工作不同步、工程建设工期不匹配、项目容量小且用户类型多等各种困难，积极主动开展前期工作，加快分布式电源并网工程建设；二是为保障分布式电源可靠并网，以及大规模接入后电力系统的安全稳定运行，大力推进分布式电源并网标准体系建设；三是持续加大科研投入，在分布式电源的分析建模、规划设计、运行控制、功率预测、电网消纳等多个方面开展基础性研究工作，着力解决制约分布式电源发展的关键技术，以及重合闸、备自投、手拉手等可靠性装置与分布式电源协调运行及控制问题；四是建设以光伏发电、分布式电源为主要内容的重大示范工程，为多种新能源综合开发利用、分布式电源发展积累经验和技术基础。

（d）系统方案及技术要求。

a）接入系统方案的内容：分布式电源项目建设规模（本期、终期）、开工时间、投产时间、系统一次和二次方案及主设备参数、产权分界点设置、计量关口点设置、关口电能计量方案等。

b）接入系统一般原则：分布式电源并网电压等级可根据装机容量进行初步选择，参考标准为 8kW 及以下可接入 220V；8～400kW 可接入 380V；400～6000kW可接入 10kV；5000～30000kW 以上可接入 35kV。最终并网电压等级应根据电网条件，通过技术经济比选论证确定。若高、低两级电压均具备接入条件，优先采用低电压等级接入。

（5）信息化支撑

（a）信息公开。

建立电网资源、业务进程、收费标准信息的内部资源共享和外部信息公开机制，形成跨专业、跨部门的信息协同。通过电网公司网站、办公自动化平台、电子文件系统实现电网资源信息内部共享和跨专业协同；与客户开展互动服务，提供营业厅、95598 网站、手机 App、短信平台等查询渠道，并根据客户订制自动推送所需信息，实现业务进程及收费标准信息的对外公开。

（b）信息平台。

以营配调贯通为抓手，促进营配调业务融合和系统集成。在营配调数据治理、空间信息维护方面建立营销、配网、调控等快速响应的协同机制，推进站-线-变-箱-表-户信息的同步更新和实时准确交互，实现客户报修定位、停电计划安排、停电主动通知、供电方案辅助制定、线损同期计算等协同业务的应用。

**（二）关于优化客户服务体验的研究**

### 1. 新型城镇化和美丽乡村建设供电服务的特点

新型城镇化和美丽乡村供电服务因为所处的地域环境、经济环境、人文环境各有差异，主、客观情况复杂多样，所以客户用电需求千差万别。主要有以下 6 个特点：一是服务对象的科学用电、安全用电意识差、知识缺，需加强宣传、精细服务；二是服务的客户类别较多、情况复杂，需加强客户需求的分析管理；三是农业生产用电具有季节性、政策性强的显著特点，需针对其设备状况较差、利用率不高等现状，加强电网运行管理，建立快速应急反应机制；四是农村地区特困户、外出务工留守家庭等弱势群体较多，需创造条件，建立常态服务机制，保障这些特殊客户方便、安全用电；五是农村临时用电具有需求急、时间短、情况复杂等特点，需加强其过程控制及设备管理；六是一些县域存在的小铁矿、小煤矿、小化肥、石料场（厂）等高危客户，既是县供电企业在农村市场的重要经济增长点，也是用电管理和服务工作比较繁重且敏感的特殊群体，是开展优质服务的重要领域，需借助政府和群众力量，加强延伸服务的管理。

### 2. 新型城镇化和美丽乡村建设供电服务的特殊需求

（1）农村老年人口的用电服务需求。

我国老年人口数量庞大，老龄化速度不断加快，尤其是农村老龄化趋势更加严重。根据 2011 年浙江分城乡人口统计，全省共有 60 岁及以上老年人口 823 万，占总人口的 17.3%，农村人口老龄化水平高于城镇。考虑 20 世纪 60～80 年代的高出生率，农村人口老龄化情况仍将加剧。老年人口行动不便，办理用电业务，特别是交纳电费存在困难，对主动上门办理用电业务和收费服务存在需求。由于缺乏电气专业知识和维护运行技能，不能自行处理表后故障，农村地区公共服务体系不健全，缺少专业维修平台及技术人员，需要对其表后设备提供相关延伸服务。

（2）现代农业的用电服务需求。

近年来，浙江农网用电量如图 10-7 所示。随着农村经济发展，农业生产现代化程度不断提升，农业能耗也不断增加。近十年来，全省农网用电量平均增速高达 15%。据统计，截至 2012 年农业生产能源消费弹性已达到 1.78，即能源消耗增长速度超过农业总产值增长速度的一半以上，农业生产供电服务压力显著增大。农村用电呈现明显季节性特点，农业生产、排灌、迎峰度夏等时段供电服务压力较大，尤其是遇到突发灾情时，对供电服务保障需求更加突出。需主动提供深入生产一线的现场服务，支援各类抗旱、排涝保电工作，全面履行社会责任。对农业生产用电开通报装业务绿色通道，特殊时期加强服务力量，提前进行线路巡视与维护，确保生产高峰时段电力设施运行安全稳定。服务人员到农业生产一线进行服务，及时解决用户问题。配备应急设备，保障农业生产的持续性。

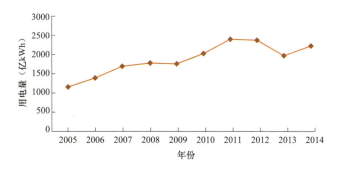

图 10-7　浙江农网用电量

新型城镇化和美丽乡村建设推进过程中农业模式逐步向集中经营转变，规模化生产对供电服务提出新的要求，农业生产向高效农业等新型农业转变，供电服务从服务多个分散客户转变为服务少数大客户，需加强对承包大规模农田的企业用电需求的响应速度，提前研究应对，保障其生产用电。对集中经营用户提升服务标准，简化业务流程，减少审批材料和手续，设立大客户经理跟踪服务，量身定做供电方案。

（3）特殊种植业的供电服务需求。

农业集中经营和农业现代化将农村居民从传统农活中解放出来，家庭小型工商业发展迅速，具备茶叶、食用菌加工等特色农产品资源的地区农民逐渐涉足产业链上下游，开办家庭作坊炒茶、食品加工等，用电需求急剧增加。如炒茶对季节性用电要求高，非生产季节配电变压器负载率低，生产期变压器超载严重，可能出现低电压现象。同时，需提升针对家庭工商业的服务水平，为客户提供临时用电设备，保障生产供电，并针对临时用电不规范、安全隐患多的特点，由专业人员在供电前认真检查客户用电线路和设备，帮助解决安全隐患问题，确保供电安全。

3. 新型城镇化和美丽乡村建设特色供电服务

（1）实施便民服务。主动对接村级便民服务中心，通过台区经理驻点入户服务，建立所、村、户"三位一体"服务网络。将进村入户服务与日常工作统筹安排，互相促进。建立服务台账，对受理供电服务业务执行情况详细记录，闭环管理，统一整理存档。对台区经理的服务行为加强日常监督，通过制度促进服务质量提升，定期对便民服务工作考核评估，对客户提出的意见落实责任，提出可行的措施和办法加以完善，形成常态管理。

（2）推广差异化服务。针对新型城镇化建设，建立新型产业园区服务（建设）快速响应机制，提升新型产业园区服务（建设）效率。结合农村经济社会发展形势及地域特点，根据各类客户的不同需求，丰富特色服务内容，创新特色服务形式。帮扶弱势群体，做好村低保户、孤寡老人、残疾人爱心服务。倾听特殊户、投诉户的诉求，加强对重要客户走访，及时掌握其对供电服务需求。

（3）打造特色服务品牌。打造有地方特色的服务品牌，提高服务质量。选取骨干服务人员，成立示范服务队伍，定期进行培训，提升队伍业务能力、服务能力和服务技巧。完善品牌建设方案和管理办法，明确服务理念、服务对象、服务承诺、服务内容、服务标准和服务流程，规范队员行为，保证服务质量。扩大特色服务品牌影响力，开展品牌创建活动，如用电知识宣传、主动服务、企业文化宣贯活动等，有效发挥服务品牌的宣传窗口作用，传播电网公司品牌形象，提升美誉度。

（4）完善供电服务应急机制。提高供电服务突发事件的应急处置能力和自然灾害、恶劣天气下应对电网突发事故的能力。编制供电服务应急预案，针对因大面积停电、人员责任等引起的应急突发事件，应立即启动相应预案，通报政府部门和社会公众，使突发事件在最短时间内得到妥善处置。建立健全临时用电管理制度，完善优化管理流程。针对农业生产用电具有季节性强的特点，简化用电业务报装手续，提早对停用的用电设备进行排查以消除各类缺陷和隐患，提供安全、可靠的供电服务。

（5）加强农村临时用电服务管理。建立健全临时用电管理制度，完善优化管理流程。与客户签订《低压临时用电合同》保证低压临时用电业扩管理规范性，明确供用电双方的利益，界定双方的义务和权利。用电设施安装与拆除时，采用客户自主或委托供电企业两种形式，客户自行安装用电设施的需经供电企业验收，以防止不合格设备进入电网。供电所均配置不同数量、不同容量的配电变压器，以及电能计量装置、开关设备、保护器、电缆等临时用电设施免费提供给农村临时用电用户使用。

（6）针对农村用户分表计量问题，出台详细判定标准妥善解决。农村旅游商业、家庭作坊发展迅速，对供电企业而言，也带来了计量困难的问题。对于具备条件的用户按其用电类别分类计量，对于不具备条件的用户采取定比定量的计量方式。

### （三）关于客户安全用电问题的研究

#### 1. 农村用电安全风险

近年来，随着新农村建设步伐的推进和农村产业结构调整，越来越多的企业开始转向农村投资建厂，这便给相对薄弱的农村电网带来了很大压力。

（1）农村公共服务体系较薄弱，普遍缺乏农村用电的社会化、社区化的服务队伍提供常态化的服务。其主要依靠乡镇供电所开展延伸服务，以及农忙季节组织服务队义务服务到田间地头。

（2）对家庭剩余电流动作保护器管理不到位。目前，电力企业对农村电网的运行采用的是三级保护措施，一级保护是总保护器，二级是分支保护器，三级是末端保护器和家用剩余电流保护器。但由于农村对剩余电流动作保护器的作用缺少了解，私自拆除保护器或不安装的现象具有一定普遍性。

（3）农村居民的用电安全意识及常识较为缺乏，特别是当前农村地区农村留守人员普遍为妇孺，对用电安全的知识掌握较少，用电安全防护能力、自保意识较弱。

### 2. 主要对策措施

为突破农村电网"卡脖子"的约束，保证中、低压线路的安全可靠，需要探索构建政企联动的农村用电安全管理机制，构建新形势下农村用电安全工作新模式。推动由地方政府牵头、主导，供电企业参加的农村用电安全电力服务共建组织，构建农村居民自有受电装置的运行维护管理长效机制。

（1）建立政企联合的工作机制。由政府出台相关政策，明确利益相关方职责，完善工作和管理标准，充分发挥乡镇供电所和社区供电服务网点在服务农村用电安全工作中的指导作用。县、乡政府发挥好主导作用，由其健全制度、完善体系、建立机制；村委会发挥村民自治的作用，出台村规民约，实现自我约束；供电企业发挥专业优势，及时提出工作建议，促成县、乡政府出台相关政策、推动相关工作。

（2）普及户用剩余电流保护器的安装。坚持政府主导，普及农村剩余电流保护器的安装，提高户用剩余电流保护器安装运行水平，夯实农村用电安全防护基础。积极促请政府出台相关政策，明确供用电双方责任界面和产权分界点，农村临时用电签订供用电合同或临时用电协议。严把农村用电接入检验关。对新报装用电的农村用户，依据相关规定，督促用户装设剩余电流保护装置后，向其受电装置供电。依法开展用电检查和稽查，及时制止、纠正农村用户的违章用电。规范农村临时用电装接管理，全面整治"挂钩用电"等私拉乱接违章用电行为。结合当地农事特点，建立进村服务农事用电机制，临时用电高峰期组织服务队进村开展安全用电技术指导、宣教、检查，并形成机制。

（3）加强农村用电安全宣教。结合基层社区网格化管理，着力建立农村用电安全宣教长效机制，在社区开展宣贯和培训，总结提炼农村用电安全的经验和典型做法，坚持突出实效的原则，采取通俗易懂、群众喜闻乐见的方式，构建用电安全宣教长效机制。通过宣传板、科普材料等多方式普及用电安全知识。结合农村生产生活和季节用电特点，做好用电安全知识普及工作。编制农村用电安全宣教资料。结合农村家庭用电、农事用电、农村种养殖用电、农业生产经营用电等特点编撰生动活泼、趣味性强、喜读易懂的用电安全读物或教材。

### （四）关于客户表后故障服务问题的研究

按照《供电所营业规则》，供电设施的运行维护管理范围，由产权归属确定。在调研中发现，农村用户产权资产供电服务问题存在争议，往往表后故障也通过 95598 客户服务热线报修，使得供电企业和用户在某些服务项目上存在分歧，无偿服务现象比较普遍，造成供电所的抢修服务压力明显增大。需以满足农村用户表后电力服务为基点，促成政府进一步规范农村表后电力服务工作，加快推进"政府主导、电力推动、用户选择、市场运作"的农村表后电力服务模式，形成"责任明晰、定价合理、服务快捷、机制长效"的农村表后电力服务机制，解决农村表后电力设施维修难问题，以满足农村对表后故障维修的需要，构建和谐的农村用电环境。

#### 1. 表后服务管理

（1）服务范围和内容。农村用户表后电力服务范围主要是指对用户产权的用电设备。服务内容主要包括设施检查、故障排查、设施安装与维修等，以及安全用电知识宣传。

（2）供电企业主要职责。一是积极促成政府物价部门制定表后服务的指导性价格；二是协助政府搭建统一的农村表后公共服务平台，协助设立统一的农村表后电力服务热线电话；三是协助政府建立对农村表后电力服务机构监督机制；四是促成政府落实农村表后电力服务机构的激励机制；五是配合政府开展对农村表后电力服务人员安全用电知识、专业技能培训，积极开展专业技术指导，为表后电力服务机构提供培训信息。

（3）服务机构主要职责建议。根据服务合同或公示的服务承诺，应用户要求，一是检查表后电力设施，处理设施缺陷，排除电气故障；二是指导农村用户开展末级剩余电流动作保护器（家保）运行管理、定期试跳等工作；三是为农村用户提供安全用电的建议。

（4）模式建设基本步骤。以市场机制为基础，以合同关系为约束进行表后电力服务模式建设。一是培育表后电力服务机构，新设立或依托现有社会电力承装承修企业成立具有独立法人、自主经营、自负盈亏的企业；二是遵循市场机制，通过政府招投标平台公平、公正地选择若干家（根据区域大小）符合条件的表后服务机构；三是表后服务机构依法开展表后电力服务；四是农村用户与表后服务机构之间以合同（包括服务机构公示收费标准和服务承诺）为约束接受服务、支付费用。

### 2. 表后服务主要模式

表后服务主要模式包括股份公司模式、个体工商企业模式、物业管理模式、业务拓展模式，如图 10-8 所示。

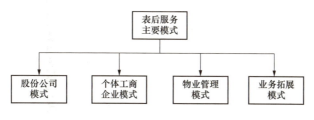

图 10-8　表后服务主要模式

（1）股份公司模式。成立股份制的表后电力服务公司，并设立属地化服务为主的服务部。公司基本注册资金由公司股东出资为主，镇（街道）政府补助为辅，并按照现代企业制度的要求对公司进行日常管理。一是由政府、镇、村每年支付一定资金扶持公司发展，公司为各镇、村公共事业设施进行日常运行维护管理；二是对区域内的工商企业及各类用电户按资产权属，对分界点受电侧属用户的电气设备进行有偿安装和维护服务；三是对农村居民用户表后设备采取有偿和无偿服务结合的方式，收取基本的材料和劳务费；四是参与市场竞争，承接区域内表后电气工程项目。

（2）个体工商企业模式。成立经工商行政管理机构审核批准的个体工商独立实体——用电服务站，由乡镇（街道）政府负责搭建服务平台和开展日常监管。一是服务站按照"本人自愿、村聘镇管"的原则，确定专职服务站站长和若干名兼职用电服务员，经培训取得电工特种作业证和进网电工作业证后上岗；二是由县、镇两级政府承担兼职用电服务人员和服务站日常运营费用补贴；三是服务站主要负责辖区内农村居民用户表后电力设施的抢修，定期进行家保的试跳和维护，提醒、督促农村居民及时消除用电安全隐患，宣传科学用电、安全用电知识等。供电部门为用电服务人员提供业务培训、技术咨询及支持，以及提供日常工作联系指导。

（3）业务拓展模式。借助现有社会水电服务公司的电气承装、承修力量，拓展建立连锁式便民用电服务站，并与政府市民热线、电力 95598 服务热线建立联动机制，政府给予一定的政策支持和运营成本补贴，供电企业给予技术支持。

（4）物业管理模式。在经济发达的村庄和集聚小区内，由物业服务机构聘任专职维修电工，按城市居民小区物业服务的方式，面向本小区或本村开展表后电力服务。

## 四、新型城镇化和美丽乡村建设供电服务支撑保障

### （一）组织机构支撑保障

#### 1. 机构优化设置情况

按照"管理集约化、机构扁平化、作业专业化"和便于管理、方便客户、经济合理、稳定有序的原则，以用户数量、售电量、供电面积、管辖乡镇为主要参数，在全省实施供电所机构优化设置（大所制改革），打破"一乡（镇）一供电所"的传统模式，转变为一个大的供电所服务几个乡镇。

在供电所内部，设置正所长、副所长、七大员（技术员、安全员、客户服务、监审员、物资员、信息员、综合事务员）等管理机构，营销班、运检班两个专业班组及供电服务站，并选派工作认真、业绩优秀的年轻职工到供电所工作，将职工中的党员骨干充实到供电所关键岗位。供电所机构优化设置加大了市县供电企业在供电所层面机构、人员与业务的专业化、集约化管理程度，实现了资源优化配置，有效提升服务效率和水平。

（1）服务更加优质：供电所机构优化设置，实现人员、车辆、信息资源的优化配置，供电服务的标准化、规范化、专业化管理水平持续提升；在强化人员管理的基础上，供电所信息化、智能化的建设不断提高，为供电服务提供坚强支撑。

（2）业务更加协同：供电所机构优化设置，统一了供电所对班组和岗位设置，明确了省、市、县三级管理职责和各专业的业务范围，基本建立了职责、制度、标准、流程和考核"五位一体"的管理体系，供电所各项业务管理效率得到明显提升。

#### 2. 巩固改革成果

供电所机构优化设置是一个持续优化的过程。按照新型城镇化和美丽乡村建设新需求，持续改进，巩固提升，建设坚强的供电服务窗口。

（1）综合服务平台建设。结合新型城镇化和美丽乡村建设实际，围绕业扩提质提速要求，以乡镇供电所为主体，集中优势资源，整合规划、建设、服务、物资等力量，进一步做实、做强供电所，拓展政府用电需求对接、涉电业务联络等功能，把供电所建设成为"一站式"服务的供电综合服务平台。

（2）促进规范高效运转。持续巩固深化大所制改革成果，对照供电所机构优化设置方案，推进机构优化的思想磨合、业务融合和流程再造，真正实现资源整合、优势互补、管理集约、运转高效；全面梳理农村供电的各营销服务和生产流程，完善各职能部门和基层单位的管理制度、工作标准和考核办法，实现对各流程、环节的监督和控制。

（3）动态科学优化设置。适应新型城镇化和美丽乡村建设需要，根据地域特点

和经济发展需求，动态调整供电服务站设置，对需增设布点的及时布点，对需撤并的及时撤并，以更好地满足客户服务需求，提供"零距离"的优质服务。

**（二）员工队伍支撑保障**

以提升服务质量和服务体验为目标，增强服务意识，提升能力素质，以岗位实践为载体，加强思想引领，注重实践锻炼，不断加快供电所员工队伍建设，建设一支"能力突出，作风过硬"的坚强农电员工队伍。

（1）搭建成长平台。完善农电业务培训体系，建设农电员工实训室，健全农电员工分类培训机制。拓展农电用工职业发展空间，设置符合农电人员发展的通道，探索建立定期岗位流动等机制，构筑优秀技能人员进一步向管理和专家发展，形成管理、技术、技能等优秀人才发展的良性机制，保持农电队伍的和谐、稳定。

（2）抓好骨干队伍。建立机关管理岗位—供电所人才双向交流互动机制，选派青年骨干到供电所工作，充实到供电所关键岗位，并在人才政策、后备干部政策等方面给予倾斜，使供电所成为企业培养人才、选拔人才的"孵化器"。

（3）加强文化引领。加快推进企业文化建设，推进企业文化在供电所的落地深植。坚持以人为本、科学发展、统筹兼顾、注重实效的原则，通过典型示范、文化引领，增强农电员工的凝聚力、战斗力，构建和谐团队，为供电所管理提质升级提供价值导航和动力支撑。

**（三）服务网络支撑保障**

从客户需求出发，进一步优化服务网络设置，努力为客户更加方便、及时、有效的服务。

**1. 社区网格化管理**

在乡镇（街道）、社区（村）大格局不变的基础上，将社区划分成一个个基础网格，使每一个网格成为社会管理服务的基本单元和组织节点，全面实现社区管理和服务的全员化、信息化和精细化，使管理纵向到底、横向到边。通过整合社区内社会服务、城市管理等各类资源，使社会服务工作进网格、基层管理工作进网格，实现为民服务经常化、辖区治安状况良好、环境明显改善、居民满意度大幅提升，最终实现管理方式创新、百姓真实受益、社会和谐稳定的新局面。今后，社区网格化管理，将逐渐成为我国基层社会管理的一个重要手段。

**2. 供电服务"三类经理"**

借鉴社区网格化管理经验，以社区网格化为基础，针对新型城镇化和美丽乡村建设，将乡镇农村供电客户划分为重要客户、社区客户和农村客户三个大类，并将每个大类网格化，推出客户经理、社区经理和台区经理三个类型的经理服务制度，构建乡镇农村全覆盖的供电服务网络。

（1）客户经理。站在客户立场，对供电企业提出服务项目和要求，通过和客户代表的定期联络，为重要客户提供一对一服务，并对服务进行评价的专（兼）职管理人员，一般若干个客户设置一名客户经理。

1）根据客户的需求，有选择地向客户提供电力服务、安全服务、营业服务、信息服务、节能降耗服务和其他服务，听取客户意见建议，并负责协调各专业、不同部门之间的关系，确保合理、协调、有效地利用公司内外的一切资源从而提高客户满意度和企业效益。

2）积极开展需求侧管理，并进行市场研究，分析市场形势，深入、准确地了解重点客户现有的服务需求，挖掘重点客户的潜在需求，组织制定客户市场营销战略，管理和控制市场营销规划。关注重点客户所处行业的发展需求，做好重点客户的用电需求预测，定制出解决方案。

（2）社区经理。着眼于"依托社区、网格管理；融入居民，服务零距；全程覆盖，服务规范；双向互助，共促和谐"，通过在社区实行电力社区经理制，以及社区经理在社区办公场所驻点服务的方式，形成社区、电力、居民三位一体的电力服务新平台，提供"家政式"服务，从而提高社区公共管理、综合服务的效率。

1）与社区联合设置服务网点。对社区现有服务人员进行基础电力服务技能培训，聘请社区管理人员协助提供供电服务，作为电网公司供电服务的补充措施。这种方式优点是社区管理人员对居民情况较为熟悉，沟通障碍较少，服务距离短，响应速度快，有效减轻了公司服务压力。

2）供电企业统筹设置服务网点。考虑农村社区的电量、用户数等因素设立社区供电服务经理，明确供电职责区域，负责区域内的所有业务。采用这种方式的优点是职责明确，社区经理对负责区域内的情况较为熟悉，便于及时了解居民用电需求，服务模式由"业务导向性"转变为"客户导向型"。

（3）台区经理。乡镇供电所是供电企业最基本的服务单元，而配变台区是服务管理的"神经末梢"和优质服务的前沿阵地。台区经理制以"人员最精化、效率最大化、服务最优化"为原则，以农村地区就近连片组合的若干个台区为管理对象，以方便客户、提升服务、促进安全、降低线损为目的，以竞聘上岗、分片包干、业绩考核为主要管理方式，实现"辖区有网、网中有格、格中定人、人负其责"，满足了做好服务所需的"业务"综合协同和"人力"资源优化高效的要求，为提升农村供电服务水平提供了一条行之有效的途径。

1）网格化管理。以农村供电所配变台区为基本单元，将供电所服务辖区划分为若干个网格模块。网格的划分，按照"全面覆盖，界线明确，不留空白，不交叉重叠"的原则，确保每个"网格"规模大小相当、服务的群众相当、工作任务和工作量相当。台区网格化划分如图 10-9 所示。

2）协同化运作。供电所营销、运检人员作为台区
经理与每个网格一一对应，实行台区业务包干、责任
到人，从营销、运检两个维度，提供"捆绑式"和"组
合式"服务和管理；供电所管理人员根据台区划分情况，
以若干台区为一个"片区"，作为"片长"对片区内的
台区经理加强监督，建立以台区为"责任田"的服务承包制。

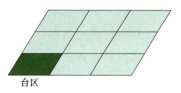

图 10-9　台区网格化划分

### 3. 绩效考核

创新客户经理、社区经理、台区经理激励机制，以推荐选拔、竞聘上岗、分片
包干，并通过"工作积分制"、业绩考核方式加强管理，对"干多"和"干少""干
好"和"干坏"直接量化考核，并将考核结果作为年度评优评先和人才选拔相的重
要依据。

### （四）智能系统支撑保障

#### 1. 信息化建设对供电服务带来新机遇

随着信息化技术发展，智能电网建设推进，新型城镇化及美丽乡村建设对供电
服务效率、服务质量、服务规范的要求更高，需进一步发挥现有营销服务、生产管
理等信息化系统作用，突出数据共享，强化业务协同，以适应新形势下的服务要求。

要坚持"统一领导、统一规划、统一标准、统一平台、统一模式、统一推广运
用"的原则，在建设、生产、经营、管理各个领域开展信息化工作，进一步完善用
电信息采集系统、电网 GIS 平台、营销系统、生产 PMS 系统、智能公用变监测系
统、农网剩余电流动作保护器监测系统等信息系统的功能和应用，推进电力流、信
息流、业务流三流合一，全面支撑坚强智能电网发展。

（1）"大数据"集成提供服务精准分析。通过对业扩报装、客户用电、客户诉求
等海量历史实时数据的存储、集中、整合、共享和分析，实现对客户服务各类信息
可观察、可判断、可预测的决策分析能力，增强决策分析的可视化、互动化、精准
性，为电网公司制定服务策略提供参考。

（2）设备状态实时监控提升抢修效率。通过智能终端、运用广域通信技术和各
种信息处理技术，实现对用户设备运行状态的实时感知、监视预警、分析诊断和评
估预测，并发挥信息化对智能电网变、配、用、调度环节的综合支持作用，提高
故障抢修过程工作效率和各种资源利用效率，进而缩短故障恢复时间，提升客户满
意度。

（3）多功能集成拓展服务内容和方式。信息化建设，为供电企业和客户之间搭
建了多样化服务界面，从传统"人对人""面对面"的服务，向"机人交流服务""远

程化服务"延伸，进一步拓展了客户服务渠道，为电力客户提供灵活定制、多种选择、高效便捷的服务，满足客户多样化、互动化服务需求。

（4）跨专业整合实现精细化管控。通过跨专业系统整合，构建数字化、可视化的基础数据平台，建立多专业、多维度的运营指标评价体系，实现对供电抢修、计量、业务指标等实时监控、综合展示和闭环管理，促进"以客户为导向"供电服务机制的形成，推动供电服务从被动处理向主动响应的转变，提升电网公司精益化管理水平。

### 2. 智能化应用促服务高效

（1）加强业务管控。

1）营配贯通系统。基于营配贯通数据成果，按区域统计、分析电网现状、负荷特性和客户结构，科学规划目标网架、对照目标网架"对症施药"，合理安排配网改造、有效开展投资效益分析。深化95598客户报修定位、故障研判指挥、停电计划安排、供电方案辅助制订、线损同期计算等协同业务应用，支撑供电方案辅助制订和现场移动作业。通过用户大电量和台区线损异常状况监测、电网重过载分布情况实时监测、重复停电专题研究等跨专业主题分析，为管理和决策提供更丰富、有效的智力支撑。

2）营销系统。在营销系统业扩、计量、抢修等营销服务全流程，以及服务数据实时管控功能基础上，针对新型城镇化和美丽乡村建设的新需求，进一步优化营销系统功能、界面，构建业务受理、现场勘查、供电方案等标准化模板库，便捷信息录入和业务处理。推进营销系统与电网公司门户网站、协同办公平台的集成融合，提升跨专业协同运作和数据交互效率，实现电网资源受限及整改情况、停（送）电计划、电网配套工程建设、业务办理进程等跨专业环节业务办理过程的系统在线支撑。

3）供电服务监控平台。通过对供电所业务系统的实时监测，实现对设备状态和数据异常、重要指标、绩效评估、工作质量、95598抢修类工单和主动服务工单的全面监控，实现各类指标、服务可控能控在控，推进供电所同业对标，强化供电所问题排查能力，助推供电所管理水平持续提升，优质服务水平再上新台阶。

（2）改善客户体验。

1）智能总保监测系统。从保障人民群众生命财产安全、优化配网运维模式，解决为民服务"最后一公里"问题出发，加强保护器监测系统应用管理，开展农村低压线路设备及漏电隐患排查，重点整治路灯、小动力用户的专项用电治理，改善农村低压运行环境。进一步规范供电台区的接地型式，因地制宜地推进总保安装、运用，有针对性地提高农村安全用电水平。

2）自动（辅助）业扩报装系统。基于营配信息集成，通过对 GIS 侧中、低压配网各类数据智能化分析，实现电子化现场查勘、供电电源优选分析等功能，自动生成接入系统方案。辅助营销客户经理确定高、低压业扩报装经济、可靠的供电方案，减少现场查勘时间，提高报装接电工作效率，实现"一口对外"的客户服务水平提升。

3）移动终端服务系统。依托新媒体、新技术，深化应用电力微信、掌上电力等移动信息化服务的新载体、新形式，探索用电业务网上办理、移动终端业务办理等新系统，实现全过程信息化供电服务。

4）用电信息采集系统。运用用电信息系统自动采集、计量异常监测、电能质量监测、用电分析和管理、智能用电设备的信息交互等功能，指导企业、重要用户安全用电、科学用电。针对农村客户相对分散的特点，推广电费通知、故障停电信息短信推送、优化用电建议等业务，让农村客户明明白白用电。

# 第十一章

# 农村电力数智化转型赋能数字乡村发展调查

（2022 年 5 月）

数字乡村建设是乡村振兴战略的重要内容，是深入贯彻新发展理念、加快构建新发展格局、实现乡村全面振兴的重要抓手。电力行业数据规模大、实时性强，具备提供数字服务的先天优势，农村电力服务数字化、智能化转型是实现乡村率先实现"双碳"目标的保证，是电力行业落实党中央国务院乡村振兴战略的重要任务。

## 一、调研背景

### （一）数字乡村发展情况

数字乡村建设是党中央乡村振兴战略的重要抓手。2018 年 1 月，中共中央、国务院在乡村振兴战略中首次明确提出建设数字乡村的任务内容；2019 年 5 月，中共中央办公厅、国务院办公厅印发《数字乡村发展战略纲要》，明确提出"数字乡村是伴随网络化、信息化和数字化在农业农村经济社会发展中的应用，以及农民现代信息技能的提高而内生的农业农村现代化发展和转型进程"。数字乡村建设是乡村振兴战略的重要内容，是巩固拓展网络帮扶成果、补齐农业农村现代化发展短板的重要举措，也是深入贯彻新发展理念、加快构建新发展格局、实现乡村全面振兴的重要抓手。

数字乡村是浙江落实中央决定、建设数字浙江的重要一环。2018 年 12 月，中共浙江省委、浙江省人民政府印发了《浙江省乡村振兴战略规划（2018—2022 年）》，提出建设数字乡村的主要任务内容。2021 年 1 月，省委省政府印发了《浙江省数字乡村建设实施方案》，以开展国家数字乡村试点建设工作为牵引，提出了未来数字乡村建设的总体要求、总体框架、重点任务、保障措施等。2021 年 6 月，省农业农村厅印发《浙江省数字乡村建设"十四五"规划》，要求到 2025 年，浙江乡村基础网络体系逐步完备，数字"三农"协同应用平台全面建成，乡村数字经济发展壮大，城乡"数字鸿沟"逐步消除。

**（二）农村电力服务数智化转型的重要性**

农村电力服务数字化、智能化转型是电力行业落实党中央国务院乡村振兴战略的重要任务。中共中央、国务院印发《数字乡村发展战略纲要》文件中明确要求加快推动农村地区电力等基础设施的数字化、智能化转型，推进智能电网、智慧农业、智慧物流等建设，这是党中央在新时代对乡村电气化建设的新要求。自1998年国务院实施"两改一同价"工程以来，浙江农村电网从城乡分割走向城乡统筹；近十年以来，国家实施新一轮农村电网改造升级工程、小城镇电网整治等一系列工程，实现了从"用上电"到"用好电"重大的转型升级，乡村电气化进程与农村高质量发展相辅相成。在数字化新时代，党中央乡村振兴战略具有新的战略要求。乡村电气化涉及乡村发展的方方面面，农业生产、农村产业和居民生活的数字化进程要求乡村电网加快电网的数字化、智能化转型建设，实现乡村低碳绿色发展。高质量建设新型农村电网，提升电网供电能力和供电质量，提升供电数字化服务能力，是保障浙江数字乡村建设的前提。

农村电力服务数智化转型实现乡村率先实现"双碳"目标的保证。乡村电网数字化转型是保障乡村绿色清洁新能源发展的基石，浙江农村分布式新能源规模巨大，截至2021年年底全省分布式电源装机容量1269万kW，承载着新能源发展和率先实现"双碳"目标的任务；要想适应分布式发电的大量接入，必须重视研究乡村电网的数智化转型，将传统乡村电网改造成数智化乡村电网，对接入电网的分布式新能源的数据实现自动采集、边缘处理、智能化调控。同时，电网数智化转型是提升乡村用能水平和质量的重要手段。随着农民收入水平的提高、乡村产业的不断发展，浙江乡村用电呈快速增长势头，而农村用能缺乏数智化管控手段，用能方式粗犷，亟待通过电网数字化提升乡村能源使用效率，推动乡村地区率先实现"双碳"目标。

农村电力服务数智化转型是电网企业服务数字乡村的关键路径。随着智能电表的全面覆盖，电力数据的采集实现了远程实时化，具备了其他领域难以达到的数据规模和价值。电力可以在能源监控、便民服务、用能管控等方面，为数字乡村提供更为丰富的服务手段和应用场景。乡村供电所作为电网企业服务乡村振兴战略的最基础单元，担负着让千万农村电力用户从"用上电"向"用好电"转变的历史使命。通过农村电力服务数智化转型实现"提质、增效、减负"，拓展服务边界、提升响应速度，加速推动数字乡村建设迈上新的台阶，促进乡村服务智能化、乡村治理现代化，更好地推动乡村振兴战略高质量落地。

## 二、浙江在农村电力服务数智化转型的探索实践

国网浙江电力根据国家电网公司要求，积极落实党中央乡村振兴的一系列工作要求，积极开展和推动农村电力服务数智化转型工作，挖掘数智化内驱动力，探索农村电网和供电所各领域数智化技术和应用实践，取得一系列卓有成效的成果。

### （一）农村电网数智化转型是基础

#### 1. 数字化升级，提升电网感知水平

目前，乡村电网中安装的智能电能表除了具备电量、需量计量功能外，还具备费控、数据存储、事件记录、冻结数据、通信等功能；采集终端除了具备数据采集、事件记录的功能外，还具备参数设置、查询控制、数据传输、通信、安全防护等功能；融合终端功能除了具备采集终端的功能以外，还同时具备配网监控功能，可在低压台区融合营销和运检专业的应用，采集和处理数据的能力更强，具有边缘处理能力。

截至 2021 年年底，浙江全省乡村电网智能电表安装达 100%，乡村用户采集终端覆盖率 99.99%。作为"二合一"（"公变终端+台区总表"模式）终端试点应用的 TTU 型融合终端已经安装 5.52 万台。全省电网数据采集量达到 1700 多 TB，每天电网新增数据量达到 2 个 TB，并呈现快速增长趋势。乡村电网强大的数据采集和储存处理数据能力为乡村电网数字化、智能化转型，服务数字乡村建设打下了坚实基础。

#### 2. 智能化改造，提升电网控制能力

（1）全面提升电网协调控制能力。综合利用 5G、量子、北斗等新技术，首创了国内智能开关"5G 无线遥控+合闸速断"技术，开展了北斗卫星通信新技术应用，故障隔离时长缩减至分秒级。在光缆敷设困难的山区、海岛，大力推进了 5G 通信模块应用，大大减少了光缆敷设成本，提升了智能抢修水平和设备自动化水平，实现了故障点快速定位和精准隔离。2021 年，实现配电自动化有效覆盖率达 70%以上，完成量子加密技术在架空线路智能开关远程遥控上的验证；2025 年，实现配电自动化有效覆盖率达 90%以上，架空线路智能开关全面实现远程遥控。

（2）农网检修模式由"能带不停"向"能保不停"延伸。坚持可靠性提升主线，突出"停设备、不停用户"理念，增强县域不停电作业能力和地县一体化协同，推动集体企业不停电作业公司（班组）主业化管控、市场化运营，推广小型低压储能车、中压发电车、带电作业机器人等新装备和新型绝缘杆作业项目，推行农村综合不停电作业，缩小城乡差距。2021 年，农网供电可靠率达到 99.948%；2025 年，农网供电可靠率达到 99.965%。

（3）持续增强农村电网智慧自愈能力。推进配电网智能终端全覆盖，深度融合物联网 IP 化通信，实现海量配电终端设备即插即用，打造多种业务融合的生态系统，实现配电网设备的全面互联。提升配电网络安全防护能力，打造多边协同、弹性灵活的配电网安全防护体系，基于区块链建立分布式能源运行的安全可信架构，开展分布式电源控制系统安全防护建设。

### （二）乡镇供电所数字化转型是窗口

在乡镇供电所数智化转型方面，国网浙江电力围绕"数字转型、提质增效、基层减负、素质提升、融合融通"理念，突破系统数据壁垒，实现"一平台、一终端"（综合业务支撑平台、营配融合型移动作业终端）、"全业务工单化、全事项移动化"；优化供电服务运作模式，优化薪酬分配机制，盘活供电所人力资源；挖掘数智化内驱动力，深化供电所各领域数智化技术探索和应用实践，打造数智化前沿"哨所"。

#### 1. 打造"一平台"，促进多维数据融合

"一平台"即浙江数智供电所管理平台，平台突破了专业数据壁垒，通过集成营销、设备、安监、物资、人资等 5 个专业共 15 个系统，建成了供电所"智慧中枢"，实现了供电所整体概况"一屏展示"、全量预警治理"一键触发"，以及全量外勤工单"一站管控"。"一平台"的核心是实现多个业务系统之间的数据贯通。

建成供电所"驾驶舱"，实现全量业务集中。"一平台"实现了供电所整体概况"一屏展示"，实时展示统计综合类、营销类、设备类、人员管理类共 75 项指标，实现了供电所全量预警治理"一键触发"。其典型应用场景如下：一是主题画像展示，将供电所各源业务系统的指标，汇总至台区、台区经理、所长、班组、供电所 5 个维度进行展示；二是全量指标监控预警，将营销系统、采集系统等各源业务系统的指标在当前界面集中展示，便于用户进行指标统一监控。

业务工单化，提升业务规范水平。"一平台"设置了 4 大类 14 小类 78 种外勤工单类型，由平台统一汇集，工单直派台区网格责任人，基本涵盖了供电所的各种现场工作，有效实现了供电所"管事"规范化的提升。其典型应用场景如下：一是业务生成与操作，供电所所长等可新建业务并对业务完成情况进行评价或退回，业务处理人员可对业务信息修改、派发、工单生成等操作；二是综合计划，包括每日需要完成的工单数量、台区巡视进度、业务推广进度；三是巡视管理，可向台区经理发布台区巡视任务，并可统计巡视任务完成情况和巡视结果；四是缺陷管理，台区经理可通过移动作业终端将巡视缺陷信息及其处理情况提交至数供平台。

工单数字化，提升业务精益水平。在工单数字化方面，"一平台"以工单为核心，拓展了关联计量表、备品备件、车辆、作业人员、工作计划、工作票、工分标准等 8 类生产要素，实现了生产要素的数字化集合。在"一平台"触发工作任务后，以

数字工单模式推送至各关联系统,每一张工单与生产要素间"一一对应",有效实现了供电所"管物"精益化的提升。其典型应用场景如下:一是工单派工,平台聚合所有的供电所业务工单,由班组长通过平台派工并由台区经理手持移动终端到达现场进行处理,有物资需求的工单还可同步调用仓储系统接口并生成领料流程;二是工单评价,台区经理在现场完成工单后,可由班组长对完成情况进行审核并进行评价、归档或退回。

数字绩效化,提升人员管控精准水平。数字工单与绩效积分挂钩,网格责任人完成每项工作后,都需经后台质量评价自动生成工作积分,该积分作为网格责任人绩效考核的重要组成。"一平台"的建设完成了工单自动量化积分,减少了人为统计负担,实现了员工的数字化评价,为员工的评星晋升、绩效评价、精准培训提供了量化依据,有效实现了供电所"管人"精准化的提升。其典型应用场景如下:一是工单工分,通过设定不同工单的工分标准和分值,并结合工单评价和工单追溯,可精准计算不同工单的最终工分;二是综合评价,可根据实际管理情况从工作态度、行为规范、工作纪律等多个维度对员工进行评价。

### 2. 打造"一终端",深化业务末端融合

"一终端"即通用型移动作业终端,通过整合各专业微应用,将设备、营销、安监三类移动作业终端统一为一台通用型移动作业终端,由营销牵头配置管理,拓展移动端微应用现场作业功能,确保终端实用且易用,实现了供电所现场业务"一人一机"通办,为培养全能型员工提供了数字化场景。

数据看板,提供便捷的数据实时服务。数据看板主要为员工提供工单数据和任务数据,便于员工清晰地安排每日工作内容。数据看板提供的内容包括在途工单、本月工单、在途计划,可查看欠费户数、线损异常、停电计划、配变异常等指标数据。同时,数据看板还包括管理者看板和员工画像,管理者看板主要是所长、班组长为基层管理人员分配任务,并能够查看员工在岗情况;员工画像可展示当前登录人员的个人信息,包括绩效考勤、技能培训、工作履历等。

在线助手,提供便捷的现场数据帮助。在线助手是供电所员工现场操作的一个便携工具,包括缺陷上报、停电查询、现场记录和设备定位等重要功能。一是缺陷上报,巡视过程中,若发现设备问题或者其他资产缺陷问题,可通过该途径进行缺陷上报,如填写缺陷描述、拍照、定位信息及缺陷消除情况等;二是停电查询,可以获取管辖台区或周边台区的停电计划;三是现场记录,可以登记现场问题或内勤服务问题,如现场收资、违约用电、用户窃电及物业服务评价;四是设备定位,通过计量箱条形码、电能表条形码等,可获得计量箱和箱内电表的基本信息。

工单应用，提供便捷的工单反馈途径。"一终端"融合营销、配网协同作业功能，开发了多个微应用，支撑员工营配现场作业"一机通办"，大大提升了员工现场操作效率。微应用覆盖了现场勘察、配变装接、台区消缺、漏保装接等众多功能。一是现场勘察，台区经理通过移动终端录入现场核定情况并上传现场勘查照片、单据和数据，初定供电方案并配表和领表；二是公变装接，现场工程报验后，可将营销低压业扩流程发送至数供平台并生成竣工验收任务单；三是台区消缺，当巡视工单上报缺陷后，可在数供平台进行台区缺陷审核并自动创建台区消缺任务单；四是漏保装接，班组长可登录数供平台创建计划工单任务并派工给台区经理，也可由台区经理使用移动终端创建临时工单任务并提交至数供平台进行审核。

### 3. 优化组织管理，以数字驱动管理变革

探索无人营业厅，提升供电服务质量。加快了"三型一化"无人营业厅建设，投入了使用综合导览台、自助查询交费一体机、自助业务受理机等自助设备，并将营业厅业务受理员从人工柜台解放出来，增设大堂服务督导、业务督导等岗位，增加互动交流区域。无人营业厅由引导员主导营销服务，为用户提供业务指引、协助办电及互动体验等服务，并通过过程全管控精细化及制定安全监督管理机制，进一步提升人机交互的便捷性，推进营业厅由繁至简向"体验多元化"转型，打造"最后一百米"电力营销服务圈，为客户呈现一个以智慧、共享、体验、创新为特点的全自助智能服务平台。

建设智能仓储，提升物料管理水平。有序推广供电所仓储智能化管理系统，实现了供电所生产抢修物资、备品备件等入库、出库、退库、盘点以及库存预警和报表生成等全自动化，并且实现了仓库物品实时可视化监控，使一线生产作业人员得到进一步减负。系统通过称重的方式，智能货柜可以自动识别物资数量以及变动情况，全自动完成备品备件的进、出库管理，免去了人工登记盘点，提高了物资管理的准确性和实时性。在后台管理方面，智能货柜与国网浙江电力智慧链平台贯通，可以远程调阅库存、进库、出库等详情，同时与供电服务指挥系统数据互通，实现抢修工单与备品备件物资联动，确保物资去向全链可追溯。

建立数字绩效，公平公正有效激励。建立了与新型供电服务体系相匹配的供电所员工数字绩效管理模式，依托数智供电所管理平台，科学合理制定工作积分标准模式，从"工单工分""指标工分""定额工分""事件工分"等多个维度，对工作效率与工作质量进行量化综合评价。以杭州桐庐为例，目前供电所一线员工每月奖金差距可拉大到三千至四千元，且员工自己能够应用移动作业终端查看绩效结果。同时，实施员工晋升制，根据员工工作业绩、技能水平、岗位情况，确定1～8级通道，有效激发了供电所员工比学赶超的干事热情，实现了供电所逐步由"人治"管理向

数字化管理转变。

### 三、农村电力服务赋能数字乡村的经验和亮点

#### （一）提高供电服务水平，建设低碳高效数字乡村

一是推动提高乡村电气化水平。紧抓"新时代美丽乡村建设""大湾区、大花园建设"等政策契机，全面拓展农业领域电气化市场，推动农业生产技术升级，实现"田间作业电气化、农副加工全电化"。借助农网升级改造，大力推广电排灌、电动农机具、农业养殖温控、电动喷淋、电孵化等电气化示范项目。推广乡村旅游电气化，试点在农村地区推广"电土灶"、电炊具、电采暖等高能效电器设备应用。以海盐通元镇为例，建设光伏休闲栈道、光伏连廊，全域推动太阳能路灯、新能源汽车充电桩、全电化农业大棚；推进镇北村、长山河村"柴改电"工程，实现 553 户居民全覆盖。

二是服务农业现代化转型升级。随着农业新技术的快速进步，自动控温补光系统、自动空气循环系统、半自动采收系统、农业机器人、农业无人机等高科技产物在农村应用越来越广泛，未来农业发展是高度的自动化和精确化。现代农业对电力的可靠性、精准服务、数字化水平提出了较高的要求，农村电气化需要逐步从"电气化"向"再电气化""数字化"转型。以平湖东郁果业农场为例，果园的植物生长温湿度、光照、$CO_2$ 浓度以及 LED 动态光谱光源等环境条件均采用自动控制，平湖电力建设包括氢光储充一体化新型智慧能源站和一体化智慧管理平台，同时，利用碳捕集、碳封存技术打造"负碳"数字化农业园，为新时代农业的提供电力服务样板。

三是打造供电服务"最后一公里"。将电力驿站作为供电所服务乡村振兴的延伸，以淳安下姜村电力驿站为样本，制定电力驿站建设运营规范，按照服务半径、硬件配置等，分 A、B 两类组织建设；利用电力驿站，大力推行共同富裕、为民服务"八大举措"，开展"线上办、就近办、上门办、代您办"特色服务，发挥党员网格指导员、党员先锋队和志愿者作用，全面满足农村客户多样化的服务需求，打造供电服务"零距离"服务圈。

四是数智加速提升电力保障供应水平。推行了全能型营配联合抢修模式，完成了虚拟抢修指挥座席建设，开展了"先复电后抢修"抢修实践，推动高低压故障"一张工单、一支队伍、一次修复"，有效缩短了抢修时间。联合政府开发的"乡村大脑·智慧电力"应急响应平台实时监测内涝、泥石流等次生灾害高危地段，掌握河流水位、水库水位以及重点雨水情况，搭建防灾救灾电力应用场景，并及时告警险情，台风"烟花"期间，平均抢险时间从 3.5h 缩短至 1.5h，时长压缩近 60%。

### （二）深化电力数据应用，服务数字乡村建设

一是乡村振兴电力指数。结合乡村振兴战略对农村发展的要求，依托电力与经济发展的强关联关系和电力大数据的泛在感知能力，挖掘电力与乡村振兴的内在关系，实现对乡村振兴发展情况的直观反映。丽水电力、绍兴电力和宁波电力先后发布了"乡村振兴发展电力指数""乡村振兴电力民生指数"和"乡村振兴供电能力指数"。以丽水电力的"乡村振兴发展电力指数"为例，其设计乡村产业、乡村宜居、乡村文教、乡村管理和乡村居民 5 个电力指数，通过构建数据组合模型反映乡村振兴发展成效，从电力视角增加政府对乡村振兴水平和差距的直观认识。

二是共同富裕电力指数。电力是经济、社会、民生变化的"风向标"，在推进共同富裕过程中，数字化服务正推动乡村振兴迈入新阶段，电力大数据可以发挥重要作用，支撑浙江高质量发展建设共同富裕示范区。嘉兴电力运用行业及居民用电、清洁能源发电、设备运行信息等海量数据，形成了一个总指数和高质量发展电力指数、高品质生活电力指数、高效能治理电力指数、高水平共享电力指数四个分指数的"共同富裕电力指数"评价体系，涵盖了经济、民生、社会和公平层面，能直观地反映地区经济发展、居民用电强度、医疗、文教配套等方面情况。

三是产业发展电力指数。挖掘电力在不同行业、不同产业中的大数据价值，开发多样化的电力数字衍生产品，为政府企业决策提供有效支撑。国网浙江电力先试先行，各地涌现出一大批电力数据服务产业发展的典型案例，有效推动乡村经济社会的高质量发展。以绍兴电力为例，其创新发布了"绿税码"，用 A～E 五级来区分企业不同的绿能程度，让政府更直观了解企业业绩、能耗和社会贡献度，其中"浙里绿税"成为首批上线浙江省数字经济系统的应用之一；创新推出了"光伏发展指数"，大数据筛选优质光伏潜力客户，为供电所光伏业务拓展、实现绿色转型提供精准数据支撑；创新推出了"储能潜力挖掘指数"，为政府出台"新能源+储能"政策提供了有力数据参考和支撑，全面推动了"双碳"和新型电力系统建设。

### （三）打造数据衍生平台，丰富电力数据服务乡村场景

目前各地电力公司依托数字化供电所，结合就地差异化的需求，与地方政府紧密对接，开发了电力数据服务乡村场景试点。但电力数据服务乡村的场景是丰富、多元的，不同类型的乡村对数字化建设需求"大同小异"，目前各地仍处于探索阶段。

杭州电力充分发挥杭州"数据大脑"建设优势，先试先行，打通电力多部门间及其与各行业间的"数据壁垒"，建设乡村智慧能源服务平台，持续推进乡村产业发展动力、农村经济发展效率、乡村公共服务模式、乡村治理方式的数字化变革。淳安乡村智慧能源服务平台及服务场景示意图如图 11-1 所示。以杭州乡村智慧能源服务平台为例，调研过程中发现的典型场景如下：

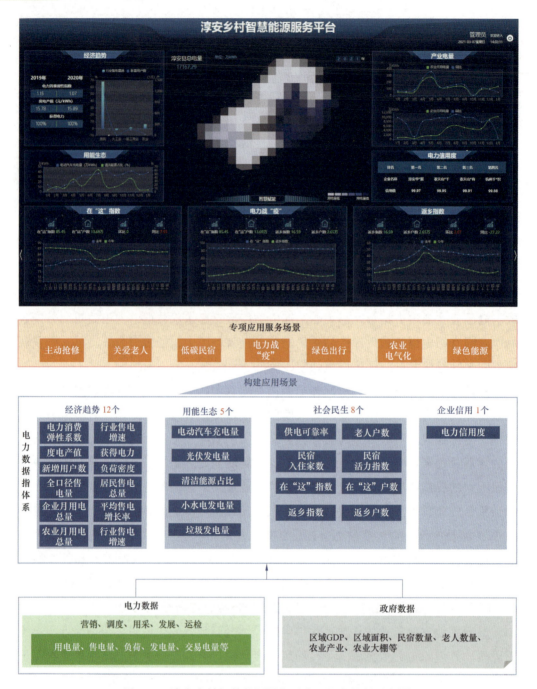

图 11-1　淳安乡村智慧能源服务平台及服务场景示意图

一是绿色能源场景。整合区域分布式电源发电数据，通过发电量统计、发电排名等信息汇集，展示光伏电站、小水电、垃圾发电等清洁能源的发展情况以及社会贡献，同时为分布式电源运维提供异常诊断、对比分析等功能支持。同时，通过对农村地区分布式光伏设备的运行情况统计分析，实现不同光伏供应商产品质量、运维水平的大数据评测。

二是**农业电气化场景**。通过在用能设备等加装计量装置和传感装置，为葡萄园、草莓园、桃园等智慧大棚提供能源消耗统计、天气预报、设备状态、能源监控和告警记录等服务，展示区域农村电气化建设情况和农业特色产业能耗情况，推动农业智慧发展。

三是**低碳民宿场景**。通过加入"低碳入住计划"，统计民宿月度能耗情况和活力指数的变化情况，为民宿经营者提供单位能耗对比，倡导"低碳理念，低碳用能"，实现旅客、经营者、社会三者"多重纬度"共赢的产品生态体系。

四是**绿色出行场景**。基于已有充电站（桩）地址、使用频率、电动汽车数量、空间地理信息及城市规划等数据进行大数据分析，评估充电站（桩）市场投资空间，为充电站（桩）建设、投资、规划提供决策支持。

五是**关爱老人场景**。针对农村独居老人，利用电力大数据技术，分析老人们的实时用电信息，将老人状态展示为"红码""黄码"及"绿码"，并将非"绿码"信息及时推送至网格管理员进行核查，精准画像，定向"关爱"，减轻村里网格员的工作负担。

### 四、问题与建议

#### （一）发现问题

一是**农村电力服务数智化建设存在不均衡、不充分现象**。受各地市先天基础、推广力度和发展理念影响，调研的不同地区数字乡村和供电服务数智化发展水平差别较大。杭州地区依托"数字大脑"和试点示范等优势，大力推进数字电网和数智化供电所建设，实现了对内数据融合和对外数据共享，数据应用和平台建设均走在前列，同时数字乡村建设理念也较为超前。而多数地区仍处在农村电力服务数智化建设起步阶段，建设内容以内部业务升级为主，对外服务工作开展较少。需要加大地区间交流，发挥试点带动作用，促进全省供电所数字化进程统筹发展。

二是**内外部数据贯通及感知能力仍需提升**。随着智能电表的全面覆盖，电力数据的采集实现了远程实时化，同时电力公司也长期致力于突破数据壁垒，打造了"网上电网"等一系列多数据融合平台，但是在服务数字乡村建设层面，仍存在对内融合难、对外屏障厚、感知不充分的问题。内部数据方面，营销、生产等仍存在多套系统并行、数据共享有限、数据不对应等问题；外部数据方面，除杭州"数字大脑"实现部分共享外，大量的水、电、气、交通、居民等数据仍存在天然屏障；数据资源方面，新一代配网智能融合终端推广量较少，价格偏高，电网感知数据规模仍然有限。目前的采集测控覆盖不全，无法实现农村配电网主要元素对象在线化感知，尤其是还未实现对分布式光伏、用户侧储能等新型供用电对象的感知。

三是数字延伸服务覆盖面不足、应用场景少。电网数智化转型发展时间较长，而数智化供电所建设时间较短，目前主要建设内容集中在内部流程和运作模式优化，促进运维检修、市场营销等电力服务的提质增效。而在服务数字乡村建设方面，除杭州地区做了一系列探索尝试外，其他地区数字化应用场景相对较少。电网企业未能充分利用电力数据的覆盖面广、实时性强的特征来拓展数字服务新业务，未能有效发挥供电所的电力数字化服务触手作用，亟待加快推动数智化服务由对内业务提升向对外多维服务的模式转变。

### （二）相关建议

一是要进一步提高对农村电网数智化转型重要意义的认识。党中央自新中国建立以来就一直高度重视农村电气化建设，当年几代党和国家领导人把农村电气化建设作为实现中国农业农村现代化的重要抓手持之以恒地抓，逐步实现了农业农民奔小康的目标。在数字化的新时代，党中央要实施乡村振兴战略，实现共同富裕目标，乡村数字化是重要抓手。乡村能否跟上数字化前进的步伐，获得数字化时代的"红利"，是能否实现乡村振兴的关键。作为电力行业的从业人员，要自觉将农村电网的数字化、智能化建设作为新时代党和国家赋予我们的新的使命。要根据当地政府的要求，制定完善农村电网转型升级发展规划，建设适应数字乡村发展的新型农村电网和新型数字化服务体系。

二是新型农村电网的建设仍然需要国家的重视和支持。我国的乡村电气化的建设，始终是在党和国家的关心支持下才得以发展。20 世纪 90 年代开始的一、二期农网改造以及近十年来国家实施新一轮农村电网改造升级工程，通过大规模中央和地方财政资金扶持，使得农村电网发生了根本变化，促进了我国农村各项事业的飞速发展和农民生活奔小康。当前，伴随着乡村振兴、共同富裕的战略实施和数字乡村建设，农村电网需要从电气化迈向数字化新台阶，改造传统农村电网，实现农村电网的数字化、智能化转型，需要在农村电网中安装大量新型的数字化、智能化设备，而农村电网覆盖面广，基础设施建设成本高、经济效益差，仅靠电网企业的投资财力远远不足，亟待国家和地方政府像当年重视农村电网改造那样予以财政和政策性支持，以促进实现乡村电网的数字化、智能化建设推进。

三是要进一步加快乡村电网数字化、智能化步伐。电网企业要重视和加快提升乡村电网可观测、可描述、可控制水平，加快构建数字化、智能化乡村电网。要通过数字技术和数据要素驱动，做好乡村电网数据模型、采集、传输、汇聚以及交互技术路线的顶层设计，要统一的标准规范，确保数据共享，确保采集装置、采集系统互联互通，满足乡村电网数字化、智能化和数字乡村建设的需要。要鼓励各类相关科研机构、院校和企业积极开展乡村电网数据采集装置、数据平台和智能化设备的研发，满足乡村电网数字化、智能化对大量、廉价、可靠和先进的装置、数字平台和设备的需求，大幅降低数字化智能化设备和装置的价格，促进各类型终端设备和智能用电设施即插即用。尤其要重视乡村各类分布式电源、各类储能装置和充电桩等新型装置的数字化采集、监测和调控。

四是建立丰富的数字乡村电力服务场景。数字乡村建设需要各行各业大规模数据支撑，而电力行业因其数据的规模化和实时性，具备提供数字化服务的先天优势。在数字乡村建设进程中，可以电力数据为抓手，充分挖掘农业农村农民对数字服务的真实需求，在能源监控、便民服务、用能管控等各个层面，为数字乡村提供更为丰富、更为实用的应用场景，加速推动数字乡村建设迈上新的台阶。

五是要制定统一的浙江智数化供电所建设标准。在调研中发现各地在建设智数化供电所过程中，亮点纷呈，标准不一。在开始阶段应该鼓励各地创新，但是到了一定阶段以后，就应该逐步建立标准，统一服务模式，规范数据融合；尤其是在电力数据服务数字乡村，应该有一个统一的规范和模式，在数据安全、数据标准、服务范围等方面，省电力公司相关部门和地市公司要予以规范、指导和交流。要重视加强对外数据接口建设，通过技术处理形成分类分级的可开放数据资源池。

六是建设多元统筹的农村数字化系统。浙江省在数字乡村建设方面是国内的"示范窗口"。未来随着现代化农业的发展，农村对数字化要求越来越高。建议各地政府依托省、地市能源大数据平台，在各地大数据管理局、农业农村局等政府部门的协调下，加快打通农村各行业、各部门之间的数据壁垒，实现全社会数据的共创、共享、共赢。

# 第十二章

# 适应农业农村优先发展的电力服务体制机制调查

## （2019 年 5 月）

### 一、电力服务发展现状

#### （一）农村电网建设方面

##### 1. 农村电网建设工作成效

一、二期农村电网改造任务的顺利完成，使得浙江农村电网发生了翻天覆地的变化，农村配电网各电压等级变电容量增加 50%左右，电能质量和供电可靠性大幅提升。近些年，在省委省政府"三农"工作方针指导下，各级部门持续高度重视农村电网发展，加强农村电网建设和改造，农村供电水平不断升。

（1）率先完成新农村电气化建设。在省委省政府领导下，省经信委、省农办、省电力公司等多个部门从 2006 年开始积极推进全省新农村电气化建设，以电气化促进现代化，与各地乡村签订农网建设（改造）工程廉政协议书，不向农民收取任何建设费用。2014 年 10 月全省 28050 个行政村全部建成新农村电气化村，实现了市、县、村全面电气化，有效满足了农村经济社会发展的用电需求。

（2）持续加大农村电网投入。在过去的五年里，以中远期目标网架为导向、以城乡一体化的接线标准化为依据，全面梳理全省农网结构，对农网累计投资达 575 亿元。其中，为响应中央关于实施新一轮农村电网改造升级工程的要求，加强农村电力基础设施建设，加快推进城乡电力基本公共服务均等化，2016 年至 2018 年浙江省累计投资 316.7 亿元，全面完成新一轮农村电网改造升级工程的主要目标。

（3）加强区域引领带动效应。"十三五"期间，选取杭州桐庐市、嘉兴海宁县、湖州德清县、宁波慈溪市、金华义乌市和温州乐清市，开展小康电示范县建设。2016

年和 2017 年，浙江省投资 13.1 亿元完成了 3014 个中心村的电网改造升级任务，使得中心村电网供电可靠率达到 99.963%，综合电压合格率 99.997%，户均配变容量达到了 4.3kVA。

（4）关注农村电网薄弱环节。针对局部区域的"低电压"问题，"十二五"期间专项投入 19.7 亿元，建立了技术手段与管理手段相结合的农村"低电压"问题防治长效机制，完成了 562313 户农村用户的"低电压"治理，基本消除了农村"低电压"问题。2006 年，实施"户户通电"工程，投资 3944 万元，解决乡村无电户 2819 户、无电人口 7786 人，使农村"无电户"从此告别了无电的历史。

（5）提升农村用电安全保障能力。为服务"美丽浙江"建设，从根本上解决农村线乱拉、设备旧、安全水平低等问题，省电力公司自 2013 年开始实施农村农用电力线路改造，到 2015 年累计投入改造资金 32.7 亿元，全面提升了线路的安全运行水平。在省委省政府主导下，积极推进农村剩余电流动作保护器（俗称漏电保护器）更换和补装工作，截至 2016 年年底，各地农村用户已更换和补装漏电保护器 174 万只，并建设了覆盖全省的农网剩余电流动作保护监测系统，缩短了故障抢修时间，提升了供电保障能力。

（6）积极推进清洁替代。截至 2018 年年底，浙江新能源发电已并网机组容量达到 1454.8 万 kW，年发电量达到 223.2 亿 kWh，其中光伏发电装机容量 1138.2 万 kW。各相关部门积极对接、加强服务，开辟新能源并网绿色通道，统筹优化电网运行方式，确保省内新能源全消纳。同时，探索新能源消纳优化路径，在南麂岛、鹿西岛等地建设微电网示范工程，在上虞、大江东等地建设交直流混合配电网示范工程。

## 2. 农村电网现状对比分析

通过近些年农村电网持续高强度、高质量建设，浙江省农村电网供电能力得到明显提升，农村电网的网架结构、装备水平和供电可靠率均已达到全国领先水平，为实施乡村振兴战略提供重要载体，为全面推进农业农村优先发展打下坚实基础。

（1）电网规模大幅增加。截至 2018 年年底，农村电网 110kV 和 10kV 公用变电容量分别达到 9307 和 9032 万 kVA，相比"十二五"末期分别提升 18.6% 和 34.7%；110kV 和 10kV 线路规模分别达到 1.94、和 17.9 万 km，电缆化率分别为 11.2% 和 26.7%，规模相比"十二五"末期分别提升 22.7% 和 14.8%。

（2）农网指标逐步提升。截至 2018 年年底，浙江农网供电可靠率达到 99.9109%，户均停电时间降低至 7.8h，相比 2010 年减小 21.8h；浙江农网综合电压合格率达到 99.977%；农网户均配变容量为 4.28kVA。上述指标均远大于国家能源局配电网建设改造行动计划中提出 2020 年乡村配电网供电可靠率达到 99.72%、综合电压合格率达到 97.00%、户均配电容量达到 2.0kVA 的要求。但 2018 年浙江城市电网供电可靠率和综合电压合格率分别为 99.9435%和 99.999%，农村电网相比城市电网仍有较大差距。

### （二）农村电价改革方面

#### 1. 农村电价改革历程

自城乡用电同网同价政策实施后，规范了农村电价行为，减轻农民的电费负担，推动了农村经济进一步发展。以杭州市为例，2002 年完成同价后，农村居民生活用电价格下降了 0.3～0.5 元/kWh，农业生产的用电价格下降了 0.2 元/kWh 左右。仅在电价改革的五年内，全省共降低农民电费负担近 40 亿元。

近年来，在省委省政府的统筹协调下，省发改委、省电力公司积极服务省供给侧结构性改革和经济转型升级，支持省产业结构优化、企业降本增效。2016 年，落实电价调整，1 月 1 日起降低一般工商业用电价格 0.0447 元/kWh，6 月 1 日起再次降低大工业用电和一般工商业用电价格 0.01 元/kWh，释放改革红利有效落实省委省政府"降成本"决策部署。同时，配合出台相关电价扶持政策，如：企业自备电厂关停后的三年内，享受一定的电价优惠，执行目录电价和直接交易的电量均优惠 0.2 元/kWh；燃煤（油）锅炉实施电能替代后，按大工业用电相应电压等级的电度电价执行，免收基本电费。

2017 年，围绕供给侧结构性改革，贯彻省委省政府"三去一降一补"决策部署，通过推行输配电价改革和取消、降低部分政府性基金，主动配合降低一般工商业用电电价 0.0222 元/kWh，让工商企业切实享受到了输配电价综合改革带来的红利。

2018 年，贯彻中央经济工作会议，实施更大规模的减税降费部署，配合降低一般工商业电价累计 0.084 元/kWh，超额完成一般工商业平均电价降低 10%的目标要求。同时，主动取消电力负荷管理终端费用等八项供电营业收费和临时接电费用，进一步为企业降本增效，服务浙江省的经济结构转型升级。

此外，2016～2018 年期间不断扩大直接交易规模。据测算，通过多措并举实现每年降低企业用电成本均在 100 亿元以上，大大降低了农村企业用电负担，切实惠及农村农业发展，为农村一、二、三产业融合发展奠定了坚实的基础。

#### 2. 农村电价现状

目前，浙江省低压农村居民生活用电价格为 0.538 元/kWh，周边省市上海、江苏、安徽、江西不满 1kV 的农村居民生活用电价格分别为 0.617 元/kWh、0.5283 元/kWh、0.5653 元/kWh、0.60 元/kWh，浙江省居民生活用电价格低于上海、安徽、江西，与江苏相当。居民若采用峰谷电价，平均电价仅在 0.435 元/kWh 左右。

浙江省通过工商业用户电价补贴居民生活用电、农业生产用电价格，农业生产生活用电电价在各用电类别中保持较低水平，有力推动农村经济发展和民生建设。同时，为减轻农民排灌用电支出负担，现行农业排灌、脱粒用电价格为 0.477 元/kWh，大大降低了种植业及养殖业用电成本，提高农民生产积极性。

### （三）农村供电服务方面

#### 1. 提升"获得电力"便利水平

在中共中央"放管服"改革要求下，进一步压减办电环节，畅通客户办电渠道；压缩办电时间，实行全流程时限监控；压降办电成本，延伸电网投资界面，提升低压接入容量标准。深化办电"最多跑一次"，推广低压小微企业客户零上门、零审批、零投资"三零"服务，推动建立政企信息共享机制，全面推广房电水气联合过户，实现客户办电"一网通办""一窗通办""一证通办"。2018 年高、低压用户办电环节由 6 个分别压减为 4 个、3 个，结存容量占比下降 62.1%。高压业扩平均接电时间 64.1 天，较同期缩短 39.9%；低压业扩平均接电时间 4.11 天，较同期缩短 2.84%。建成"三型一化"营业厅 109 个，客户办电平均等待时间下降 47.8%，客户满意度达 99.9%。

#### 2. 开展"互联网+"线上服务

全面开展"互联网+"线上服务渠道建设并不断进行优化，整合了传统电力服务、电动汽车、光伏云网、能效服务、能源电商等业务线上线下服务渠道，构建了"网上国网"在线公共服务平台，实现了客户缴费、办电、光伏并网、充电设施等业务"一网通办"。全面推广"臻享+""能量豆"、电子发票等产品，新增电子渠道客户 481 万户，线上办理业务达到 363 万笔，线上办电率 92.5%，线上交费应用率 72.1%，线上服务水平再上新台阶，电力用户满意度明显提高。

#### 3. 大力推进电能替代

近年来，浙江省全面开展农业再电气化，深入推进工业领域电能替代，大力实施港口岸电"三全"工程，全面深化"全电景区"建设，不断拓展电能替代广度和深度。2018 年全年完成电能替代项目 3714 项，实现电能替代电量 70.5 亿 kWh，建成"全电景区"71 个，岸电设施 185 座，推广电采暖住宅 2.5 万户、家电 205 万台，基本完成 10 蒸吨/h 及以下燃煤锅炉淘汰和替代。

#### 4. 打造乡村精品台区

省电力公司以"精品台区"积极履行电网企业服务"三农"社会责任，全面开展有示范引领作用的农网供电台区创建工作，培养"一专多能"的工匠人才队伍，推广典型设计成果应用，突出电网与环境的协调融合，深入推进农村供电台区标准化建设、精益化管理，推进乡村电网提档升级，建设供电可靠、外观精美乡村电网。截至 2018 年年底，共打造省级精品台区带 37 个，省级百佳精品台区 400 个。

## 二、电力服务存在问题分析

### （一）农村农业优先发展新要求

2018 年中央一号文件全面部署实施乡村振兴战略，提出了"产业兴旺、生态宜居、乡风文明、治理有效、生活富裕"的总体要求。2019 年中央农村工作会议提出，坚持农业农村优先发展总方针，以实施乡村振兴战略为总抓手，适应国内外复杂形势变化对农村改革发展提出的新要求，围绕"巩固、增强、提升、畅通"深化农业供给侧结构性改革，全面推进乡村振兴。浙江省委农村工作会议立足浙江农村发展实际，要求发展高质量的乡村产业、建设高质量的新时代美丽乡村、创造高质量的农民美好生活、推进高质量的农村改革、打造高质量的数字乡村。

乡村振兴战略的全面实施，对电力服务的体制机制提出了更高的要求。《国家乡村振兴战略规划（2018—2022 年）》明确要求完善农村能源基础设施网络，加快新一轮农村电网升级改造；推进农村能源消费升级，大幅提高电能在农村能源消费中的比重。《中共中央 国务院关于坚持农业农村优先发展 做好"三农"工作的若干意见》要求全面实施乡村电气化提升工程，加快完成新一轮农村电网改造。浙江省委农村工作会议进一步要求，补齐农村基础设施短板，提高农村公共服务水平。

近年来，浙江城乡一体化发展水平不断提高，率先进入城乡融合发展阶段，对电力的需求也在持续增长。截至 2018 年年底，浙江农网区域用电量约 2650 亿 kWh，占全社会用电量的 58.5%。农网区域人均用电量 7034kWh，相比"十二五"末期增长 27.6%。但相比 2018 年城网区域人均用电量 9963kWh，仍存在较大的差距，在农业农村优先发展的要求下，农村用电量有较大的增长空间。

### （二）电力服务存在的问题

随着能源危机和环境恶化问题的日益突出，农村地区供电服务问题愈发受到全球各个国家和地区的普遍关注。通过对先进国家和地区农村电力服务发展现状和战略定位进行调研，明确浙江未来农村电网发展方向。

德国、英国、丹麦等国家通过开展智能电网和能源互联网的研究与示范，提升供电可靠性的同时，促进了大规模新能源的消纳。法国通过实施电网覆盖工程，使得电能成为农村首选能源，有效解决生物质简单燃烧带来的环境问题。美国通过大力发展智能电网以推动清洁能源和电动汽车大规模发展，此外美国风电和生物质能的发展均处于世界领先地位，是美国农村能源建设的重点领域。台湾地区电能在终端能源消费比重很高，其农村生产规模化、机械化程度高，农村生产用能和生活用能均以电力为主，2015 年占比分别达到 62.7% 和 82.4%。

可以看出，先进国家地区乡村电力服务体现在以下三个方面：构建坚强智能电网，融合大规模分布式能源；提升多种可再生能源发电渗透率，促进农村能源就地化清洁利用；推进终端能源消费革命，提升电能终端占比。结合农村农业优先发展新要求，对比浙江农村电力服务现状，明确浙江当前电力服务仍存在以下问题：

农网改造升级需持续推进。农业农村优先发展背景下，农村经济社会必将呈现快速发展，部分地区负荷呈井喷式发展，原有电网规划建设将难以适应乡村振兴进程，亟需结合经济社会发展及电网实际运行情况，适时对网架进行补强、对设备进行改造，以适应农村经济快速发展对电网的要求。

城乡电网一体化水平有待提高。受限于浙江地理环境、人口分布等因素影响，农村电网的设备水平、投资力度难以满足未来乡村高质量发展的要求，其供电指标与城市电网仍存在一定的差距。部分偏远山区用户分散，高压电源点较少，线路供电半径较长，供电可靠性不足；部分海岛地区供电困难，供电可靠性差，需结合经济性分析，及时补强网架或建设区域微电网。

电能应用比例需进一步提升。在农村生产生活过程中，2016 年电力占能源消费总量占比仅为 36.2%，石油仍是农村的主要能源来源，生物质占比虽达到 16.3%，但清洁化利用程度不高。农业农村优先发展对便捷、绿色的能源利用方式需求量越来越高，只有进一步提升电能在终端能源消费占比，才能有效保障农业生产、农村新业态以及农民生活的新时代能源需求。

电力服务水平需保质增效。乡村振兴提出城乡基本服务均等化水平进一步提高，农民对电气化基础设施以及相关的配套服务提出更高的要求，农村现有的电力服务水平、服务设施及人员配套与城市地区仍存在较大的差距。着力提升农村电力服务水平，已成为满足农民对美好生活向往的重要途径。

### 三、农村电力服务体制机制

为全力推进乡村振兴战略实施，服务农业农村优先发展，浙江省将持续以农村电网高质量发展为主攻方向，全面推动农村电网改造升级，建成安全可靠、经济合理、坚固耐用的现代一流农村配电网，满足农村农业农民安全可靠用电需求，促进农村用能绿色低碳，保证服务优质便捷，为推动乡村产业发展、提升乡村居民生活质量、实现人民生活更美好提供坚实的保障。

#### （一）实施强网提质工程，保障农村用电需求

##### 1. 优化农村电网规划

坚持城乡统筹、统一规划、统一标准，将农村电网建设与"美丽乡村""万村景区化"相结合，乡村振兴发展规划相结合，与村镇规划相结合。紧密结合大湾区、大花园建设契机，编制美丽乡村、美丽乡村精品村等配电网专项规划，根据用电需

求、可靠性和电能质量要求，制定差异化的供电模式，优化乡村电网布局，打造配电网建设样板。

### 2. 持续推进新一轮农网改造升级

适应农业现代化、乡村产业升级以及农民消费提升的用电需求，密切关注产业结构转型、搬迁集聚等负荷增长热点区域，适度超前规划变电站布点，增加变电容量，解决重过载问题；优化变电站出线，加强站间联络，在分区之间构建负荷转移通道，增强负荷转移能力，有效保障农产品加工及农业农村新业态用电需求。

### 3. 逐步缩小城乡电力服务差距

在完善乡村电网架构、缩短供电服务半径、提高户均配变容量的基础上，编制乡村电网差异化供电规范。加大农网老旧设备改造力度，通过增加电源布点、缩短供电半径等措施，巩固村村通动力电成果，优先解决农民最关心的供电"卡脖子"和时段性"低电压"问题，有效保障农业生产、乡村产业以及农民消费升级的用电需求。逐步提高农村电网信息化、自动化、智能化水平，缩小城乡供电服务差距。进一步加强海岛和偏远山区的电网建设，提升电网薄弱地区供电能力。

### 4. 全面提升乡村电网建设水平

持续推进"千村示范、万村整治"工程，适当提升农村电网建设标准。坚持安全性、先进性、适用性、经济性的原则，遵循设备全寿命周期管理的理念，落实配电网技术导则、设备技术标准，全面开展配电网标准化建设。优化设备序列，简化设备类型，规范技术标准，提高配电网设备通用性、互换性；注重节能降耗、兼顾环境协调，采用技术成熟、少（免）维护、具备可扩展功能的设备。开展配电自动化建设改造应用，持续提升配电自动化覆盖率，提高配电网运行能力、运行控制水平。

### 5. 推动乡村电网智能互联发展

持续开展主动配电网相关技术研究应用，深化推进电网侧、电源侧、用户侧储能应用，推广分布式电源"即插即用"并网设备等新技术，大幅提升配电网接纳新能源、电动汽车及多元化负荷的能力；推动微电网技术的成熟化应用，积极引导微电网与大电网协调发展，解决局部地区高渗透率新能源接入和边远海岛地区供电问题。做好技术储备和机制创新，推动配电网成为各种能源形式的转化枢纽和综合路由，逐步构建以能源流为核心的"互联网+"公共服务平台，推动农村现代能源体系革命。

## （二）实施能源消费清洁工程，助力农村生态文明建设

### 1. 促进农村生活用能清洁化

因地制宜选择技术方案，积极稳妥推广电采暖、全电厨房等清洁用能方式。推

广地暖、墙暖、电热水器、电热膜、热泵、蓄热式电暖气等电采暖设备，助力提升乡村生活品质。推广电蒸锅、电磁炉、电烤箱、电炒锅、电茶炉以及全电厨房等新型厨房家用电器，促进农村传统烹饪用能习惯转变。推动智慧车联网、智慧能源服务系统向乡村地区延伸，促进乡村电动三轮车、老年代步车、电动船等绿色交通工具发展。

### 2. 促进农业生产用能清洁化

推广电孵化、热泵、电烘干、电加工等技术，以电气化升级推动农产品加工、养殖业的现代化转型；推广农田机井电排灌、农业大棚电保温、电动喷淋等成熟电气化技术，逐步实现田间作业电气化、农副加工全电化。截至 2022 年，建成 1000 个电气化技术大棚、100 个粮食电烘干示范基地，100 个畜牧（水产）养殖示范基地。

### 3. 促进农村产业用能清洁化

结合乡村产业特点，持续开展市场及用能分析，明确电能替代重点方向，大力拓宽替代领域。在竹木制品加工、陶瓷制造、服装生产、食品加工、小家电制造等乡村工业发达地区，推广电锅炉、电窑炉等电能替代产品，全面淘汰 10 蒸吨/h 及以下燃煤锅炉，基本完成全省 35 蒸吨/h 以下燃煤锅炉的淘汰和替代。到 2020 年，完成 856 台 35 蒸吨/h 以下燃煤锅（窑）炉的淘汰。促进乡村产业向节能减排、低碳清洁型发展。

### 4. 促进乡村旅游业绿色发展

积极推广应用安全、高效、节能、环保、智能的新设备、新技术，重点推动餐饮替代、制冷制暖替代、纯电交通替代、智能照明改造等。结合当地产业特色，推进全电民宿村、全电小岛、渔家乐、农家乐、休闲观光园、康养基地的电气化改造，大力推动"休闲农业游、自助采摘游、乡村观光游"等领域的再电气化建设。

### （三）推行农村便捷电力服务，提升农民生活品质

#### 1. 拓展农村电力服务抓手

深化"全能型"乡镇供电所建设，全面落实网格化管理、台区经理制，发挥供电所属地优势，提升响应速度和服务质量。发挥"三型一化"营业厅作用，拓展业务内容，优化服务流程，为广大农村地区电力用户提供更加高效、便捷、精准、优质的供电服务。打造一支专业化的乡村供电服务团队，大力实施供电所员工素质提升工程，提升营业厅"电管家"、台区经理新兴业务办理和电气化产品推介服务能力。

#### 2. 提升农村电力服务智能化水平

加强"互联网+"应用，实现移动作业到田间地头。依托互联网技术服务手段，推广线上全天候办电服务，做到"数据多跑路、用户少跑腿"。深化大数据应用，利用大数据分析方法，提升用户服务预先感知水平，开展农村台区精准运维和主动服

务。聚焦乡村能源发展新态势和用能新需求，加大农村电气化新技术、新产品研发力度，以科技创新引领乡村用能变革。

### 3. 夯实农村用电安全基础

助力"平安浙江"建设，加大农村安全用电宣传，全面夯实乡村供用电安全基础。加强农村用电技术指导和安全宣传，增强针对性、提高实效性，持续推进加强农村用电安全强基固本工作，不断丰富宣传载体以适应乡村社会经济发展的要求。探索市场化表后服务模式，将表后服务融入公共服务体系，推进"政府主导、电力推动、用户选择、市场运作"的表后电力服务模式，切实解决农村表后电力设施维护难的问题，保障农村用电安全，构建和谐的农村用电环境。

## 四、相关建议

探索农村生态能源体系。浙江乡村地区具备较好的光伏、生物质、地热等就地资源。科学发展分布式能源，探索多种能源综合利用方式，充分发挥电力清洁、经济、便捷的优势，构建以电为核心的乡村生态能源系统，优化能源配置方式，提升就地能源利用效率，促进乡村绿色、低碳、高效发展，是促进乡村产业兴旺、实现乡村生态宜居、达到乡村生活富裕的重要举措。

引导乡村能源消费新模式。紧密结合乡村振兴战略，大力推行绿色人居，支持可再生能源利用，促进发展循环经济，建设节能型和环保型乡村，提升农村电网对清洁能源的消纳能力。针对农业农村新业态、电采暖设备、智能家电等新型用电需求，全面推进生产生活电能替代，推进地源热泵的应用，完善电动汽车充电布局，引导居民减少生活能耗，探索乡村智慧、低碳消费模式。

建立高效联动政企协同模式。电网建设由电力公司主导转化为政企协同推进模式。建立"政府主导、企业参与、上下联动、协同推进"的常态协调机制，积极协调财政部门研究并出台地方预算内资金的支持政策，进一步加大对农村地区配电网建设改造的投入；协调城市规划管理部门、土地管理部门将配电网设施布局选线规划中确定的变电站、供电设施和线路走廊等，纳入城乡总体规划、控制性详细规划以及各级土地利用规划。

加强电力服务政策资金保障。推动政府部门落实财政优先保障政策，加大农业产业电气化技术及设备的研发投入，对电气化新技术、新设备推广应用给予补贴。推动建立农村绿色发展标准体系，加速淘汰落后用能方式和用能设备，实现农业产业提质升级，改善生态环境。

# 第十三章
# 适应新型电力系统建设的县级供电企业体制机制调查
## （2022 年 4 月）

为适应"双碳""双控"和电力改革需要，2022 年年初以来，调研组在国网浙江电力新昌县供电公司（以下简称"新昌公司"）以"县域碳最优"为目标开展新型电力系统建设的调查和研究。该公司为有效支撑"县域碳最优"新型电力系统建设，深化管办分离、生产业务高效融合，实施"一口对外"供电服务，结合实际情况，研究制定并实施了新昌县"县域碳最优"新型电力系统建设体制机制实施方案，取得了阶段性的成效。

### 一、背景

#### （一）为适应双碳、双控能源发展的战略需要

2021 年 3 月 15 日，习近平总书记在中央财经委第九次会议上提出，构建以新能源为主体的新型电力系统。这是自 2014 年 6 月总书记提出"四个革命、一个合作"能源安全新战略以来，再次对能源电力发展作出的系统阐述，明确了新型电力系统在实现"双碳"目标中的基础地位，为能源电力发展指明了科学方向、提供了根本遵循。中央经济工作会议强调要创造条件尽早实现能耗"双控"向碳排放总量和强度"双控"转变。国家电网公司积极响应国家能源发展战略，提出构建以新能源为主体的新型电力系统行动方案工作部署。

#### （二）为适应电力市场化改革的管理需要

随着电力体制改革深入推进，以"管住中间，放开两头"为原则，放开发电侧和售电侧实行市场开放准入，放开用户选择权，形成多买多卖，市场决定价格的格局，售电市场规模快速增长、增量配电市场持续放开、综合能源市场竞争日益激烈，均给现有运营方式、盈利模式、优质客户资源维系造成了很大冲击；同时，国家输

配电价改革，建立了基于有效资产核定准许收益及成本的电价回报机制，将从输配电价、有效资产运维成本、资产寿命、服务绩效等方面对电网企业进行监管，这就要求供电企业必须进行内部管理变革，以"市场化、透明化、高效率"为导向，重构业务流程、模式和机构设置，建立更加灵活高效的经营管理机制，提升管理水平。

### （三）为适应技术革新持续推进企业效益提升需要

新一轮信息技术革命蓬勃发展，推动全球加速进入数字经济时代。今年以来，国务院对加快以 5G 网络、大数据中心、人工智能、工业互联网等为代表的新型基础设施建设作出了重要部署。近期，国务院印发了《关于加快推进国有企业数字化转型工作的通知》，为国企数字化转型指明了方向。为推动企业可持续发展，需要深化大云物移智应用，深入开展数据挖掘应用，加速企业技术革新，提升新业务承接能力，提高企业效率效益。

### （四）为适应地方政府可持续发展和转型升级需要

中共中央、国务院发布《关于支持高质量发展建设共同富裕示范区的意见》，赋予浙江示范改革重要任务，新昌入选省高质量发展建设共同富裕示范区首批试点。为此，国网新昌县供电公司以生态优先、绿色发展为原则，以能源互联网形态下多元融合高弹性电网为核心载体，系统推进"源网荷储"协同互动，积极推动能源网络高质量发展，全面提升全社会能效水平，持续服务乡村振兴战略，助推共同富裕示范区建设。

在能源保供、清洁低碳、电力市场化和数字化改革等大背景下，国网新昌县供电公司顺应形势，结合实际，全面承接国网、省公司"碳达峰、碳中和"实施方案，充分结合新昌地域特征、资源禀赋、电网特色，以支撑共同富裕示范区建设为切入点，编制新型电力系统建设方案，在县级电网企业管理、技术、经营等方面进行体制机制改革，推动企业可持续发展，打造新型电力系统建设县域样本，积极服务和推动地区"双碳"战略落地。

## 二、基本情况及存在问题

### （一）新昌公司基本情况

新昌县土地总面积 1213km²，下辖 12 个乡镇街道，共计 253 个行政村，人口43.48 万人。在全国综合竞争力百强县（市）中排名第 58 位，在中国创新百强县中排名第 7 位，被工信部授予全国中小企业数字经济发展示范区称号，目前境内有上市企业 14 家、高新技术企业 188 家，科技型中小企业 702 家。

新昌电网以 1 座 500kV 变电站为枢纽，3 座 220kV 变电站为中心、11 座 110kV变电站和 12 座 35kV 变电站为骨架的供电网络。2021 年全年全社会用电量 26.77 亿

kWh，售电量 25.34 亿 kWh。全年供电最高负荷 56.84 万 kW，综合电压合格率 99.866%，全口径供电可靠率 99.9914%。

新昌公司共有职工 580 人（其中全民职工 249 人，农电用工 195 人，其他各类性质用工 136 人），设有 8 个职能部室、3 个业务支撑和实施机构、5 个供电所、1 家集体企业。主营业务收入 14.76 亿元，实现利润 577.88 万元，全员劳动生产率 118.14 万元/（人·年）。

### （二）存在的问题

新昌县将以打造"县域碳最优"新型电力系统为目标，以能源大数据管理和应用为导向，紧密围绕电网为实现基础，运行状态全感知；调度为要做提升，源网荷储全互动；服务为本扩广度，多元发展全链条；碳排为标拓深度，清洁低碳全覆盖四项重点工作，打造"回山零碳有源配电网""澄潭园区综合能源服务示范""新昌县域碳排管理平台"三大示范场景。当前的组织架构和薪酬体系，在支撑"县域碳最优"的新昌县域新型电力系统建设过程中仍存在不足，具体表现为：

#### 1. 新型电力系统建设的用工需求不足

在电力改革和高质量发展要求下，公司业务不断拓展，工作要求不断提高，用工紧缺状况日益加剧，用工效率与电力企业转型发展的矛盾日益突出。一是人员素质和成长速度与电网企业日新月异的发展不匹配。工作业务量的不断增加与专业性不断增强，导致人员用工紧缺及业务能力不足的问题急需解决；二是用工效率亟待提高。如电力调度控制分中心（供电服务指挥分中心）需要 24h 值班的岗位较多（调度、监控、生产指挥、配网监测、故障工单管控等），虽然全年业务量大，但业务量分布不均衡，存在部分值班期间忙不过来，而部分值班期间相对空闲的情况。

#### 2. 新技术、新设备应用的支撑能力不足

一是员工过度依赖于原有业务技术，对新技术、新设备的适应性不足，在电网的自动化、智能化发展中表现出业务能力参差不齐、"水土不服"。二是随着智能化设备逐步覆盖，新业务不断涌现，PMS3.0、输电全景监控、智能运检平台、变电站辅助设备监控等新系统推进应用，能源双碳数据监测平台建设，部门间数据统计分析缺乏贯通及整合利用，新业务承接能力亟需提升，缺少专业的队伍统筹研讨。

#### 3. 组织协同存在壁垒导致管理效率不足

一是生产业务方面，运维检修部（发展建设部、检修（建设）工区）在落实省市公司运检管理业务时，需要先对业务进行识别，并根据电压等级进行传达。市场部的管理要求，需要经客户服务中心转接承办，管理链条过长，难以第一时间传达至供电所，两个部门扯皮情况时有发生。二是设备管理方面，现有设备管理职责分属多个部门，如信通自动化班负责主站运维和通信管理，变电运检班负责厂站端运

维，未实现全链路管理。同时配网自动化建设运维与一次电网密切相关，光缆运维与输配电线路建设也紧密相连，目前存在相对割裂状况，表计资产与其他电网资产管理也都分散在各专业，需要进一步整合，实现集约化管理。三是财务管理方面，项目受综合计划与财务预算双重管控，存在下达周期长、计划与预算衔接不足、专业部门多条线提报需求工作量较大等情况。发展统计数据与财务会计信息的交融互通还有待加强。线损与利润等经营指标管控跨部门沟通协调工作量大，不利于管控。

### 4. 适应新的电力市场环境的服务能力不足

一是公共关系室在 2021 年能源双控开展以来，在配合政府以及落实省市公司管控要求方面出现诸多问题，也因此造成服务管控不到位，引发多起投诉。二是随着 2021 年 12 月电价市场化改革实施以来，前端供电服务能力要求不断增强，供电所服务水平发挥不足，并且"以供电服务为中心"的工作模式正向"以能源服务+供电服务为中心"的工作模式转变，综合能源、能效服务、35kV 及以下客户（含小水电、光伏等）业扩报装、客户服务以及配套装接、电费核算等业务整体与属地供电所相分离，不利于客户就近服务，同时也不利于一线人员综合营销能力的提升。

## 三、调整思路及主要做法

### （一）机构调整思路及主要做法

适应"双碳""双控"和电力改革需要，深化管办分离、生产业务高效融合，实施"一口对外"供电服务，按照"强后台管总、宽中台支撑、大前台高效"的组织和业务模式，整合优化现有组织机构。

### 1. 强后台管总集约化

（1）生产业务管理集中整合。

将运维检修部［检修（建设）工区］的运维检修管理职能和市场营销部（配网部）合并，成立供用电管理部，形成主配网运检、营配业务融合集约化管理，做强业务后台管总。设置 6 个月过渡期，在过渡阶段，供用电管理部下设能效服务班，保留原客户服务中心公共关系室的能效服务、综合能源等业务工作，负责在过渡阶段对属地供电所进行业务指导，过渡阶段结束后，各属地供电所承接该业务。

一是深化管办分离，实现上传下达更顺畅、职责界面更清晰、信息掌控更便捷。二是形成专业集合，一体化管控业务，有利于业务管理互融互通，推动专业协同，打造专业管理团队，提升精益化管理水平。三是保障生产安全，便于全面管控各生产业务的安全风险，形成全业务流"一管到底"的安全管理模式，有效避免推诿扯皮问题。

（2）财务管理全过程协同共享。

将发展建设部的发展规划管理职能和财务资产部合并，成立财务资产部（发展部），做强公司经营状况分析和经营活动管控。

一是打破原有部门壁垒，解决数据实效性不足，业财数据不够通畅的问题，有效实现数据共享质效挖潜。比如在项目规划可研阶段，充分结合所得税税收优惠政策要求，按标准划分和确定新建项目，从最初的可研编制到最后的优惠数据收集，项目信息可快速在整个部门共享，项目口径保持一致，数据准确获取，进度清晰流畅，实现项目可研到税收优惠获取的"一站式"办理，确保年内投产项目及时享受税收优惠，促进公司提质增效再升级。二是通过预算管理同项目规划的进一步协同，将预算管控向前端进一步延伸，提升项目可研评审的财务参与度，强化项目可研评审管理，坚持"投资问效"原则来更加科学合理的谋划项目投资，提高项目规范性经济性水平，为公司项目投资提供更有力财务保障，实现投资规模利用最大化，确保电网投资全额纳入有效资产，综合计划的安排全面反映到准许收入和输配电价中。三是有效衔接综合计划和财务预算，协同推进计划、预算精益管控，高效整合业务交叉环节，避免计划、预算脱节，持续夯实项目全过程管理，提升项目管控质效。四是有效实现线损与经营指标联动管控，提升了经营指标预测精度，减少了指标管控难度，压减了指标管控环节，有利线损与经营指标的平衡，实现共赢。

### 2. 宽中台支撑一体化

（1）大数据统一调度指挥。

将 24h 值班的岗位进行整合，成立调控监测指挥班（生产服务指挥班），打造成为新昌县能源数据监测服务中心、电网指挥大脑和生产管理大脑。

一是整合公司全天候 24h 值班岗位，汇聚电网运行、设备监测、服务工单等全口径数据，实现 24h 统一调度指挥，业务更融合，人员更精简。二是打破班组专业界限，将各专业进行融合，将值班人员打造成生产、服务、管理一岗多能综合性人才，建立监控员、调控员、总指挥长岗位薪酬及晋升机制，打造核心业务尖兵班组。三是明确输变配网、新能源、智能设备等各类设备的大数据统一监测和分析，实现全电网 24h 监控监测，调度和指挥更加协调、高效。

（2）设备集中运维。

成立设备运维中心，整合原信通自动化班、输电运检班、变电运检班、装接运维班、电网建设班全部设备运维管理和项目实施的职责，下设信通自动化班、输电运检班、变电运检班、计量班、电网建设班，实现设备集中运维。

一是将公司电网设备进行集中管理，可有效减少不同设备运检部门之间在设备故障处理、指标影响等问题上的相互推脱。二是在新技术、新设备应用方面，可破除专业间壁垒，进行统筹规划、统一部署，推动各专业相互启发、共同发展。三是在建设改造计划安排中，更利于统筹安排，实现一停多用，提高供电服务质量，同时进一步提升电网建设精细化程度。四是能够更好地推进设备运检一体化建设，深化设备主人制落地实施。五是全项目、全口径、全链条统一实施，实现"业务一条线""尝试推进基建、技改、大修、营销、业扩、迁改等所有项目的集中的管理，全部实现线上流程化"的要求，将公司电网、营销等所涉及的各类项目进行全口径、全链条统一集中管理，让电网建设更加专业化，人员更加精益化。

### 3. 大前台服务高效化

撤销核算账务班、公共关系室班组建制，将综合能源、能效服务、35kV及以下客户（含小水电、光伏等）业扩报装、客户服务以及配套装接等业务整体下放属地供电所，拓展前端业务，建设"一口对外"的供电服务前台。

过渡阶段暂不下放综合能源、能效服务等工作业务，由供用电管理部暂下设能效服务班，开展相关工作。

一是"一口对外"的客户服务模式，有利于在供电服务前端更好地深化"人人都是客户经理"的理念，也有利于培养基层人才队伍，培养能效、综合能源增值服务专家，在做好传统供电服务的基础上，引导基层供电服务人员向"供电+能效"全面型人才转变。二是工作模式上，"以供电服务为中心"向"以能源服务+供电服务为中心"转变，利用"国网"品牌效应和供电企业平台优势，以客户需求为出发点，优化服务流程环节，有利于提升一线人员营销技能，让客户直观了解能效服务优势，实现合作"共赢"，对挖掘新的利润增长点也能有积极的效果。

## （二）机制创新思路及主要做法

以推进人资三项制度改革为契机，探索承包制，优化薪酬分配机制。以打破大锅饭，实现多劳多得为主要思路，实现绩效奖金差幅在30%以上，全力激发基层活力，搭建人企共建的氛围。

### 1. 薪酬结构优化

实行"岗位工资为主，承包绩效为辅"的薪酬分配机制，构建"薪随岗动、薪随职（责）变"的动态薪酬调整机制。打破原有"基本工资+绩效"的做法，明确薪酬结构为"基本工资+绩效+增量承包奖励+自主施工项目奖励"。

基本工资：按照省公司相关制度保持不变。

绩效：按照月度工作任务完成情况进行绩效考核，根据考核结果分配。

增量承包奖励：以2019年工资总额为基准，增量部分全额纳入年度目标承包制。

自主施工项目奖励：对各部门单位将原外包项目转为自主施工的，将成本类外包项目的部分利润（平均利润率5%～15%）作为自主施工奖励（工资总额外，需要上级单位予以支持和认可）。

同时，重组集体企业员工薪酬分配体系，通过设立岗级工资、能级工资、辅助工资、绩效工资等不同维度单元组合，采用包干制、工作积分制、计件制、目标锚定制等方式，重点加大绩效工资激励力度，拉大"干得多、干得好"与"干得少、干得差"的收入差距，收入分配向生产一线作业人员、新能源市场开拓人员、综合能效服务人员倾斜。

### 2. 探索承包制

（1）年度目标承包制度。

围绕年度重点工作任务、安全责任目标、舆情投诉稳定和对标指标等，制定各部门、供电所的年度目标（OKR），将 2019 年以来的增量工资总额（约 460 万）作为目标承包奖，按照各部门、供电所年度目标完成情况，实施差额分配。例如：以供电为例，实现年度目标 100%，增量工资总额全额下发；实现年度目标 90%，按照增量工资总额的 90% 予以下发；实现年度目标 110%，按照增量工资总额的 110% 予以下发。以此类推。

（2）月度工作任务承包制度。

结合各部门（单位）的设备数和工作量，在开展日常绩效考核的同时，构建月度工作任务承包制度，将配网项目建设、线路运维检修、综合能源推广等重点工作纳入月度工作任务承包，根据完成情况核算各部门单位的月度绩效额度。

（3）深化工作积分，优化二级分配制度。

2018 年以来，新昌公司各基层单位以正向激励为导向，以定量考核为主、定性评价为辅的思路，在每位员工都 100 分的基础上，以加分为主，根据每项工作任务的完成时间、难易程度、技术要求和安全风险等要素确定标准工分，按月对员工完成工作任务进行积分，个人绩效奖金按照月度得分进行分配的模式。截止目前，实现月度绩效最大差额 2618 元，差幅 44.8%，形成了"多劳多得"的良好氛围，持续激发出员工工作的主动性和积极性。

未来，将进一步深化实施员工工作积分制，按照存量业务、新业务和其他业务，重新修订员工工作积分制，明确薪酬分配方式，建立健全三级绩效薪酬分配体系。让第一线的每一位员工都能真正成为主角，主动参与经营和管理，进而实现"全员参与经营"，激发其适应内外部形势变化的能力。

### 3. 加强自主施工（尖兵）班组打造

为牢牢掌控主业核心业务，从根本上解决一线班组过度依赖外包单位的问题，拟建立自主施工项目奖励制度，将各部门单位原外包项目转为自主施工的，将成本类外包项目的部分利润（平均利润率 5%~15%）作为自主施工奖励。以 2021 年外包为例，社会化企业外包 2400 万元，按照平均利润 10%，如实现整体自主施工，将其5%即120万作为奖励发放，为企业节约资金至少也是120万。

对新成立的调度监测指挥班、信通自动化班、电网建设班以及供电所服务班，通过加强核心业务班组建设，进一步推进作业层实体改革和市场化客户经理打造，逐步形成"以我为主"的尖兵班组、"受我所控"的支撑班组、"为我所用"的核心分包队伍等类别齐全、专业多样、层次合理的班组管理体系和业务管控机制，不断提高一线主业员工的技能水平和管理能力，力争用3～5年时间，实现上述尖兵班组和集体企业的施工班组全部自主施工。

### 4. 强化蓝领队伍打造和职业通道建设

（1）深化实施"练比赛评考"五维立体式技能队伍培训，培育和建立一批具有一定规模的蓝领队伍，在核心业务、关键领域、重点工序上实现本单位员工的完全覆盖，全面提升一线班组员工技能水平，进一步提升公司在服务客户、抢占市场方面的核心竞争力。

（2）"大部制、扁平化"的组织模式，对员工能力要求不断提高，要求员工"一岗多能"。但是，扁平化的组织使得纵向晋升的空间变小，为了实现员工的不断成长发展，需要完善多元的职业发展和晋升机制，以此不断激励员工。纵向发展体现为职级职务的晋升，横向发展体现为跨序列轮岗、工作内容扩大化等。拟建立人才阶梯型成长机制，构建大前端员工——宽中台主管——大前端班组长——宽中台负责人——强后台全面交流的全过程人才阶梯融合式晋升通道，针对供电服务公司员工搭建职业职级发展通道，突破职级天花板。通过横向和纵向发展相结合，为员工创造发展空间，积极实施职业发展通道的横向跨越机制，实现"纵向畅通、横向互通"，切实保障员工的职业发展与自身能力、兴趣相匹配。在各专业序列内建立对应通道的储备岗位，为有志于转换通道的人员提供准备空间，并辅以相应的培训机制。

（3）优化产业单位人才队伍的发展通道。为提升员工工作积极性，建立健全市场化经营机制，激发企业活力，建元集团新昌分部计划开展职业经理人、客户经理的聘任工作。职业经理人聘任是指直签员工被聘任为产业单位的经理层人员。职业经理人聘任，突出任期制、契约化和中长期激励，根据合同或协议约定开展年度和任期考核，并根据考核结果兑现薪酬、实施续聘或解聘，聘任的基本资格条件、程序和要求，参照领导人员管理办法有关规定执行。客户经理聘任是指配网施工类产业单位从事各类客户工程市场营销、客户服务等业务的员工。客户经理应具有较强的业务协调能力和客户关系管理能力，具有较全面的市场营销观念和较强的市场开拓意识。被聘客户经理按照年度综合考核情况享受年度履职专项考核奖励。

## 四、人员及编制调配

不突破省公司下达的编制数 500 人，其中企业负责人职数 6 人，五级领导人员职数 36 人，管理人员编制 27 人，保持办公室、安监部、人资部、党建部人员编制数不变，后台、中台共实现编制数缩减 26，全部用于前台扩充。涉及调整的部门按照"人随业务走"的原则划转，同时配套大学生补员、组织调配、组织员工双向互选等形式配置到位。

## 五、潜在风险与预控措施

在组织变革和管理职责移交过程中可能存在新部门或岗位职责履行不到位的情况。措施：前期充分调研，进一步完善组织架构和岗位调整。在落实人员业务划转、调整时，充分考虑新调整机构的业务承载力，按照"稳妥有序""人随业务走"的原则，做到业务和人员同步划转。

调整后的机构管理界面划分不清，管理模式转变不及时的问题。措施：机构调整过程实行管理考核机制，在组织架构和岗位调整过程中充分明确各机构应履行的职能和权责。待过渡期结束，对相关业务和权责的划转情况及机构的运行情况进行考核评价，理顺业务流程。

业务移交产生的安全风险。业务移交过程中，移交不完整或重要资料缺失，导致后续工作无法顺利开展。措施：各部门、岗位需尽快制定详尽的业务移交清单和业务流程图，并对重要事项进行说明，同时做好业务移交监交工作，做到有据可查。

## 六、预期效益

### （一）构建协调高效的组织结构

按照"机构扁平化、资源集约化、服务窗口化"的工作目标，搭建"强后台管总、宽中台支撑、大前台高效"的组织和业务架构，力争将新昌公司打造成为"机构多元融合，军种主建、军区主战，业务弹性集约"的新型电力系统建设示范和标杆单位。

（1）精简机构层级。完成组织架构优化调整后，将减少部门编制 2 个，减少班组编制 5 个，组织结构更加扁平、运作更加高效，人员配置更加精简，能够有效精简管理人员 12%（16 人），下沉到生产服务工作中，实现大前端、宽中台、强后台的目标。

（2）优化职数配置。机构调整后，可增强大前台供电所干部配置，对职能部门和业务机构缩减 5 个职数配置到 5 个供电所，优化职数配置，达到每个供电所配足正副职负责人和专职书记，实现业务管理和党建引领职能发挥更专业、更高效。

（3）重塑业务流程。通过机构调整，按照项目推实施、调度统指挥、设备齐运维的思路，全面服务客户的原则，进行业务流程再造，完成76项业务流程再造，实现智能设备集中管理、大数据分析统一调度、能源服务一站式管控，构建管理更加专业、权责更加统一、流程更加清晰、配合更加协同、沟通更加顺畅、实施更高效的业务模式。

### （二）创造人企共建的机制效应

（1）打破大锅饭机制。全面推行承包制度，试点项目全包、收入总包和目标承包制度，推行个个都是受益人，让成员感受到组织是自己的，实现收益能增能减，改变原来的"多做多错"和"能者多劳"向"多做多得""劳者多得"转变，实现绩效奖金的差幅在30%以上，从"新"搭建利益共同体。

（2）形成主动成才机制。建立组织内部管理机制，领导者与成员之间形成相互制约，相互监督和促进，形成自动人才培养良性循环机制。

（3）构建共同体机制。对各部门单位进行协同管理，搭建资本激励和职业通道激励等，推动实现干部能上能下，建立一套协同配合战略体系，共同促进企业持续高效发展。